高等学校规划教材
国家精品课程系列教材

Visual Basic 程序设计基础

董卫军　邢为民　索　琦　编著
耿国华　主审

電子工業出版社
Publishing House of Electronics Industry
北京 · BEIJING

内 容 简 介

本书是国家精品课程“计算机基础”系列课程“Visual Basic 程序设计基础”的主教材，教材内容以现实问题为基础，从基本语句、基础使用、理论提升三个层面逐层展开。全书共分 10 章，主要包括 Visual Basic 概述、Visual Basic 语言基础、数组、基本程序结构、Visual Basic 的过程、常用控件、界面设计、文件处理技术、数据库应用、工程化程序设计技术等内容。

本书突出技术性、应用性与示范性。同时，在编写时兼顾了计算机等级考试的要求。为方便教学，本书还配有电子课件，任课教师可以登录华信教育资源网（www.hxedu.com.cn）免费注册下载。

本书可作为高等学校 Visual Basic 程序设计基础课程的教材，也可作为全国计算机等级考试二级 Visual Basic 的培训或自学教材。

图书在版编目(CIP)数据

Visual Basic 程序设计基础 / 董卫军，邢为民，索琦编著. —北京：电子工业出版社，2011.8

高等学校规划教材

ISBN 978-7-121-13574-3

I. ①V… II. ①董…②邢…③索… III. ①Basic 语言－程序设计－高等学校－教材 IV. ①TP312

中国版本图书馆 CIP 数据核字(2011)第 089452 号

策划编辑：索蓉霞
责任编辑：索蓉霞
印　　刷：涿州市京南印刷厂
装　　订：涿州市京南印刷厂
出版发行：电子工业出版社
　　　　　北京市海淀区万寿路 173 信箱　　邮编：100036
开　　本：787×1092　1/16　印张：15.25　字数：390 千字
版　　次：2011 年 8 月第 1 版
印　　次：2015 年 2 月第 3 次印刷
定　　价：29.00 元

凡所购买电子工业出版社图书有缺损问题，请向购买书店调换。若书店售缺，请与本社发行部联系，联系及邮购电话：(010) 88254888。

质量投诉请发邮件至 zlts@phei.com.cn，盗版侵权举报请发邮件至 dbqq@phei.com.cn。

服务热线：(010) 88258888。

前　言

随着计算机应用的逐步深入，用算法解决问题的能力培养已经成为素质教育的基本要求。而通过程序设计语言的学习可以促进逻辑思维能力的培养，强化运用算法来解决实际问题的能力。

本书是国家精品课程“计算机基础”系列课程“Visual Basic 程序设计基础”的主教材。教材以教育部计算机基础教育教学指导委员会关于高等学校计算机基础教育基本要求作指导，从培养学生分析问题和解决问题的能力入手，立足于**“以理论为基础，以实例为引导，以应用为目的”**，对程序设计的基本概念、原理和方法由浅入深，循序渐进地展开。在内容组织上采取**“问题导入语法、语法引入应用、应用面向实践”**的方式，突出知识点与技术点的关联性，使学习者学以致用，真正理解程序设计思想，而不是仅仅学会语法。

全书共分 10 章，主要包括 Visual Basic 概述、Visual Basic 语言基础、数组、基本程序结构、Visual Basic 的过程、常用控件、界面设计、文件处理技术、数据库应用、工程化程序设计技术等内容。以实际问题为基础，对程序设计的基本概念、原理和方法，从基本语句、基础使用、理论提升三个层面逐层展开。

基本语句部分从培养学生程序设计基本概念和初步逻辑思维能力入手，以 Visual Basic 语言为实例进行内容组织，主要包括 Visual Basic 概述、Visual Basic 语言基础、数组、基本程序结构、Visual Basic 的过程等方面的知识。通过学习，使学习者初步掌握 Visual Basic 的基本语法和程序设计基本概念。

基础使用部分从培养学生分析问题和解决问题的能力入手，引入 Visual Basic 的基本对象，主要包括常用控件、界面设计、文件处理、数据库应用等方面的知识。通过学习使学习者初步掌握分析问题和解决问题的能力。

理论提升部分通过引入工程化程序设计的理论，强化逻辑思维能力和程序设计能力培养，进一步提升学习者对程序设计的理解，使学习者真正掌握程序设计。

特别说明，VB 不区分大小写，本书中涉及的英文大小写意义相同。

本书突出技术性、应用性与示范性。同时，在编写时兼顾了计算机等级考试的要求。为方便教学，本书还**配有电子课件，任课教师可以登录华信教育资源网（www.hxedu.com.cn）免费注册下载**。

本书由多年从事计算机教育的一线教师编写，其中董卫军编写第 1～5 章和第 10 章，邢为民编写第 6～7 章，索琦编写第 8～9 章。全书由董卫军统稿，西北大学耿国华教授主审。感谢教学团队成员的帮助，感谢西北大学教务处多年来的支持。由于水平有限，书中难免有不妥之处，恳请指正。

编　者

于西安·西北大学

目　　录

第 1 章　Visual Basic 概述

Visual Basic（简称 VB）是 Microsoft 公司开发的一种通用的基于对象的程序设计语言。Visual Basic 是在 BASIC 语言的基础上进一步发展而来的，其包含了数百条语句、函数及关键词。Visual Basic 使用广泛，简单易学。专业人员可以使用 Visual Basic 编写复杂的应用软件，而初学者只要掌握几个关键词就可以建立实用的应用程序。

1.1　Visual Basic 简介

1.1.1　Visual Basic 的产生

1991 年微软公司推出了 Visual Basic，Visual 的含义是可视的、可见的，指的是开发图形用户界面的方法，它不需要编写大量代码去描述界面元素的外观和位置，只要把预先建立好的对象拖放到屏幕上相应的位置即可。

Microsoft Windows 为程序员和最终用户提供了一个共同的人机界面。对用户而言，Windows 提供了一个对所有的应用程序都一样的图形操作环境；对于程序员而言，Windows 提供了一组预定义工具（称为 Microsoft Windows 的软件开发工具箱（SDK）），该工具能使程序员建立一个与 Windows 界面风格相一致的应用程序。而且，程序员不必关心最终用户的硬件配置情况。在这一开发环境中，对于程序员而言，唯一的难点是如何掌握 Microsoft Windows SDK 提供的 600 多个函数和与之对应的事件驱动编程技术。

1.1.2　Visual Basic 的特点

Visual Basic 具有很多特点，主要包括以下几方面。

（1）提供面向对象的可视化设计工具

VB 采用面向对象的程序设计思想。它的基本思路是把复杂问题分解为若干个能够完成独立功能的相对简单的对象，程序员可根据程序和界面设计要求，直接在屏幕上创建“窗口”、“菜单”、“按钮”等不同类型的对象，并为每个对象设置属性。

（2）基于事件驱动的编程机制

在 Windows 环境下，程序运行基于事件驱动机制，每个对象都能响应多个不同的事件，每个事件都能驱动一段代码（事件过程），该代码决定了对象的功能，通常称这种机制为事件驱动。事件可由用户的操作触发，也可以由系统或应用程序触发。例如，单击一个命令按钮，就触发了按钮的 Click 事件，该事件的代码就会被执行。若用户未进行任何操作（未触发事件），则程序处于等待状态，整个应用程序就是由彼此独立的事件过程构成的。

（3）易学易用的集成开发环境

VB 为编程者提供了一个集成开发环境，在这个环境中，编程者可设计界面、编写代码、调试程序，直至把应用程序编译成可在 Windows 中运行的可执行文件，并为它生成安装程序，VB 的集成开发环境为编程者提供了很大的方便。

（4）结构化的程序设计语言

VB 具有丰富的数据类型，满足结构化程序设计的要求，而且简单易学。

（5）强大的数据库操纵功能

VB 利用数据控件可以访问多种数据库，VB 6.0 提供的 ADO 控件，不但可以用最少的代码实现数据库操作和控制，还可以取代 Data 控件和 RDO 控件。

（6）ActiveX 技术

VB 的核心是支持对象的链接与嵌入（OLE）技术，利用 OLE 技术，能够开发集声音、图像、动画、文字等对象于一体的应用程序。通过动态数据交换（DDE）编程技术，能与其他 Windows 应用程序之间建立数据通信。通过动态链接库技术，可方便地调用 C 语言或汇编语言编写的函数，也可调用 Windows 的应用程序接口（.API）函数。

（7）网络功能

VB 6.0 提供了 DltTML 设计工具，利用这种技术可以动态创建和编辑 Web 页面，使用户能在 VB 中开发多功能的网络应用软件。

（8）多种应用程序向导

VB 提供了多种向导，如应用程序向导、安装向导、数据对象向导和数据窗体向导等，通过它们可以快速地创建不同类型、不同功能的应用程序。

（9）完备的联机帮助功能

在 VB 中，利用帮助菜单或 F1 功能键，用户可方便地得到所需要的帮助信息。VB 帮助窗口中显示了有关的示例代码，通过复制、粘贴操作可获取大量的示例代码，为用户的学习和使用提供方便。

1.2 Visual Basic 的启动与退出

1.2.1 启动

在桌面上双击 Microsoft Visual Basic 快捷图标，就可以启动 Visual Basic 6.0。每次运行 VB 时，在进入主窗口后，VB 都将启动如图 1.1 所示的“新建工程”窗口。

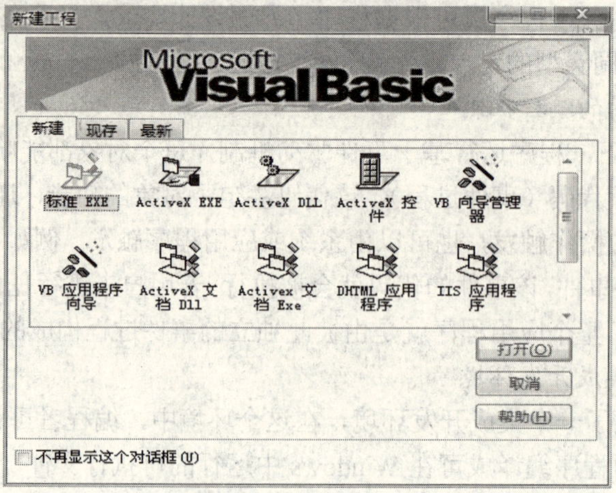

图 1.1 “新建工程”窗口

单击“新建工程”窗口中的“新建”选项卡，会显示可以新创建的工程的类型，选择一个图标后再单击窗口中的“打开”按钮（或直接双击一个图标）就可以创建一个所选类型的工程。工程的类型决定了工程编译后生成的文件类型和格式。以“标准 EXE”工程为例，对于一个“标准 EXE”工程，编译后将生成一个能够在 Windows 系统中运行的可执行文件，它是使用最广泛的工程类型。

创建工程环境就是创建 Visual Basic 应用程序集成开发环境，如图 1.2 所示。

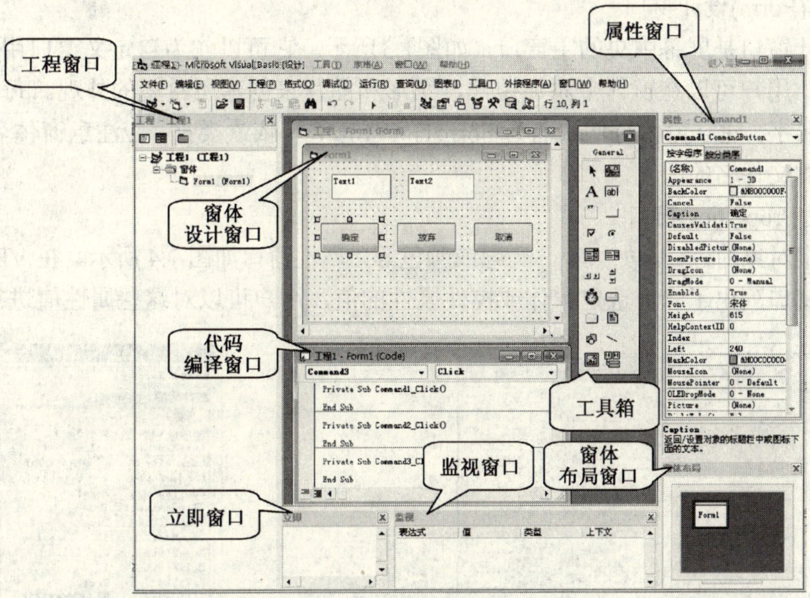

图 1.2　VB 应用程序集成开发环境

1.2.2　集成环境

集成环境是一个功能强大而又易于操作的软件开发环境，用 VB 开发应用程序的大部分工作都可以通过集成开发环境来完成。集成环境主要由以下几部分组成。

（1）标题栏

用于显示正在开发或调试的工程名和系统的工作状态（设计态、运行态、中断态），系统的工作状态主要有三种不同的模式。

① 设计模式

创建应用程序的大多数工作都是在设计模式下完成的。在设计模式下，可以设计窗体、绘制控件、编写代码并使用“属性”窗口来设置或查看属性的设置值。

② 运行模式

代码正在运行的时期称为运行模式，用户可与应用程序交流，可查看代码，但不能改动它。

③ 中断模式

程序在运行中途被停止执行的模式称为中断模式。在中断模式下，用户可以查看各变量及其当前值，从而了解程序执行是否正常，也可以修改、检查、调试、重置、单步执行程序代码或继续执行程序。

（2）菜单栏

用于显示所使用的 Visual Basic 命令。

（3）工具栏

在编程环境下用于快速访问常用命令。默认情况下，启动 VB 后显示“标准”工具栏，附加的编辑、窗体设计和调试的工具栏可以从“视图”菜单的“工具栏”子菜单中选择移进或移出。

（4）VB 窗口

VB 窗口是集成环境的主要组成部分，常用的 VB 窗口主要有 7 个。

① 窗体(Form)设计窗口

窗体设计窗口是屏幕中央的主窗口，如图1.3所示。它可以作为自定义窗口用来设计应用程序的界面。用户可以在窗体中添加控件、图形和图片来创建所希望的外观。每个窗体必须有一个窗体名字，建立窗体时默认名为 Form1，Form2，…依次类推。应注意窗体名（即 Name 属性）和窗体文件名的区别。

② 属性(Properties)窗口

属性是指对象的特征，如大小、标题或颜色等，属性窗口如图 1.4 所示。在 VB 6.0 设计模式中，属性窗口列出了当前选定窗体或控件属性的值，用户可以对这些属性值进行设置。

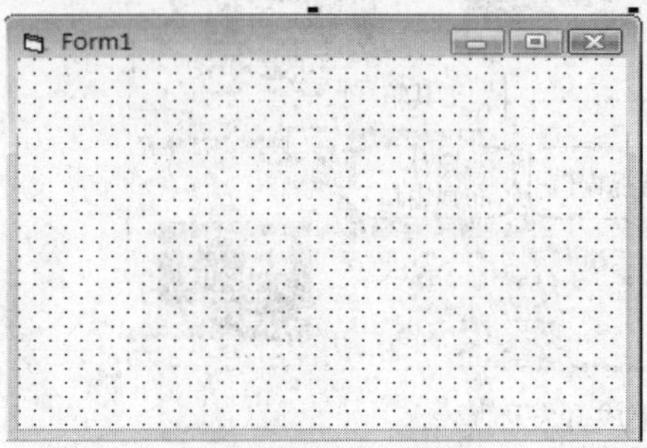

图 1.3　窗体设计窗口

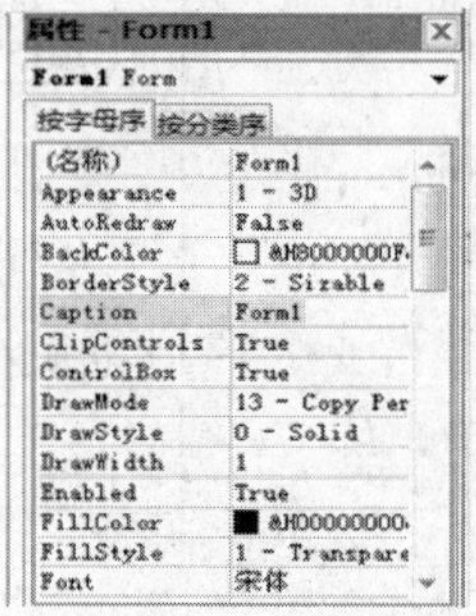

图 1.4　属性窗口

③ 工程资源管理器(Project Explorer)窗口

工程是指用于创建一个应用程序的文件的集合，工程资源管理器窗口中列出了当前工程中的窗体和模块，如图 1.5 所示。

④ 代码(Code)编辑窗口

代码编辑窗口是编写应用程序的编辑器，如图1.6所示。在设计模式中，通过双击窗体或窗体上任何对象或通过“工程资源管理器”窗口中的“查看代码”按钮来打开代码编辑窗口。

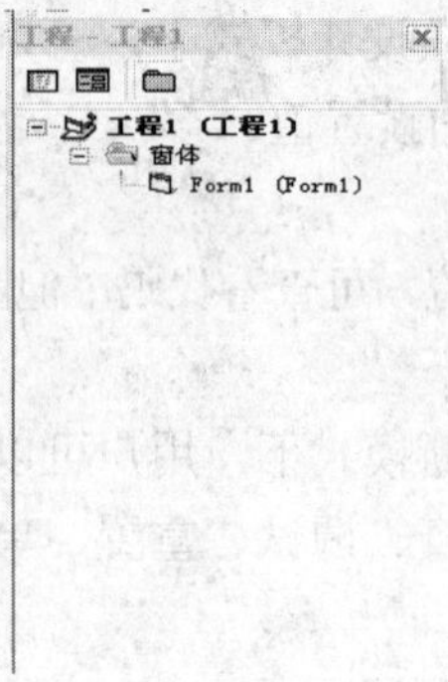

图 1.5　工程资源管理器窗口

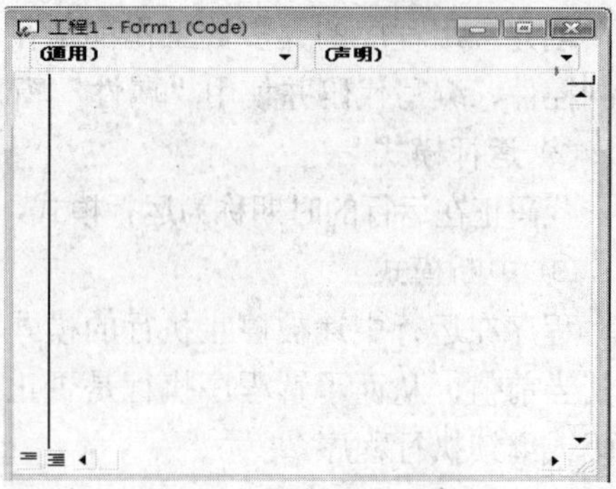

图 1.6　代码编辑窗口

⑤ 立即(Immediate)窗口

立即窗口是为调试应用程序提供的，用户可直接在该窗口中利用 Print 方法或直接在程序中使用 Debug.print 在该窗口中显示所关心的表达式的值。

⑥ 窗体布局(Form Layout)窗口

窗体布局窗口显示在屏幕右下角。用户可使用表示屏幕的小图像来布置应用程序中各窗体的位置，窗体布局窗口在多窗体应用程序中很有用，通过它可以指定每个窗体相对于主窗体的位置。

⑦ 工具箱(ToolBox)窗口

工具箱提供了一组工具，系统启动后默认的 General 工具箱就会出现在屏幕左边，上面有常用的控件,如图 1.7 所示。

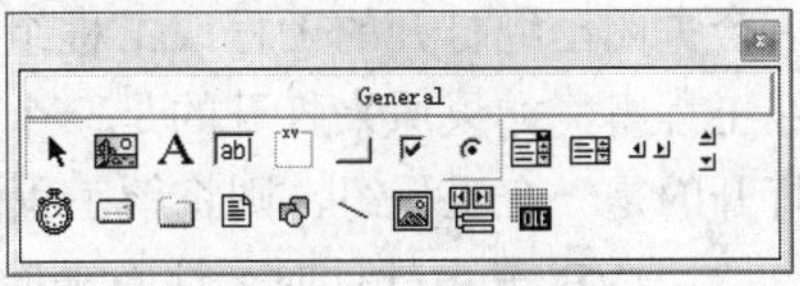

图 1.7　工具箱窗口

1.2.3　退出

当需要退出 Visual Basic 时，可以关闭 Visual Basic 集成环境窗口，或通过单击菜单“文件→退出”命令退出。退出时，若文件没有保存过，则系统会提示用户保存工程文件和窗口文件。

1.3　Visual Basic 工程

要使用 VB 进行程序设计就需要理解工程的含义，在 VB 中不管应用程序的规模大小，它总是对应着一个或几个工程，所以 VB 的应用程序与工程有密切关系。

1.3.1　工程文件

工程文件是与工程有关的全部文件和对象的清单，以及所设置的环境选项方面的信息。工程文件的扩展名是.vbp，也可以将几个.vbp 工程文件组成一个工程组文件，其扩展名是.vbg。一个工程往往会包括下列文件：

① 跟踪所有部件的工程文件（.vbp）；

② 每个窗体的文件（.frm）；

③ 每个窗体的二进制数据文件（.frx），它含有窗体上控件的属性数据，带有二进制属性的任何.frm 文件都是不可编辑的，这些文件都是系统自动产生的；

④ 每个类模块的文件（.cls）,该文件是可选项；

⑤ 每个标准模块的文件（.bal），该文件是可选项；

⑥ 一个或多个包含 ActiveX 控件的文件（.ocx），该文件是可选项；

⑦ 单个资源文件(.res),该文件是可选项。

每次保存工程时，这些信息都要被更新，所有这些文件和对象也可供其他工程共享。

当完成工程的全部文件之后，即可将工程编译成可执行文件（.exe），方法是从“文件”菜单选取“生成 …… .exe”命令。

工程的构成和变化可由 VB 工程资源管理器窗口直观地反映，该窗口包含此工程的当前文件列表，当程序员创建、添加或从工程中删除可编辑文件时，都可以从工程资源管理器窗口中看到工程的变化。

1.3.2 工程的基本操作

1. 创建工程

创建一个新工程可以用“文件”菜单中的“新建工程”命令或“添加工程”命令，使用这两个命令后，弹出的窗口与启动 VB 后弹出的“新建工程”窗口中“新建”选项卡的内容相似，使用方法也相同。但这两个命令是有区别的：使用“新建工程”命令创建一个新工程后会关闭已经打开的工程或工程组；使用“添加工程”命令创建工程后不会关闭现有的工程或工程组，如果原来打开的是一个工程，则新工程与现有的工程形成一个工程组，如果原来打开的是一个工程组，则将新工程添加到已有的工程组中。

用 VB 开发软件时要注意随时保存工程，这样既可以防止因意外原因造成数据丢失，也可以在下一次开机重新运行 VB 后打开这个工程继续进行设计和修改。

2. 保存工程

单击“文件”菜单中的“保存工程”（或“保存工程组”）命令，可将在集成开发环境中打开的工程或工程组的所有内容保存。在新建一个工程后第一次保存时需要在打开的对话框中设置将要保存的文件的名称和路径。

将工程或工程组存盘后，VB 将把一个工程组保存为一个扩展名为.vbg 的文件，将工程、窗体、模块和类模块保存为扩展名分别是.vbp、.frm、.bas 和.cls 的文件。

3. 打开工程

打开一个保存在磁盘上的工程或工程组，可以用“文件”菜单中的“打开工程”命令，系统弹出“打开工程”对话框，选择相关文件便可打开相应的工程。

4. 删除工程

用“文件”菜单中的“移除工程”命令可从一个工程组中删除一个工程。

1.4 Visual Basic 程序开发

1.4.1 面向对象程序设计

面向对象程序设计是在结构化程序设计的基础上发展起来的，面向对象程序设计思想的特点是：程序一般由类的定义和类的使用两部分组成，主程序中定义各个对象并规定它们之间传递消息的规律，程序中的一切操作都通过向对象发送消息来实现，对象接收到消息后，调用有关对象的行为来完成相应的操作。

1. 对象和类

在面向对象程序设计中，对象是基本构成单元，对象是由描述其属性的数据和定义在数据上的一组操作组成的实体，是数据单元和过程单元的集合体。例如，司机马强是一个对象，他由描述他特征的数据和他能提供的一组操作来表征。类是一组对象的抽象，这组对象有相同的属性和操作行为，并对这些属性和操作行为加以描述和说明。类是创建对象的样板，它没有具体的值和具体的操作，只有以它为样板创建的对象才有具体的值和操作。类用类名来相互区别，例如，可以定义司机类描述所有司机的共有属性和操作行为。

VB 是一种可视化的面向对象程序设计语言。在 VB 中，对象是窗体、控件和部件的统称，它具有属性、方法和事件特征。整个应用程序也是一个对象，表1.1 列出了 Visual Basic 中常见的对象。

表 1.1　Visual Basic 中的常见对象

对　象	描　述
命令按钮	命令按钮是最常见的控件，用于进行某种操作的选择
窗体	Visual Basic 工程中的每一个窗体都是独立的对象
数据库	数据库是对象，并且还包含其他对象，如字段、索引等
图表	Microsoft Excel 中的图表是对象

一个对象是类的一个实例，有了类才能创建对象。例如，Visual Basic 集成开发环境中“工具箱”上的控件代表类，直到在窗体上画出这些控件对象之前，它们在窗体上实际并不存在。创建控件就是建立控件类的实例，这个类实例就是应用程序中引用的对象。

2．抽象性

抽象是人类对事物进行分类的基本方法。面向对象程序设计中的抽象是对同类对象进行分析、概括，得到同类对象的公共性质，并加以描述的过程。对一个事物的抽象一般包括两个方面：数据抽象和行为抽象。数据抽象用于描述对象的属性和状态，使对象之间可相互区别。行为抽象又称为代码抽象，是对数据需要进行的处理进行描述，它描述了同类对象的共同行为特征，使同类对象具有共同的功能。

3．封装性

在面向对象的程序设计中，封装是把相关的数据和代码结合成一个有机的整体，形成数据和操作代码的封装体。封装提高了程序的安全性，对外只提供一个可以控制的接口，内部大部分的实现细节对外隐蔽，达到对数据访问权的合理控制。封装机制是通过对象来实现的，对象中的成员不仅包含了数据，也包含了对这些数据进行处理的操作代码。对象中的成员可以根据需要定义为公有的或私有的，私有成员在对象中被隐蔽起来，对象以外的访问被拒绝；公有成员提供了对象与外界的接口，外界只能通过这个接口与对象发生联系。

抽象和封装是相互促进的。一个好的抽象有利于封装，封装帮助维护抽象的完整性，但抽象先于封装。

4．继承性

在面向对象程序设计中，继承描述了类间的关系，这种关系使得一个类可以继承另一个类的属性（数据）和行为（操作），从而提供了通过现有类创建新类的方法，新建的类也称为派生类。创建派生类时，不必重新描述基类的所有特征，只需让它继承基类的特征即可，然后描述其与基类不同的那些特征。也就是说，派生类的特征由继承来的特征和新添加的特征两部分组成，继承既允许派生类使用基类的数据和操作，也允许拥有自己的数据和操作。

5．多态性

多态性是指不同的对象收到相同的消息时产生不同的操作行为，或者说同一个消息可以根据发送消息对象的不同而采用多种不同的操作行为。例如，当用鼠标单击不同的对象时，各对象就会根据自己的理解做出不同的反应，产生不同的结果，这就是多态性。

1.4.2 Visual Basic 程序开发的重要特性

Visual Basic 是 Windows 开发语言，它和 Windows 工作机制基本保持一致。Windows 的工作机制简单地说就是三个关键的概念：窗口、事件和消息。

1. Windows 编程机制

窗口是 Windows 最基本的用户界面，除了资源管理器窗口、文件夹窗口、应用程序窗口这些最普通的窗口外，还有许多其他类型的特殊窗口，命令按钮是一个窗口，图标、文本框、选项按钮和菜单条也都是窗口。

Windows 操作系统通过给每一个窗口指定一个唯一的标识号（窗口句柄或 hWnd）来管理所有的窗口，操作系统连续地监视每一个窗口的事件。事件可以通过诸如单击鼠标或按下按键的操作而产生，也可以通过程序的控制而产生，甚至可以由另一个窗口的操作而产生。每发生一次事件，将引发一条消息发送至操作系统。操作系统处理该消息并将其广播给其他窗口。然后，每一个窗口才能根据自身处理该条消息的指令采取适当的操作（例如，当窗口解除了其他窗口的覆盖时，重新显示自身窗口）。

2. 事件驱动模型

在传统结构化应用程序中，代码的执行次序由应用程序自身控制，从第一行代码开始，按应用程序中预定的路径执行。而在事件驱动系统中，程序的控制方式则不同。在事件驱动的应用程序中，当某个事件发生后，系统会找到并运行相应的事件处理程序，也就是说事件的触发顺序决定了代码执行的顺序。

由于事件的出现顺序是不确定的，所以在代码中必须对每个需要处理的事件编写其事件处理程序。VB 中的每一个对象都有一个预定义的事件集，如果其中有一个事件发生，并且在关联的事件过程中存在代码，则 VB 会自动调用该代码处理事件。当事件处理程序执行完后，系统处于等待状态，当另一个事件发生后，程序就去执行该事件的事件过程，当这个事件执行完后，系统又处于等待另一个事件发生的状态，这就是事件驱动程序方式。

事件驱动应用程序的整个过程可以总结为：

① 启动应用程序，装载和显示窗体；

② 窗体或窗体上的控件等待事件的发生；

③ 当某个事件发生后，执行其对应的事件过程代码；

④ 重复执行第②和第③步，直到遇到 End 语句或单击结束按钮停止程序的运行。

3. 交互式开发

传统的应用程序开发过程可以分为 3 个步骤：编码、编译和测试。VB 与传统的语言不同，它使用交互式方法开发应用程序，使 3 个步骤之间不再有明显的阶段划分。

在大多数语言里，如果在编写代码时发生了错误，等到编译应用程序时，该错误才会被编译器捕获。此时必须查找并改正该错误，然后再次进行编译，对每一个发现的错误都要重复这样的过程。而 VB 集成环境则不同，VB 在编程者输入代码时便进行解释，即时捕获并突出显示大多数语法或拼写错误。

除即时捕获错误外，VB 也在输入代码时部分编译该代码。当准备运行和测试应用程序时，只需极短时间即可完成编译。如果编译器发现了错误，则将错误突出显示于代码中。这时可以更正错误并继续编译，而不需从头开始。

由于 VB 的交互特性，可以发现，在开发应用程序的同时，系统也正在运行着应用程序。通过这种方式，代码运行的效果可以在开发时进行测试，而不必等到编译完成后再进行。

1.5　Visual Basic 程序开发步骤

创建 VB 应用程序主要包括创建应用程序界面、设置属性和编写代码 3 个步骤。

1.5.1　创建应用程序界面

窗体是创建应用程序的基础，通过使用窗体可将窗口和对话框添加到应用程序中。也可把窗体作为对象的容器，例如，应用程序中可能有一个作为图形容器的窗体，而这些图形是要在其他窗体中显示。

创建 VB 应用程序的第一步是创建窗体，然后在窗体上建立构成界面的各个对象。例如，要创建文本框，方法如下：

① 在工具箱中单击要建立的控件工具；

② 将鼠标指针移到窗体空白区，该指针变成十字线，此时按下鼠标左键拖曳后即可建立相应的控件对象。

在窗体上依次建立文本框和命令按钮后，在控件对象四周出现的小矩形框称为尺寸句柄，如图 1.8 所示，用这些尺寸句柄可以调节控件对象的大小。

此外，还可以用鼠标、键盘和菜单命令移动控件、锁定与解锁控件位置，以及调节控件位置。若要移动控件，可用鼠标把窗体上的控件直接拖动到一个新位置释放鼠标，或在“属性”窗口中改变 Top 和 Left 属性值；若要锁定所有控件位置，可从“格式”菜单中选取“锁定控件”，锁定后窗体中的控件对象将不移动或改变大小。

1.5.2　设置属性

创建了应用程序的窗体界面后，接下来要给所创建的对象设置相应的属性。

属性窗口给出了设置所有窗体对象属性的方法。在“视图”菜单中选择“属性窗口”命令，单击工具栏上的“属性窗口”按钮或使用控件的上下文菜单，都可以打开属性窗口，如图 1.9 所示。属性窗口包含如下元素。

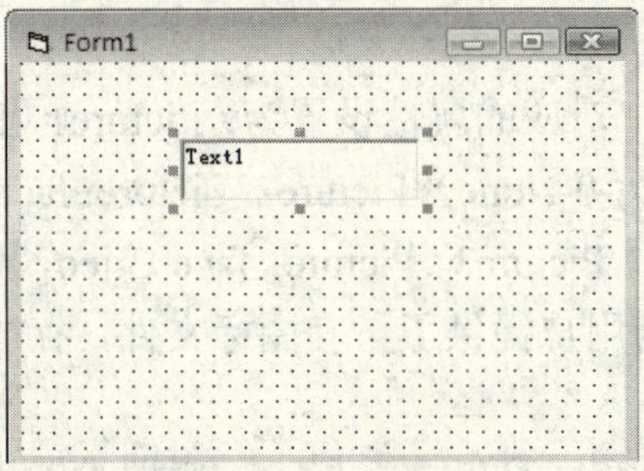

图 1.8　添加文本框控件

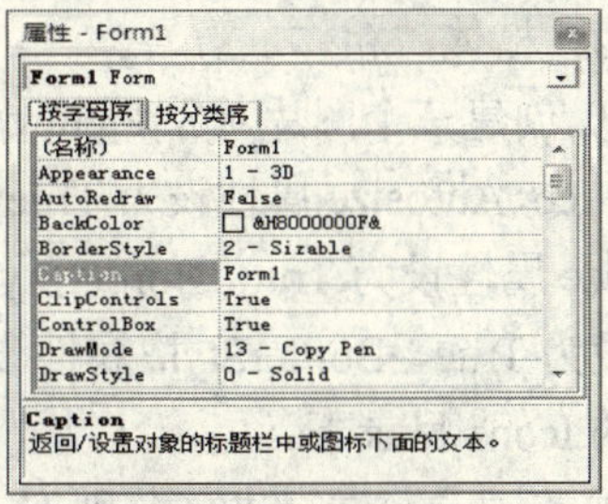

图 1.9　属性窗口

① 对象框：显示可设置属性的对象的名字。单击对象框右边的箭头，显示当前窗体的对象列表。

② 排序：从按字母顺序排列的属性列表中进行选取，或从按逻辑（如与外观、字体或位置有关的）分类页的层次结构视图中进行选取。

③ 属性列表：左列部分显示所选对象的全部属性，右列部分可以编辑和查看设置值。

1.5.3 编写代码

代码编辑器窗口用于编写应用程序代码。代码由语句、常数和声明部分组成。使用代码编辑器窗口，可以快速查看和编辑应用程序代码的任何部分。

要打开代码窗口，可以用以下两种方法：

方法一：双击要编写代码的窗体或控件对象；

方法二：从“工程管理器”窗口，选定窗体或模块的名称，然后单击“查看代码”按钮。

下面通过一个简单的程序来说明在 VB 环境下如何编写程序。在窗口上创建三个单选按钮，单击任何一个按钮，系统会显示一个笑脸图像和对应的信息。

（1）创建程序的用户界面，设置界面上各个对象的属性

启动 VB，创建一个“标准 EXE”工程，结果如图 1.10 所示。

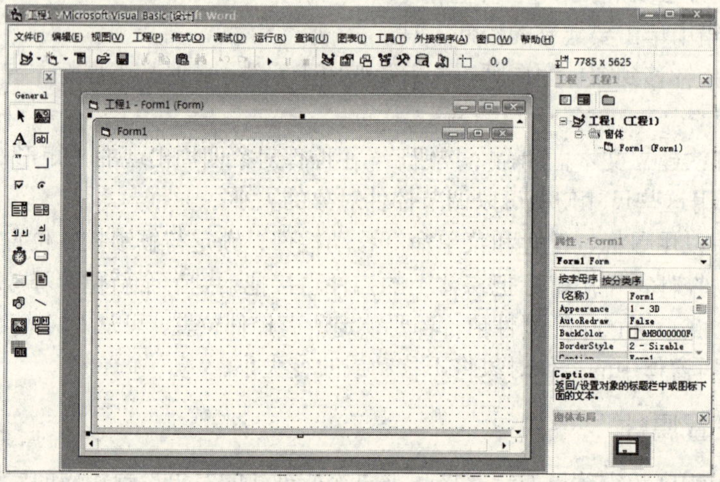

图 1.10　新建标准 EXE 工程

① 创建一个标签对象，Caption 属性设置为：请选择你的心情；Font 属性设置为：隶书、粗体、二号。

② 建立三个单选按钮，它们的 Caption 属性分别设置为：无奈、惊奇、高兴；Font 属性设置为：楷体、粗体、五号。

③ 创建三个图片对象 Picture1、Picture2、Picture3，对应的属性设置为：Picture1（Picture：face01.ico，Autosize 属性设为 True，BorderStyle 属性设为 0-None），Picture2（Picture：face02.ico，Autosize 属性设为 True，BorderStyle 属性设为 0-None），Picture3（Picture：face03.ico，Autosize 属性设为 True，BorderStyle 属性设为 0-None）。微软为用户提供了一套图标文件，存放在 VB 目录的 Icons 目录下。

④ 创建 3 个文本框，分别把它们的 Text 属性设为空字符串，MultiLine 属性设置为 True，设置效果如图 1.11 所示。

（2）编写对象响应事件的程序代码

双击窗体的任何一个部分，系统弹出代码编辑窗口，如图 1.12 所示。

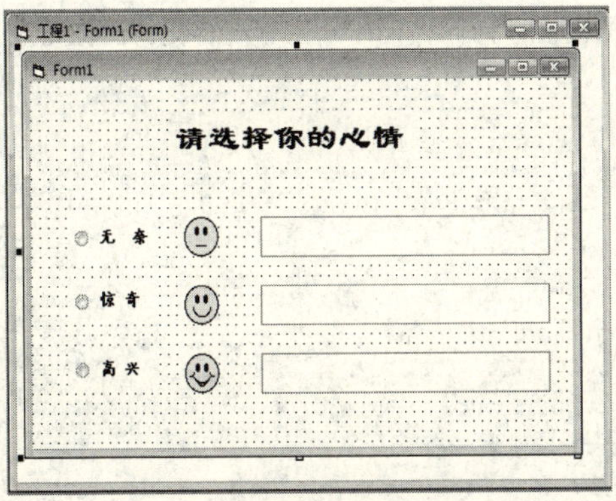

图 1.11　界面设置效果

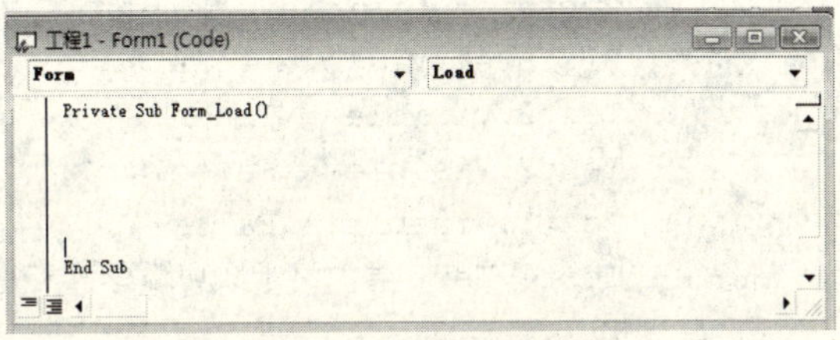

图 1.12　代码编辑窗口

在该窗口中，出现一个空的过程 Form_Load( )，这是一个非常重要的过程，在这个过程中需要对控件进行设置，对应程序如下。

```
Private Sub Form_Load()
    Picture1.Visible = False
    Picture2.Visible = False
    Picture3.Visible = False
    Text1.Visible = False
    Text2.Visible = False
    Text3.Visible = False
End Sub
```

其中，Private 表示此过程是局部的，Sub 表示子过程的开始，与之相对的是 End Sub 表示过程的结束，Visible 属性表示控件的可见性，这个属性的值可以是 True 或 False。

在属性窗口里，将 Object 选择为 Option1，Proc 选择为 Click，即得到一个 Option1_Click 的过程，代码如下。

```
Private Sub Option1_Click()
    Picture1.Visible = True
    Picture2.Visible = False
    Picture3.Visible = False
    Text1.Visible = True
    Text2.Visible = False
    Text3.Visible = False
    Text1.Text = "面对困惑与无奈，给自己一个笑脸，让自己拥有一份坦然，一种豁达。"
End Sub
```

采用相同的方法建立 Option2_Click 和 Option3_Click，相应代码如下：

```
Private Sub Option2_Click()
    Picture2.Visible = True
    Picture1.Visible = False
    Picture3.Visible = False
    Text2.Visible = True
    Text1.Visible = False
    Text3.Visible = False
```

```
    Text2.Text = "每一个人都具有相当大的潜能，问问自己：一生有没有使自己惊奇过?"
End Sub
Private Sub Option3_Click()
    Picture3.Visible = True
    Picture2.Visible = False
    Picture1.Visible = False
    Text3.Visible = True
    Text2.Visible = False
    Text1.Visible = False
    Text3.Text = "终于成功编写了一个小程序！"
End Sub
```

(3) 运行修改工程

单击“运行”，选择“启动”，或者按快捷键 F5 均可运行工程，运行结果如图 1.13 所示。如果在运行过程中出现错误，则暂停程序，返回窗体设计窗口或代码编辑窗口进行修改，直到满足要求。

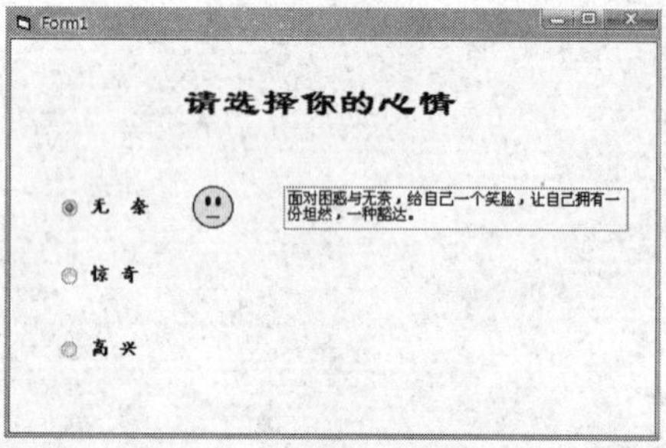

图 1.13　程序运行结果

(4) 保存工程

选择菜单中“文件→另存为”命令保存工程。

(5) 创建可执行程序

当创建的 VB 程序满足要求时，可将其编译为可执行程序。具体过程是，单击“文件”，选择“生成工程 1.EXE”，系统弹出“生成工程”对话框，选择可执行文件的存储位置，输入新生成的可执行文件的文件名，系统开始编译，最终生成一个满足用户要求的可执行文件。

习　题　1

一、填空题

1. VB 集成环境的工作状态主要有三种不同的模式_________、_________和_________。

2. _________是与工程有关的全部文件和对象的清单，其扩展名是.vbp。

3. 可以将几个工程文件组成一个_________。

4. 创建一个新工程可以用“文件”菜单中的_________命令或_________命令。

5. 单击“文件”菜单中的_________命令，可将在集成开发环境中打开的工程或工程组的所有内容保存。

6. 在面向对象程序设计中，_________是基本构成单元，并从相同类型的对象中抽象出类，对象只是类的实例。

7. 面向对象程序设计中的_________是对一类对象进行分析、概括，得到一类对象的公共性质，并加以描述的过程。

8. _________是把相关的数据和代码结合成一个有机的整体，形成数据和操作代码的封装体，对外只提供一个可以控制的接口，内部大部分的实现细节对外隐蔽。

9. _________描述了类之间的关系，这种关系使得一类可以继承另一类的属性和行为，从而，提供了通过现有的类创建新类的方法，也提高了软件复用的程度。

10. 在事件驱动的应用程序中，_________可以由用户操作触发，也可以由来自操作系统或其他应用程序的消息触发，甚至由应用程序本身的消息触发。

二、选择题

1．窗体文件的扩展名是（　　）。

A．.bas　　B．.cls　　C．.frm　　D．.res

2．下列可以启动 Visual Basic 的方法是（　　）。

A．打开“我的电脑”，找到存放 Visual Basic 所在系统文件的硬盘及文件夹，双击“VB6.exe”图标

B．在 DOS 窗口中，输入 Visual Basic 的路径，执行 Visual Basic 可执行文件

C．利用“开始”菜单中的“程序”命令可启动 Visual Basic

D．A 和 C

3．一个工程必须包含的文件的类型是（　　）。

A．.vbp、.frm、.frx　　B．.vbp、.cls、.bas　　C．.bas、.ocx、.res　　D．.frm、.cls、.bas

4．以下叙述中错误的是（　　）。

A．在工程资源管理器窗口中只能包含一个工程文件及属于该工程的其他文件

B．以.BAS 为扩展名的文件是标准模块文件

C．窗体文件包含该窗体及其控件的属性

D．一个工程中可以含有多个标准模块文件

5．下列不是 VB 文件的是（　　）。

A．*.frm 文件　　B．*.cls 文件　　C．*.bas 文件　　D．*.dbc 文件

6．假定一个 VB 应用程序由一个窗体模块和一个标准模块构成。为了保存该应用程序，以下正确的操作是（　　）。

A．只保存窗体模块文件　　B．分别保存窗体模块、标准模块和工程文件

C．只保存窗体模块和标准模块文件　　D．只保存工程文件

7．VB 的使用目的是（　　）。

A．开发 Windows 应用程序　　B．图像处理

C．制作 WAV 文件　　D．文字处理

8．一个对象可以执行的动作和可被对象识别的动作分别称为（　　）。

A．方法、事件　　B．事件、方法　　C．方法、属性　　D．事件、属性

9．当运行程序时，系统自动执行启动窗体的某个事件过程，这个事件过程是（　　）。

A．Load　　B．Click　　C．Unload　　D．GotFocus

10．以下关于 VB 特点的叙述中，错误的是（　　）。

A．VB 是采用事件驱动编程机制的语言

B．VB 程序既可以编译运行，也可以解释运行

C．构成 VB 的多个过程没有固定的执行顺序

D．VB 程序不是结构化程序，不具备结构化的三种基本结构

11．以下叙述中，错误的是（　　）。

A．在 VB 中，对象所能响应的事件是由系统定义的

B．对象的任何属性既可以通过属性窗口设定，也可以通过程序语句设定

C．VB 中允许不同对象使用相同名称和方法

D．VB 中的对象具有自己的属性和方法

12．VB 集成开发环境中不包括下列哪些窗口（　　）？

A．工具箱窗口　　B．工程资源管理器窗口　　C．属性窗口　　D．命令窗口

13．“一辆小客车在正常行进过程中被一辆大型货车撞坏了”，在这句话中，“客车”，“小”，“行进”和“被一辆大型货车撞坏了”分别对应 VB 中的哪些术语（　　）？

A．对象、属性、事件、方法　　B．对象、属性、方法、事件

C．属性、对象、事件、方法　　D．属性、对象、方法、事件

14．下面哪一个属性用来标识对象的名称（　　）？

A．Caption　　B．Value　　C．Text　　D．Name

15．VB 6.0 集成开发环境中不能完成的功能是（　　）。

A．输入编辑源程序　　B．编译生成可执行程序

C．调试运行程序　　D．自动查找并改正程序中的错误

16．传统和程序设计语言相比，VB 最突出的特点是（　　）。

A．结构化程序设计　　B．程序开发环境

C．程序调试技术　　D．事件驱动编程机制

17．VB 6.0 集成开发环境的工作状态有（　　）。

A．一种　　B．两种　　C．三种　　D．四种

18．在设计应用程序时，通过（　　）窗口可以查看到应用程序工程中的所有组成部分。

A．代码　　B．窗体设计　　C．属性　　D．工程资源管理器

三、简答题

1．VB 有哪些基本特点？

2．简述 VB 集成环境的构成，每个部分的主要功能是什么？

3．什么是对象和类？它们之间有什么关系？

4．面向对象程序设计的基本思想是什么？

5．面向对象程序设计具有哪些基本特点？

6．简述事件驱动模型的工作原理。

7．VB 的工程包括哪几类文件？如何保存？

四、程序设计

1．启动 VB，创建一个窗体 Form1，在属性窗口中设置如下属性：Width=7000，Height=3000，Caption=VB 6.0 窗体，Left=50，Top=300，在 Form_Load( )事件过程中做如下设置：背景色是蓝色，Font 为楷体、斜体、四号，并运行该窗体。

2．在上题 Form1 的基础上，添加一个标签、一个命令按钮、一个文本框，其大小和位置自定，标签的 Caption 值为“欢迎新生入学”，命令按钮的 Caption 值为“确定”，文本框的 Text 属性为空。并完成如下操作。

① 运行上述 Form1，在文本框中输入“吴山”。

② 在命令按钮的 Click 事件中输入一个语句“Print "新同学的姓名是：",Text1.Text”，然后运行，并单击命令按钮。

第 2 章　Visual Basic 语言基础

Visual Basic 是在 BASIC 语言基础上发展而来的，它包含了数百条语句、函数及关键词，具有“所见即所得”的可视化编程环境。要掌握开发 VB 应用程序的基本技能就必须熟悉 VB 的基础知识和基本语法规则。

2.1　Visual Basic 语言元素

VB 程序的语言元素主要包括关键字、函数、表达式、语句等。

2.1.1　关键字

关键字是程序设计语言里事先定义的，指明特定含义的标识符，又称为系统保留字，VB 系统定义的关键字见表 2.1。

表 2.1　VB 系统定义的关键字

关 键 字	含　义	关 键 字	含　义	关 键 字	含　义	关 键 字	含　义
Const	常数	Dim	定义	As	为	Mod	取模
And	并且	Or	或者	Not	非	If	如果
Then	那么	Else	否则	Stop	停止	End	结束
Select	选择	Case	条件	Is	是	For	计数
To	到	Step	步长	Byref	传址	Byval	传值
Sub	子程序	Function	函数	Exit	退出	Do	做
Loop	循环	Until	直到	While	当	Wend	当结束
Let	让	Call	调用	Rem	注释	Integer	整数
Long	长整数	Single	单精度	Double	双精度	Boolean	布尔
String	字符串	Me	我	Private	私有	Public	公共

注意：在 VB 中，标识符与关键字不区分字母的大小写；而在 C 语言中，标识符与关键字需区分大小写，关键字都是小写字母。

2.1.2　函数

函数是完成特定功能的程序段，在 VB 6.0 中，有两类函数：内部函数（标准函数）和自定义函数。内部函数由系统提供，系统把一些常用的操作事先编写成一段程序代码并封装起来，用户通过函数名调用这段程序并得到一个函数值。自定义函数则是用户根据实际需求自己编写的一段程序，编写好的自定义函数其调用方法和内部函数一样。

VB 的内部函数非常丰富，提供了对各种数据类型进行操作的功能，灵活地使用内部函数，会大大提高编程效率。在程序中使用函数称为调用函数，函数调用的一般格式为：

函数名(参数 1，参数 2，……)

其中，参数（也称自变量）放在圆括号内，若有多个参数，以逗号分隔。

函数调用后，一般都有一个确定的函数值，即返回值。例如：

```
Y=Sqr(16)
```

其中，Sqr 是内部函数名，16 为参数，该语句调用内部函数 Sqr()来求 16 的算术平方根，计算结果就是函数 Sqr()的返回值，例中把返回值赋给变量 Y。

VB 的内部函数按功能可分为：交互式函数、转换函数、数学函数、日期和时间函数、字符串函数、目录和文件函数、判断函数等。对于系统函数，使用者不必了解函数的内部实现过程，只要知道正确的使用格式便可。

1. 交互式函数

交互式函数是用来和用户进行交互的函数。经常使用的有 MsgBox 函数、InputBox 函数。

2. 转换函数

转换函数分类型转换函数和数制转换函数两类。当要对不同类型的变量进行赋值操作，或者不同类型的数据参与运算时，就要进行类型转换。

(1) 类型转换函数

类型转换函数主要用于实现不同类型数据之间的转换，分为强制类型转换函数、ASCII 码转换函数和直接类型转换函数三类。

① 强制类型转换函数。是将一个表达式的数据类型强制转换成要求的数据类型，常见的强制类型转换函数见表 2.2。

表 2.2 强制类型转换函数

函 数	返回类型	目标类型范围
Cbool	Boolean	任何有效字符串或数据表达式
Cbyte	Byte	0～255
Ccur	Currency	−922 337 203 685 477.580 8～922 337 203 685 477.580 7
Cdate	Date	任何有效的日期表达式
Cdbl	Double	负数：−1.797 693 148 623 2E308～−4.940 656 458 124 7E−324 正数：4.940 656 458 124 7E−324～1.797 693 148 623 2E308
Cint	Integer	−32 768～32 767，小数部分四舍五入
CLng	Long	−2 147 483 648～2 147 483 647
Csng	Single	负数：−3.402 823E38～−1.401 298E−45 正数：1.401 298E−45～3.402 823E38
CStr	String	依据参数返回字符型
Cvar	Variant	若为数值型，范围与 Double 相同；否则与字符型相同

② ASCII 码转换函数。用于 ASCII 码值和字符之间转换的函数，常见的 ASCII 码转换函数如表 2.3 所示。

表 2.3 ASCII 码转换函数

函 数	功 能	示 例	结 果
Asc	返回字符串首字符的 ASCII 码值	Asc("China")	67
Chr	返回一个 ASCII 码对应的字符	Chr(100)	“d”

该类型函数请注意：Chr( )和 Asc( )函数互为反函数，即 Chr(Asc(C))、Asc(Chr(N))的结果为原来各自变量的值。例如，表达式：Asc(Chr(100))的结果还是 100。

③ 直接类型转换函数。实现字符型和数值型之间类型转换的函数，常见的直接类型转换函数如表 2.4 所示。

表 2.4 直接转换函数

函 数	功 能	示 例	结 果
Str	将数值型转换为字符型	Str(323.1)	"323.1"
Val	返回包含于字符串之内的数字(忽略非数字开始的字符，但可识别进位制符&O 和&H)	Val("3231–56") Val("&HFFFF")	3231 –1

该类型函数请注意如下几点：

◆ Str( )函数将非负数值转换成字符类型后，会在转换后的字符串左边增加空格即数值的符号位。例如表达式：Str(123)的结果为“ 123”而不是“123”。

◆ Val 将数字字符串转换为数值类型，如果字符串中出现数值类型规定的字符外的字符，则停止转换，函数返回的是停止转换前的结果。例如表达式：Val("–333.45yy")结果为–333.45 同样表达式：val("–333.45E3")结果为–333 450，E 为指数符号。

（2）数制转换函数

数制转换函数是将一个数值表达式或字符型表达式转换为八进制数或十六进制数的函数，其常用函数见表 2.5。

表 2.5 数制转换函数

函 数	功 能	示 例	结 果
Hex	返回表达式的十六进制数	Hex(30)	1E
Oct	返回表达式的八进制数	Oct(30)	36

3. 数学函数

数学函数用来完成特定的数学计算，常见的数学函数见表 2.6。

表 2.6 常见数学函数

函 数	功 能	函 数	功 能
Abs(x)	求绝对值	Exp(x)	求指数
Int(x)	求不大于 x 的最大整数	Log(x)	求对数
Rnd(x)	产生一个 0～1 间的随机数	Tan(x)	正切函数
Sin(x)	正弦函数（返回弧度的正弦）	Cos(x)	余弦函数
Atn(x)	反正切函数	Sqr(x)	求平方根
Sgn(x)	求数字符号。x 为负、为正、为 0，函数分别返回–1、1、0		

该类型函数请注意如下几点：

◆ 在三角函数中，以弧度表示。

◆ Sqr( )的自变量不能是负数。

◆ Log( )和 Exp( )是一对互为反函数，即 Log(Exp(N))和 Exp(Log(N))的结果还是原来各自变量的值。

◆ Rnd 函数常和 Int 函数配合使用实现产生一定范围内的随机整数的表达式如下：

Int（Rnd*范围+基数）

例如，产生(a, b)区间的随机数，其表达式为：(b–a)* Rnd + a；

产生[a, b]区间的随机整数，其表达式为：Int((b–a+1)* Rnd + a)；

产生[20～50]的随机整数的函数形式为：Int(Rnd*31+20)。

4．日期和时间函数

VB 提供了丰富的日期和时间函数，这些函数不仅可以用来返回和设置当前的时间和日期，还可以从日期和时间中提取年、月、日、时、分、秒，以及对时间和日期进行格式化等，常见的日期和时间函数见表 2.7。

表 2.7 日期和时间函数

函 数 名	功 能	实 例	结 果
Date[()]	返回系统日期	Date$()	2008-4-28
Day(C|N)	返回日期代号（1～31）	Day("08,04,28")	28
Hour(C|N)	返回小时（0～24）	Hour(#1:12:20 PM#)	13（下午）
Minute(C|N)	返回分钟（0～59）	Minute(#1:12:20PM#)	12
Month(C|N)	返回月份（1～12）	Month("08,04,28")	4
Second(C|N)	返回秒（0～59）	Second(#1:12:20PM#)	20
Now	返回系统日期和时间	Now	2008/4/28 10:40:01PM
Time[()]	返回系统时间	Time	10:40:01PM
WeekDay(C|N)	返回星期数（1～7），星期日为1,星期一为 2	WeekDay(“08,04,28”)	2
Year(C|N)	返回年份代号	Year（365）返回相对于 1899/12/30 后 365 天的年份代号	1900 年
Data Diff()	返回两个时间之间的间隔	Data Diff("y",#7/9/2011#,#6/28/2011#)	–11

该类型函数请注意以下几点：

◆ Date 获得的是系统时间年份为两位数，Date$获得的系统时间年份为四位数。

◆ 日期函数中自变量 C|N 表示可以是数值表达式，也可以是字符串表达式，N 表示相对于 1899 年 12 月 31 日前后的天数。

◆ 时间差函数 DateDiff，可以计算两个指定日期的间隔时间。其语法形式为：DateDiff(要间隔日期形式，日期 1，日期 2)

5．字符串函数

字符串函数用来完成对字符串的操作和处理，如截取字符串、查找和替换字符串、对字符串进行大小写处理等。常见的字符串函数见表 2.8。

VB 采用 Unicode 码来存储字符和操作字符串，Unicode 用两个字节表示一个字符的字符集，所以，一个西文或汉字字符都占 2 字节。Windows 采用 DBCS（Double Byte Character Set）编码方案，一个汉字在计算机内存中占 2 字节，一个西文字符（ASCII 码）占 1 字节。为了兼容需要，可以用 StrConv 函数来对 Unicode 与 DBCS 进行转换。

表 2.8　常见的字符串函数

函　数	含　义	示　例	结　果
Instr([N1,]C1,C2[,M])	返回 C2 在 C1 中首次出现的位置（从 N1 开始）	Instr(4,"xxpxxpXp","p")	6
InstrRev(C1,C2[,N1] [,M])	与 Instr 类似，只从尾部查找	Instr("ASDFDFDFSDSF")	5
Lcase(C)	将 C 从大写字母变为小写字母	LCASE("Hello")	“hello”
Left$(C,N)	将 C 中左边起取 N 个字符	Left$("World",2)	“Wo”
Len(C)	返回 C 的长度	Len("name")	4
Ltrim$(C)	删除 C 左端的空格	Ltrim$("name")	“name”
Replace(C,C1,C2[,N1][,N2][,M])	在 C 中从 1 或 N1 开始，用 C2 替换 C1，共 N2 次	Replace("asababab sadb","ab", "*",2)	“as***sadb”
Right$(C,N)	从 C 中右边起取 N 个字符	Right$("World",2)	“1d”
Rtrim$(C)	删除 C 右端的空格	Rtrim$("name")	“name”
Space$(N)	返回 N 个空组成的字符串	Space$(3)	“　　”
StrComp(C1,C2[,M])	返回 C1，C2 比较的结果，相等时为 0，小于时为–1，大于时为 1	StrComp("AB","ab")	–1
String$(N,C)	返回N个C中第一个字符组成的字符串	String$(2, "xyz")	“xx”
StrReverse(C)	将 C 逆序排列	StrReverse("xyz")	“zyx”
Trim(C)	删除 C 的左右空格	Trim("na")	“na”
Ucase(C)	从 C 中小写字母改为大写字母	Ucase("xyz")	“XYZ”

阅读下面程序，理解 Unicode 与 DBCS 的区别。

```
Private Sub form_click()
Dim s1 As String, s2 As String, s3 As String
s1 = "visiual basic 程序设计基础"
Print "s1:len("; s1; ")="; Len(s1)
Print "s1:lenb("; s1; ")="; LenB(s1)
Print
s2 = StrConv(s1, vbFromUnicode)
Print "执行 s2=strconv(s1,vbfromunicode)后"  'unicode 码转换成 DBCS 码
Print "s2:lenb("; s2; ")="; LenB(s2)
Print
s3 = StrConv(s2, vbUnicode)
Print "执行 s3=strconv(s2,vbunicode)后"      'DBCS 码转换成 unicode 码
Print "s3:lenb("; s3; ")="; LenB(s3)
End Sub
```

例中，Len 函数用于求字符串的字符数，LenB 函数用于求字符串的字节数。

程序运行结果如图2.1 所示，从运行结果可知，VB 系统以 Unicode 编码处理字符串，通过 StrConv 函数转换成 DBCS 编码后，在 VB 系统下显示的是乱码。

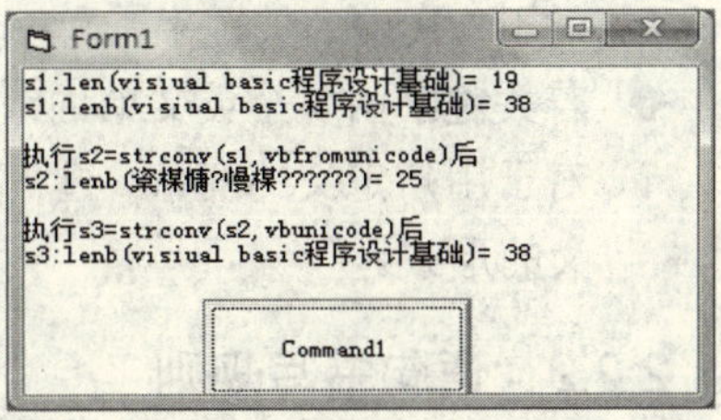

图 2.1　程序运行结果

6．目录和文件函数

目录和文件函数属于文件系统函数。通过它们可以操作目录和文件，如创建目录、删除文件和读/写文件等，常见的目录和文件函数见表 2.9。

表 2.9 常见的目录和文件函数

函 数	功 能	函 数	功 能
ChDir	改变当前目录	ChDrive	改变当前驱动器
CurDir	返回当前目录	MkDir	创建目录
RmDir	删除目录	FileCopy	复制文件
Kill	删除文件	FileLen	取得文件的长度
Dir	查找指定的文件和目录		

7. 判断函数

判断函数主要用于判断，其结果为逻辑型数据，常见的判断函数见表 2.10。

表 2.10 判断函数

函 数	功 能	示 例	结 果
IsDate(表达式)	判断表达式是否为日期型	IsDate(#1985-3-21#)	True
IsEmpty(变量)	判断变量是否被初始化	IsEmpty(Null)	False
IsNumeric(表达式)	判断表达式是否为数值型	IsNumeric(45.23)	True

2.1.3 表达式

将数据（如常量、变量、函数等）用运算符号按一定的规则连接起来的具有一定意义的式子称为表达式。常见的有算术表达式、逻辑表达式、字符表达式、关系表达式等。

2.1.4 语句

高级语言源代码由语句组成，语句一般包括说明性语句、赋值语句、选择语句、循环语句、跳转语句、返回语句、开关语句、设置变量数据类型语句、注释语句等。

2.2 书写规则

书写 VB 程序时应遵守相应的书写规则，不仅应该满足 VB 的语法要求，同时还应该使程序具有良好的可读性。

2.2.1 Visual Basic 程序书写规则

程序是完成特定功能的语句序列，其最终由系统编译并运行，在书写程序时，应遵守如下规则。

① 程序中不区分字母的大小写。

② 系统对用户程序代码进行自动转换，其转换规则如下：

- ◆ 对于 VB 中的关键字，首字母被转换成大写，其余转换成小写；
- ◆ 若关键字由多个英文单词组成，则将每个单词的首字母转换成大写；
- ◆ 对于用户定义的变量、过程名，以第一次定义的为准，以后输入的自动转换成首次定义的形式。

2.2.2 语句书写规则

语句是程序最基本的单位，在书写语句时，应遵守相应的规则：

① 一般是一行写一句，若在同一行上书写多条语句，语句间需用冒号“:”分隔；
② 一条语句可以分多行书写，需在行末加续行符：空格和下划线“□_”，□表示空格；
③ 一行书写内容允许多达 255 个字符。

2.2.3　程序的注释规则

编写的程序应便于阅读和理解，而最好的解决方法就是给程序添加注释，在添加注释时，应遵守相应的规则：

① 整行注释一般以 Rem 开头；
② 用单引号“'”引导的注释，既可以是整行的，也可以直接放在语句的后面；
③ 可以利用“编辑”工具栏的“设置注释块”、“解除注释块”来将设置多行注释。

2.3　数据类型

在编写程序时，必须做好两件事：一是描述数据，二是描述数据的加工方法。前者通过数据定义语句实现，而后者通过若干执行语句来完成。数据的加工建立在数据描述的基础上，数据描述的好坏直接影响数据加工的质量。VB 的数据类型比较丰富，可以分为两大类：基本数据类型和用户自定义类型。

2.3.1　基本数据类型

基本数据类型是系统定义的标准数据类型，可以直接使用。VB6.0 提供的基本数据类型有：字符串型、数值型、布尔型、日期型、通用型、对象型等。表 2.11 中列出了其基本数据类型及其特点。

表 2.11　VB 基本数据类型及其特点

数据类型		关键字	类型标识	空大小间（字节）	取值（或长度）范围
字符型		String	$	变长：字符个数*2	0~2^{31}–1 个字符
				定长：字符串长*2	0~2^{16}–1 个字符
数值型	整　型	Integer	%	2	–32768～32 767
	长整型	Long	&	4	–2 147 483 648～2 147 483 647
	单精度型	Single	!	4	负数：–3.402 823E38～1.401 298E–45 正数：1.401 298E–45～3.402 823E38
	双精度型	Double	#	8	负数：–1.797 693 134 862 32D308～–4.940 656 458 412 47D–324 正数：4.940 656 458 412 47D–324～1.797 693 134 862 32D308
	货币型	Currency	@	8	–922 337 203 685 477.5808～922 337 203 685 477.580 7
	字节型	Byte	无	1	0～255
逻辑型		Boolean	无	2	True 与 False
日期型		Date(time)	无	8	01-01-100～12-31-9999 (00:00:00～23:59:59)
通用型		Variant	无		上述有效范围之一
对象型		Object	无	4	任何对象引用

1．字符串型：String

字符串型用以定义一个字符序列，VB 采用 Unicode（国际标准化组织 ISO 字符标准）码来存储字符和操作字符串，Unicode 是全部用两个字节表示一个字符的字符集，所以一个西文或汉字字符都占 2 字节。

在默认字符状态下，String 为变长字符串，变长字符串的长度变化范围为 $0\sim(2^{31}-1)$个字符；当然，也可以声明为定长字符串，定长字符串的长度变化范围为 $0\sim(2^{16}-1)$个字符 。如果字符个数少于固定长度，自动用空格将不足部分补齐，否则会自动截去多余部分的字符。

注意：

① ""表示空字符串，而" "表示的是有一个空格的字符串；

② 如字符串中本身含有双引号，则用两个连续的双引号表示。例如，若要表示字符串："计算机"ABC"，其正确的表示形式应为："计算机""ABC"。

2．数值型

数值型分为整型和实型两类。整型分为整数和长整数，实型分为单精度和双精度。有时把货币型和字节型也归为数值型。

（1）整型：Integer

整型数是不带小数点的数，范围是–32768～32767，一个整数在内存占用 2 字节（16 位）。在一个数字的尾部加“%”符号也表示整型数据。

例如：1345%，–67%。

（2）长整型：Long

长整型数是范围在–2147483648～2147483647 之间不带小数点的数，一个长整型数在内存中占 4 字节（32 位）。在 VB 中，可在数尾加“&”表示长整型数据。

例如：59872&，123&。

整数（Interger）和长整数（Long）均用于保存整数，可以是正整数、负整数或 0。例如：7210、–7869、+3969 均表示整数，而 398.0 就不是整数；–9998936、12654378 均表示长整数，而 123,654 则是非法数。整型数具有运算速度快、精确、且占用存储空间较小的优点，但表示数的范围也较小。

（3）单精度：Single

单精度是带小数点的实数，有效值为 7 位。在内存中用 4 字节（32 位）存放一个单精度数。通常以指数形式（科学记数法）来表示，以“E”或“e”表示指数部分。在 VB 中，数尾常加“!”表示单精度数据，也可省略。

例如：785.98!，1.378 9E10，0.572 38e–5。

如果某个数的有效数字位数超过 7 位，当把它定义为单精度变量时，超出的部分会自动四舍五入。

（4）双精度数据：Double

双精度数据是带小数点的实数，有效值为 15 位。在内存中用 8 字节（64 位）存放一个双精度数。双精度数通常以指数形式（科学记数法）来表示，以“D”或“d”表示指数部分。在 VB 中，数尾常加“#”表示双精度数据，也可省略。

例如：–9 874.54778#，0.589 68D5，0.125 782d–8。

（5）货币型：Currency

货币类型是为计算货币而设置的定点数据类型，是一种特殊的小数。它的精度要求高，保留小数点右边 4 位和小数点左边 15 位，如果数据定义为货币型，且其小数点后超过 4 位，那么超过的部分自动四舍五入。在内存中占 8 字节（64 位）。取值范围为–922 337 203 685 477.580 5～92 233 7203 685 477.580 7。在 VB 中数尾常加“@”表示货币型数据。

例如：3 573.443 5@，565 980@。

（6）字节型：Byte

字节类型是一种数值类型，以 1 字节的无符号二进制数存储，取值范围为 0～255，不能表示负数。

在 VB 中，声明和使用数值型数据时，有以下几点需要注意：

① 如果数据中包含小数，则应使用 Single、Double 或 Currency 型；

② 如果数据为二进制数，则使用 Byte 型；

③ 数值型数据都有一个有效范围值，程序中的数如果超出规定的范围，将会出现溢出信息。

④ 所有数值变量可互相赋值，赋值时系统会自动进行数据类型转换。

3. 布尔型：Boolean

布尔型数据是一个逻辑值，也称逻辑类型，用来表示逻辑判断结果，用两个字节存储，它只取两种值：即 True（真）或 False（假）。若数据信息是“True/False”、“Yes/No”、“On/Off”信息，则可将它定义为 Boolean 类型。

从其他数据类型转换为 Boolean 时：0 转成 False，其他值为 True；

从 Boolean 转换为其他整型时：False 转成 0，True 为–1。

4. 日期型：Date

日期类型用以表示日期，在内存中一个日期型数据用 8 字节来存放，可以表示从公元 100 年 1 月 1 日到公元 9999 年 12 月 31 日的日期，时间范围则从 0 点 0 分 0 秒到 23 点 59 分 59 秒即 0:00:00～23:59:59。日期型数据的表示方式有两种：可以用字符“#”括起来，也可以用数字序列来表示（小数点左边的数字代表日期，右边代表时间，0 为午夜，0.5 为中午 12 点，负数表示是 1899 年 12 月 30 日前的日期和时间）。系统识别多种日期格式，下面程序是一个日期表示的示例：

```
Dim birthday As Date
birthday = #12/5/78#
birthday = #1990-12-5 12:00:00 AM#
birthday = #January 1, 1993#
birthday =-2.5
Print birthday
```

运行结果是 1899-12-28 12:00:00

5. 通用型：Variant

通用类型也称变体类型，是一种通用的、可变的数据类型，它可以表示上述任何一种数据类型。VB 中，对没有声明的变量，其默认的数据类型是变体型。变体型可以用来存储各种数据，但所占用的内存比其他类型都多。

例如，定义 a 为通用型变量：

```
Dim a As Variant
```

则在变量 a 中可以存放任何类型的数据，例如：

```
a=10                  'a 中存放一个整数
a=20.5                'a 中存放一个实数
a=#08/15/2003#        'a 中存放一个日期型数据
```

根据赋给 a 的值的类型不同，变量 a 的类型不断变化，这就是变体类型的由来。当一个变量未定义类型时，VB 自动将变量定义为 Variant 类型。不同类型的数据在 Variant 变量中是按其实际类型存放的（例如，将一个整数赋给 a，在内存区中按整型方式存放），用户不必作任何转换的工作，VB 自动完成。

为提高运行效率（整型效率较高）或达到一定的运算精确度（浮点型精度较高，但运行较慢）应合理地定义数据类型。

6．对象型：Object

对象型数据主要以变量形式存在，用来表示图形、OLE 对象或其他对象，占用 4 字节存储空间。在对象型数据变量中，并不保存对象本身，只保存所引用对象的地址。对于对象型变量，只能用 Set 语句赋值，例如：

```
Dim objDb As Object
Set objDb=OpenDatabase("c:\Vb6\student.mdb")
```

2.3.2 自定义数据类型

在信息处理中，经常会遇到要对某一客观事物及其属性进行描述的情况。如对人进行描述，人是具有整体概念的数据，其包含的属性是一些不同数据类型的分量，包含名字、性别、身份证号、年龄、住址、职务等数据项。为了方便处理，需要把它们组成一个有机的整体，并为其命名，这些可以通过自定义数据类型来实现。

1．自定义数据类型的定义

VB 不仅提供了基本数据类型，也允许用户自己定义数据类型，自定义数据类型的定义是指将若干数据类型组成的一种新的复合类型，也称为记录类型。自定义类型必须通过 Type 语句来实现。其定义方式为：

```
Type 自定义类型名
    元素名 As 类型名
    ……
    元素名 As 类型名
End Type
```

其中：

① 元素名：表示自定义类型中的一个成员。

② 类型名：为标准类型。

例如，定义一个学生信息的自定义类型如下：

```
Type StuType
    Num   As  Integer
    Name  As  String*9
    Sex   As  String*2
    Score(1 TO 6)As  Single
End Type
```

上例中定义了一个自定义类型，类型名为 StuType，该类型由 4 个成员组成，第 1 个成员名为 Num，整型变量；第 2 个成员名为 Name，字符串型；第 3 个成员名为 Sex，字符串型；第 4 个成员名为 Score，单精度数据，Score 中有 6 个成员。

在定义自定义类型数据时应注意以下几点：

① 自定义类型一般在标准模块（.bas）中定义，默认为 Public；

② 自定义类型中的元素可以是字符串，但应是定长字符串；

③ 不可把自定义类型名与该类型的变量名混淆，上例仅仅定义了一种数据类型，如果需要使用该类型的变量，则需要定义变量；

④ 一个自定义类型变量所占内存空间的总长度是各成员所占内存空间长度之和；

⑤ 一个自定义类型变量可以作为另外一个自定义类型的元素。例如：

```
Type ManType
    Name  As  String*9
    Sex   As  String*2
    Code  AS  String*18
End Type
Type StuType2
    Info  As  ManType
    Num   As  Integer
    Score (1 to 10)  As Single
End Type
```

2. 自定义型变量的声明和使用

自定义型变量的声明形式为：

Dim 变量名　As　自定义类型名

例如：　Dim　stu1 As　StuType

　　　　Dim　stu2 As　StuType

自定义类型中元素的使用方法为：

变量名.元素名

例如：

```
stu1.name="张小强"
stu1.score(4) =80.5
stu2.Info.Code="610121199012280898"
```

2.4　常量与变量

在 VB 程序中，不同类型的数据既能以常量的形式出现，也能以变量的形式出现。

2.4.1 标识符

程序中有许多对象需要命名，这些名字包括：变量名、常量名、数组名、过程名等，通常统称为标识符。标识符的命名必须遵守一定的规则。

VB 中标识符的命名规则如下：

① 必须以字母或汉字开头，由字母、汉字、数字或下划线组成，最长可达 255 个字符；

② 不能使用 VB 中的关键字，且最好不与 VB 中标准函数名同名；

③ 不区分大小写，一般变量首字母用大写，其余用小写，常量全部用大写字母表示；

④ 为了增加程序的可读性，可在变量名前加一个缩写的前缀来表明该变量的数据类型。

2.4.2 常量

常量是指在程序运行过程中值不能改变的量。程序运行时，常量值不需要查找，编译器只将常量名换成常数，这样可以提高程序的执行速度。VB 常量包括三类：系统内部常量、直接常量和符号常量。

1. 系统内部常量

系统内部常量由应用程序和控件提供，可与应用程序的对象、方法和属性一起使用，可以在“对象浏览器”中查看内部常量。系统内部的常量名采用大小写混合的格式，其前缀表示定义常量的对象库名。选择“视图”菜单中的“对象浏览器”，打开“对象浏览器”窗口，在下拉列表框中选择 VB 或 VBA 对象库，然后在“类”列表框中选择常量组，右侧的成员列表中即显示预定义的常量，窗口底端的文本区域中显示该常量的功能。

例如，来自 VB 和 Visual Basic for applications（VBA）对象库的常数以“VB”开头，例如，VBBlack 表示黑色。来自访问对象库的常数以“db”开头，例如 dbRelationUnique。

使用系统常量可使代码易于阅读和维护。例如，要将文本框 Text1 的前景颜色设置为蓝色，可以使用下面的语句：

```
Text1.ForeColor=VBBlue
```

这里的 VBBlue 就是系统常量。这比直接使用十六进制数来设置颜色要直观得多。

在 VB 中，也会经常使用 VBNormal，VBMinimized 和 VBMaximized 来代替表示窗体状态的 0（正常窗口），1（最小化窗口）和 2（最大化窗口）。

2. 直接常量

直接常量是指在程序中直接给出值的数据。例如，123、123&、123.45、1.234E2 、123D3、"abc"、#2009/10/28#。分别表示整型、长整型、单精度浮点型（小数形式）、单精度浮点型（指数形式）、双精度浮点型、字符型、日期型。

八进制常数在数值前加&O，如&O123。

十六进制常数在数值前加&H，如&H123。

3. 符号常量

尽管 VB 内部定义了大量的常量，但有时用户需要创建自己的符号常量。用户使用 Const 语句来给符号常量分配名字、值和类型。声明符号常量的语法为：

Const 符号常量名 [As 类型] = 表达式

例如：

```
Const  PI=3.14159                  '声明了常量 PI，代表 3.141 59，单精度型
Const  MAX As Integer=&O144        '声明了常量 MAX，代表八进制数 144，整型
```

使用符号常量应注意以下几点：

① 如果程序中有特别频繁使用的值，且这个值从不变化，并在整个模块和窗体中使用，可以用：Public Const 语句来声明一个全局常量。

② 在常量声明的同时要对常量赋值，在程序运行的过程中，常量不能被重新赋值。

③ 可以为声明的常量指定类型，如：Const Val As Currency=3.37，省略时为所赋的类型。如果不指定常量的类型，则系统会根据表达式的数值指定该常量的类型。如果用逗号进行分隔，则在一行中可放置多个常量声明。

2.4.3 变量

在程序运行过程中其值可以改变的量称为变量。每个变量都有一个与其他变量不同的名字，称为变量名。在程序代码中指定一个变量名，运行时系统就为之分配合适的存储空间，对变量的操作就是对该存储空间中的数据进行操作，变量一经赋值，可以多次取出使用，其值保持不变，直到再次给该变量赋以新值，则新值代替旧值。

对于任何一个变量，具有三个基本要素：即变量名、类型和值。程序的一个变量可以看作是一个存储数据的容器，它的功能就是存储数据。对变量的基本操作有以下两个：

① 向变量中存入数据值，这个操作称为给变量“赋值”。

② 获取变量的当前值，以便在程序中使用，这个操作称为“取值”。

变量有两种类型属性变量和用户自己建立的变量。当我们在窗体中设计用户界面时，VB 会自动为产生的对象（包括窗体本身）创建一组变量，即属性变量，并为每个变量设置其默认值。这类变量可直接使用，比如引用它或给它赋新值。用户也可以创建自己的变量，以便存放程序执行过程中的临时数据或结果数据，在程序中，这样的变量是非常需要的。

1. 全局变量与局部变量

用 Public 声明的变量就是全局变量，程序中的任何窗体和模块都能访问到它。声明全局变量要小心，任何模块或窗体中对它的修改都会影响其他模块或窗体中该变量的值。在模块和窗体中用 Dim 或 Static 声明的变量只在本模块或窗体中起作用，这样的变量叫局部变量。

如果全局变量和局部变量同名，则在局部变量所在模块或窗体内部，局部变量起作用。离开该窗体或模块，全局变量起作用。

2. 声明变量

在使用变量之前，大多数语言通常需要先声明变量。这是为了事先告诉编译器在程序中使用了哪些变量，这些变量的数据类型及长度。这样，在编译程序执行代码之前，编译器就知道如何给变量开辟存储区，从而优化程序的执行。

VB 中声明变量有两种方式：隐式声明和显式声明。

VB 中允许变量不经过声明就直接使用，称为隐式声明，所有隐式声明的变量都是变体型的。隐式声明容易造成错误，为了调试程序方便，一般对使用的变量应进行显式声明，可以在通用声明段使用 Option Explicit 语句来强制显式声明所有变量。

显式声明用 Dim 语句进行声明，语句形式如下：

Dim　变量名 [As 类型]

例如：Dim　intX　As integer，intY As integer，intZ As integer

声明变量应注意以下几点：

① 如果没有 As 类型，则默认为变体类型；

② 可在变量名后加类型符来代替 As 类型，如：Dim　intX%；

③ 一条语句可以同时定义多个变量，但每个变量必须有自己的类型声明，类型声明不能公用；

④ 字符串变量根据其存放的长度是否固定，分定长字符串定义和不定长字符串定义。

定长字符串声明形式为“Dim　strA　As　String* *n*”，其中 *n* 为正整数，表示最多存放 *n* 个字符，如果赋值不足 *n* 个，则右补空；若多于 *n* 个，则多余部分截去。

例如：

```
Dim   strA   As   String*10
```

不定长字符串声明形式为“Dim　strA　As　String”。

不定长字符串最多可存放 $2^{31}-1$ 个字符。

例如，有以下变量声明：

```
Dim a, b, c As string * 4
```

表示在 VB 中声明了 a,b 两个 variant 型变量，以及 c 这个字符串变量。若要声明 a,b,c 三个字符串变量，正确的写法如下：

```
Dim a As String * 4
Dim b As String * 4
Dim c As String * 4
```

若想写在同一行，写法如下：

```
Dim a As String * 4, b As String * 4, c As String * 4
```

3. 变量赋值

声明一个变量后，要给变量赋上一个合适的值才能够使用。给变量赋值的格式为：

[Let] 变量名 = 表达式

其中，方括号“[ ]”表示这部分内容是可选的，语句中可以有该部分，但通常可省略该关键字。执行赋值语句时，先对表达式求解，然后将表达式的值赋给变量。所以说，赋值语句具有运算功能。事实上，在 VB 中，运算功能主要是由赋值语句来完成的。例如：

```
Private  Sub  Command1_Click()
    Dim  a  As  Integer,b  As  Integer, c  As  Integer
    Dim  str  As  String
    Let a = 2008
    Let b = 2010
    c = a + b
    str = "Hello  World"
    Print "a="; a, "b="; b, "c="; c
    Print str
End  Sub
```

运行结果为：

```
a= 2008    b= 2010         c= 4018
Hello   World
```

使用赋值语句时需要注意以下几点：

① 当表达式为数值型而与变量精度不同时，强制转换成左边变量的精度；

② 当表达式是数字字符串，左边变量是数值类型，自动转换成数值类型再赋值，但当表达式中有非数字字符或空串，则出错；

③ 任何非字符类型赋值给字符类型，自动转换为字符类型；

④ 当逻辑型赋值给数值型时，True 转换为–1，False 转换为 0，反之，非 0 转换为 True，0 转换为 False；

⑤ 赋值号左边只能是变量，不能是常量、常数符号、表达式，否则报错；

⑥ 一个赋值语句只能对一个变量赋值。一次只能给一个变量赋值，如果要给多个变量赋相同的值，只能使用多个赋值语句，例如，语句 a=b=c=1 不能实现给 a、b、c 同时赋值为 1；

⑦ 在条件表达式中出现的“=”是等号，系统会根据“=”号的位置，自动判断是否为赋值号。

例如：

```
b=2=4
print b
```

结果为 False。

4．引用变量

在引用变量的值时，直接在需要引用的位置上写上变量的名字，系统会自动从变量中取出相应的数值进行计算。

例如，将变量 Y 的值赋给变量 X，就必须引用变量 Y，将其中的数值取出赋给 X，也即将变量 Y 的值存放在变量 X 的内存空间中。引用方法：X = Y。

交换两个变量中的数据，数据来源于文本框，程序代码如下：

```
Private Sub Command1_Click()
    Dim x As Single, y As Single
    Dim m As Single
    x = Val(txtx.Text)
    y = Val(txty.Text)
    m = x: x = y: y = m
    txtdx.Text = Str(x)
    txtdy.Text = Str(y)
End Sub
```

由于程序中使用文本框接收输入的数值型数据，而文本框的 Text 属性是字符串型的，所以，交换前应使用 Val()函数将文本框输入的数字字符串转换成数值型；交换后的数据赋给文本框的 Text 属性前，应使用 Str()函数将数值型数据转换成数字字符串型。

2.5　表达式与运算符

运算符是代表某种运算功能的符号。VB 程序会按运算符的含义和运算规则执行实际的运算操作。

2.5.1　表达式

1．表达式的组成

表达式由常量、变量、运算符、函数和圆括号按一定的规则组成，通过运算，产生一个唯一的结果，运算结果的类型由数据和运算符共同决定。VB 中的运算符包括：赋值运算符、算术运算符、连接运算符、关系运算符、逻辑运算符。

2．表达式的书写规则

表达式最终由系统理解和执行，所以在书写时必须遵守如下书写规则：

① 乘号不能省略；

② 括号必须成对出现，均使用圆括号，可以嵌套，但必须配对；

③ 表达式从左到右在同一基准上书写，无高低、大小之分。

2.5.2　算术运算符

VB 提供的算术运算符及功能见表 2.12。

优先级由高到低的顺序为：^、–（负号）、*（乘法和除法同优先级）、\、Mod、+（加法，和减法同优先级）。

关于算术运算有以下几点说明：

① 算术运算符的操作数可以是数值型，数字字符型或逻辑型。数字字符型或逻辑型数据自动转换为数值型后再参与运算，例如，表达式“false+5–"2"”的结果为 3。

② 整除运算的结果为整数。如果参加整除运算的操作数是实数，按四舍五入的规则将其改变为整数后，再参与运算，例如，7.6\2 的结果是 4。

③ 取模运算（求余数）结果为两操作数相除后的余数，操作数可以是实数，先按四舍五入的规则将其变为整数后，再参与运算，例如，12.35 Mod 4.7 的结果为 2；25.63 Mod 5.2 的结果为 1。

④ 优先级是有多个运算符出现在同一个表达式时的运算顺序，优先级高的先进行运算，优先级低的后进行运算。

⑤ 在 8 个算术运算符中，只有取负（–）是单目运算符（即单个操作数），其他均为双目运算符（两个操作数）。

表 2.12　算术运算符及功能

基本运算	运算符	示例	含义
乘方	^	2^8	表示 2 的 8 次方
负号	–	–3	表示负 3
乘法	*	a*b	表示 a 乘以 b
除法	/	5.2/2	计算结果为 2.6
整除	\	5\2	计算结果为 2
求余数	Mod	17 mod 3	计算结果为 2
加法	+	a+b	表示 a 加上 b 的和
减法	–	a–b	表示 a 减去 b 的差

2.5.3　字符串运算符

系统提供的字符串运算符有两个：& 和 + ，其功能是将两个字符串连接起来。

无论“&”连接符两旁的操作数是字符型还是数值型，系统先将操作数转换成字符，然后再连接。例如："123"&55，结果为："12355"。

“+”连接符比较复杂，如果参与运算的操作数中有数值或逻辑值，则“+”运算会将所有操作数转换成数值后再完成加法运算，转换时，逻辑值 True 被转换成–1，False 转换成 0；如果参加运算的都是字符串，则该运算演变为字符串连接运算；如果参数运算的操作数中有日期型，则运算按日期型来完成。例如：

"abc"+"12"，　结果为："abc12"；

"123"+55，结果为：178；

"abc"+12，结果则出错；

False+ False，结果为：0；

#2007-01-01# +1，结果为：2007-1-2。

在字符串变量后使用“&”运算符时，变量和运算符之间应加一个空格。因为“&”既是字符串连接符，也是长整型类型符，当变量名和符号“&”连在一起时，VB 把它作为类型符号处理，这时将报错。

2.5.4　关系运算符

关系运算符用于比较两个数据的某种关系是否成立，如果成立，则结果为逻辑值“真”，用“True”表示；如果不成立，则结果为逻辑值“假”，用“False”表示，其优先级低于数学运算符，结合顺序从左到右，关系表达式的最后结果为布尔值。关系运算符常用于条件语句和循环语句的条件判断部分。VB 的关系运算符及功能见表 2.13。

表 2.13　VB 的关系运算符及功能

关系运算	运算符	示例	含义
大于	>	100>99	结果为 True
小于	<	1.2<–23	结果为 False
大于等于	>=	Sin(1)>=0	结果为 True
小于等于	<=	Sqr(3)<=0	结果为 False
等于	=	12=13	结果为 False
不等于	<>	12< >13	结果为 True
字符串匹配	Like	"ABCDEFG" Like "*DE*"	结果为 True

注意：

① 若两个操作数都是数值型，则按其大小比较；

② 若两个操作数都是字符型，则按字符的 ASCII 码值从左到右一一比较；

③ 汉字字符大于西文字符；

④ 关系运算符的优先级相同；

⑤ VB6.0 中 Like 运算符常与通配符结合使用，通配符及其含义见表 2.14。

表 2.14 通配字符及其含义

通配字符	含　义	举　例	结　果
?	任何单一字符	"ABCDEF"Like"?BC？"	False
*	零个或多个字符	"ABCDEGF"Like"*DE*"	True
#	任何一个数字（0—9）	"789EG"Like"###EG"	True
[charlist]	charlist 中的任何单一字符	"6"Like"[0-9]"	True
[!charlist]	不在 charlist 中的任何单一字符	"6"Like"[！0-9]"	False

Like 的使用格式为：

str1 Like str2

其中，str1、str2 可以是任何字符串常量、变量和表达式，如果 str1 与 str2 匹配，则结果为 True；如果不匹配，则结果为 False。str2 可以使用通配符、字符串列表或字符区间的任何组合来匹配字符串。

2.5.5 逻辑运算符

逻辑运算符用于构成逻辑表达式，实现逻辑判断功能。逻辑运算符包括逻辑与（And），逻辑或（Or），逻辑非（Not），逻辑异或（Xor），逻辑相等（Eqv）和逻辑蕴含（Imp）。VB 提供的逻辑运算符及功能见表 2.15。

优先级由高到低的顺序为：Not、And、Or（和 Xor 同优先级）、Eqv、Imp。

注意：

① 若有多个条件，则 And 必须全部条件为真才为真；Or 只要有一个条件为真就为真。

② 如果逻辑运算符对数值进行运算，则以数字的二进制值逐位进行逻辑运算。And 运算常用于屏蔽某些位，Or 运算常用于把某些位置 1。

例如：10 And 7，表示对 1010 与 0111 进行 And 运算，得到二进制数 0010，结果为十进制数 2。

③ 对一个数连续进行两次 Xor 操作，可恢复原值。在动画设计中，用 Xor 可恢复原来的背景。

表 2.15 VB 提供的逻辑运算符及功能

逻辑运算	运算符	功　能
取反	Not	操作数为假时，结果为真；操作数为真时，结果为假
与	And	两个操作数均为真时，结果才为真
或	Or	两个操作数中有一个为真时，结果为真
异或	Xor	两个操作数不相同，结果才为真，否则为假
等价	Eqv	两个操作数相同时，结果才为真
蕴含	Imp	第一个操作数为真，第二个操作数为假时，结果才为假，其余都为真

2.5.6 运算符优先级

在一个表达式中进行多个运算时，每一部分都会按一定的顺序进行计算求解，这个顺序被称为运算符优先级。括号可改变优先级的顺序，强制优先处理表达式的某部分，括号内的操作总是优先于括号外的操作先执行。但是在括号内，仍保持正常的运算符优先级。

当表达式有多种运算符时，先处理算术运算符，接着处理关系运算符，最后再处理逻辑运算符。不同运算符之间的优先级见表 2.16。

表 2.16　运算符之间的优先级

高 → 低		
算　术	**关　系**	**逻　辑**
指数运算 (^)	相等 (=)	Not
负数 (–)	不等 (<>)	And
乘法和除法 (*, /)	小于 (<)	Or
整除 (\)	大于 (>)	Xor
求余运算 (Mod)	小于或等于 (<=)	Eqv
加法和减法 (+,–)	大于或等于 (>=)	Imp
字符串连接 (&)	Like	&

当乘法和除法同时出现在表达式中时，按照从左到右的顺序处理每个运算符。同样，当加法和减法同时出现在表达式中时，也按照从左到右的顺序处理每个运算符。

字符串连接运算符（&）不是算术运算符，但是就其优先级而言，它在所有算术运算符之后，而在所有比较运算符之前。

2.6　数据的输入/输出

完整的程序段一般由三个部分组成：输入原始数据部分、计算处理部分和输出结果部分。

2.6.1　数据的输入

VB 中可用于输入的控件主要有：文本框 TextBox、复选框 CheckBox、选项按钮 OptionButton、列表框 ListBox、组合框 ComboBox、滚动条 ScrollBar、通用对话框控件等。当然也可用 InputBox 函数完成数据的输入。

1. 通过文本框输入数据

只要取得文本框的 Text 属性就可以对其进行操作。下面的代码可将 Text1 文本框的正文变成大写输出至 Text2 文本框。

```
Private Sub Form_Click ()
    Text2.Text = UCase(Text1.Text)
End Sub
```

2. 通过 InputBox 函数输入数据

InputBox 函数用来获取用户的输入，其主要功能是在对话框中显示提示，等待用户输入正文或按下按钮，并返回包含文本框内容的 String。 其格式如下：

InputBox(prompt[, title] [, default] [, xpos] [, ypos] [, helpfile, context])

说明：

① prompt：必须的参数，是对话框出现的提示信息，prompt 的最大长度大约是 1024 个字符，如果 prompt 包含多个行，则可在各行之间用回车符、换行符或回车换行符的组合来分隔。

② title：可选的，对话框标题栏中所显示的内容。如果省略 title，则把应用程序名放入标题栏中。

③ default：可选的，显示文本框中的字符串表达式，在没有其他输入时作为默认值。如果省略 default，则文本框为空。

④ xpos：可选的，指定对话框的左边与屏幕左边的水平距离。如果省略 xpos，则对话框会在水平方向居中。

⑤ ypos：可选的，指定对话框的上边与屏幕上边的距离。如果省略 ypos，则对话框被放置在屏幕垂直方向距下边大约三分之一的位置。

⑥ helpfile：可选的，字符串表达式，识别帮助文件，用该文件为对话框提供上下文相关的帮助。如果已提供 helpfile，则也必须提供 context。

⑦ context：可选的，数值表达式，由帮助文件的作者指定给某个帮助主题的帮助上下文编号。如果已提供 context，则也必须提供 helpfile。

⑧ InputBox()函数返回的是一个字符串，当其参与运算或将结果赋给变量时，系统会自动进行类型转换。若用户需要强制类型转换，则可用 Val()、Csng()、Cint()等转换函数。

下面程序是 Input Box()函数的简单应用示例，阅读程序并理解函数的使用。

```
Private Sub Command1_Click()
    Dim Message, Title, Default, MyValue
    Message = "Enter a value between 1 and 3"  '设置提示信息
    Title = "InputBox Demo"                    '设置标题
    Default = "1"                              '设置默认值
    MyValue = InputBox(Message, Title, Default)'显示信息、标题及默认值
    MyValue = InputBox(Message, Title,,,,      "DEMO.HLP", 10)
MyValue = InputBox(Message,Title,Default,100,100)  '在(100,100)的位置显示对话框
End Sub
```

例中，如果省略 x 及 y 坐标值，则会自动将对话框放置在两个坐标的正中。如果用户单击“确定”按钮或按下“Enter”键，则变量 MyValue 保存用户输入的数据。如果用户单击“取消”按钮，则返回零长度字符串。

2.6.2 数据的输出

1. 通过 Print 方法输出数据

Print 方法可以在窗体上显示文本字符串和表达式的值，并可在其他图形对象或打印机上输出信息。

Print 方法的一般格式如下：

［对象名称.］Print ［Spc(n)|Tab(n)表达式］［,|;］

说明：

① 对象名称：指定文本显示的地方，可取的值有窗体名称、图片框名称或 Printer（打印机），也可以是立即窗口（Debug）。如果省略“对象名称”，则指在当前窗体上输出。

② Spc(n)：可选的，用来在输出中插入空白字符，这里 n 为要插入的空白字符数。

③ Tab(n)：可选的，用来将插入点定位在绝对列号上，这里 n 为列号。

④ 表达式：是一个或多个表达式，可以是数值表达式或字符串。

当输出多个表达式或字符串时，各表达式用分隔符（逗号、分号或空格）隔开。

如果输出的各表达式之间用逗号分隔，则按标准输出格式（分区输出格式）显示数据项，在这种情况下，以 14 个字符位置为单位把一个输出行分为若干个区段，逗号后面的表达式在下一个区段输出；如果各输出项之间用分号或空格作为分隔符，则按紧凑输出格式输出数据。

Print 方法具有计算和输出双重功能。对于表达式，它先计算后输出。

例如，Print　Int（12345.6789*100+0.5）/100

结果为：12345.68。

在一般情况下，每执行一次 Print 方法后会自动换行。为了仍在同一行上显示，可以在末尾加上一个分号或逗号。

下面程序段是一个数据输出的示例。

```
Private Sub Command1_Click()
    Dim x As Single, y As Single
    Form1.Print -100; -20
    Form1.Print 100 * 2; 200
    Form1.Print "This is"; " a  VB  program"
    x = 5: y = 8
    Print "x="; x, "y="; y
End Sub
```

运行结果：

```
-100 -20
200  200
This is a VB program
x= 5       y=8
```

再例，计算两个数的平方、立方和平方根，并输出成表格形式，程序如下。

```
Private Sub Command1_Click()
   Dim a   As Integer
   Dim b   As Integer
   a = 4: b = 16
   Print Tab(1); "数"; Tab(9);"平方";Tab(18);"立方";Tab(27);"平方根"
   Print Tab(1); a; Tab(9); a * a; Tab(18); a * a * a; Tab(27); Sqr(a)
   Print Tab(1); b; Tab(9); b * b; Tab(18); b * b * b; Tab(27); Sqr(b)
End Sub
```

运行结果：

```
数          平方          立方          平方根
4           16            64            2
16          256           4096          4
```

例中，在表达式前用 Tab(n)函数控制输出的位置，式中 n 表示输出点离窗体左边界的绝对位置。

2．通过 Format 函数输出数据

格式输出函数 Format 可以将数值、日期按指定的格式输出，其一般格式如下：

Format(表达式，格式字符串)

其中，表达式可以是数值型、日期型或字符型的表达式。

该函数的功能是按格式字符串指定的格式输出表达式的值。如果省略“格式字符串”，则以字符串形式输出。

（1）日期的格式化输出

输出内容的格式取决于计算机系统采用的（国家）语言格式，其真正的显示格式会因计算机上的“区域设置”不同而有所差异。日期和时间格式化是将日期类型表达式的值或数值表达式的值按格式字符串指定的格式输出。常用的日期和时间格式符见表 2.17。

表 2.17　常用的日期和时间格式符

符　号	功　　能	示　　例	返　回　值
dddddd	显示完整日期(yy/mm/dd)	Format(Date,"dddddd")	2008 年 4 月 28 日
mmmm	显示月份全称	Format(Date, "mmmm")	April
yyyy	显示四位数年份	Format(Date, "yyyy")	2008
h	显示小时	Format(Now, "h")	10
m	显示分	Format(Now, "m")	20
s	显示秒	Format(Now, "s")	50
tttt	显示完整时间	Format(Now, "tttt")	10:20:50
AM/PM	12 小时时钟，上午为 AM，下午为 PM	Format(Now, "ttttAM/PM")	10:20:50AM

说明：

① 上表中的 Date 和 Now 取的时间为当时系统日期和时间。

② 分的格式说明符 m 和月份 mm 的区分由其是否跟在 h 后来决定，若接在 h 后则为分，否则为月份。

例如，“Print　#11/18/2008#”在中国区域将显示为“2008-11-18”。可以使用 Format 函数改变这种显示格式，程序代码如下：

```
Private Sub Form_Click()
x = #11/18/2008#
y = Format(x, "yy,mm,dd")
Print y
End Sub
```

其结果将显示为：08,11,18。

若将程序中“y = Format(x, "yy,mm,dd")”变为“y = Format(x, "yyyy 年 mm 月 dd 日")”，其结果将显示为：1997 年 11 月 24 日。

为了增加灵活性，Format 函数还提供了可以在运行时自动决定使用何种转换的功能，包括 long date，medium date，short date 转换等。

例如，下面程序实现了不同日期格式的转换。

```
Private Sub Form_paint()
    Dim mydate, newdate1, newdate2, newdate3 ,newdate4 As Data
    mydate = #8/22/1997 5:22:20 PM#
    newdate1 = Format(mydate, "medium date")
    newdate2 = Format(mydate, "short date")
    newdate3 = Format(mydate, "long date")
```

```
    Print newdate1, newdate2, newdate3
    Debug.Print newdate1,newdate2,newdate3
End Sub
```

（2）数值的格式化输出

用 Format 函数可以使数值按“格式字符串”指定的格式输出，其格式字符及含义如表 2.18 所示。

表 2.18　数值的格式符及含义

符　号	功　能	示　例	返 回 值
0	数字占位符，如果表达式在格式字符串中 0 的位置上有一位数字存在则显示该数字，否则以零显示	Format(123.45,"0000.000") Format(123.45, "00.0")	0123.450 123.5
#	数字占位符，如果表达式在格式字符串中#位置有数字存在则显示该数字，否则不显示	Format(123.45, "####,###") Format(123.45, "##,#")	123.45 123.5
.	加小数点	Format(123, "000.00")	123.00
,	千分位	Format(1234.5, "#,###.##")	1,234.5
%	加百分比符号	Format(0.123, "0.0%")	12.3%
$	在数字前加$	Format(1234.56, "$##.#")	$1234.6
+	在数字前加+	Format(123.56, "##.#")	+123.6
–	在数字前加–	Format(123.56, "–##.#")	–123.6
E+	用指数形式显示数值，指数为正时显示+	Print Format$(3485.52, "0.00E+00")	3.49E+03
		Print Format$(0.348552, "0.00E+00")	3.49E–01
E–	用指数形式显示数值，指数为正时不显示+	Print Format$(3485.52, "0.00E–00")	3.49E03
		Print Format$(0.348552, "0.00E–00")	3.49E–01

说明：

①“#”表示一个数字位。#的个数决定了显示区段的长度。如果要显示的数值的位数小于#的个数，那么多余的位不补 0，如果要显示的数值的位数大于#的个数，则数值照原样显示。

②“0”与“#”功能相同，只是多余的位以 0 补齐。

例如：Print format$(25634,"00000000")

结果为：00025634；

而：Print format$(25634,"########")

结果为：25634。

③“.”显示小数点。小数点与#或 0 结合使用，可以放在显示区段的任何位置。根据格式字符串的位置，小数部分多余的数字按四舍五入处理。

例如：　Print format$(850.72,"###.##")

结果为：850.72。

④“,”插入逗号。在格式字符串中插入逗号，起“分位”作用，即从小数点开始，每 3 位用一个逗号分开。逗号可以放在小数点左边（不要放在头部和紧靠在小数点的尾部）的任何位置。

例如：Print format$(12345.67,"####,#.##")

结果为：12,345.67。

⑤“%”输出百分号。通常放在格式字符串的尾部，用来输出百分号。

例如：Print format$(.257,"00.0%")

结果为：25.7%。

⑥ “$”输出美元符号。通常作为格式字符串的起始字符，在所显示的数值前加上一个“$”。例如：Print format$(348.2,"$###0.00")

结果为：$348.20。

⑦ “+”、“ –” 分别在所要显示的数值前强加上正号或负号，使显示的数值为正、负数。通常放在格式字符串的头部。

例如：Print format$(348.52,"–###0.00")

结果为：–348.52

Print format$(–348.52," –###0.00")

结果为：– –348.52

⑧ E+(E–) 用指数形式显示数值。两者作用基本相同。

例如：Print format$(3485.52,"0.00E+00")

结果为：3.49E+03

（3）字符串的格式化输出

字符串的格式化输出是将字符串按指定的格式进行显示。常见的字符串格式符如表2.19所示。

表 2.19 常用的字符串的格式符

符 号	功 能	示 例	返 回 值
<	强制小写,将所有字符以小写格式显示	Format("Abab","<@@@@")	“abab”
>	强制大写,将所有字符以大写格式显示	Format("Abab",">@@@@")	“ABAB”
@	字符占位符,实际字符位数小于符号位数则字符前加空格	Format("Abab", "@@@@@")	“Abab”
&	字符占位符,实际字符位数小于符号位数则字符前不加空格	Format("Abab","&&&&&")	“Abab”

3．通过 MsgBox 函数输出数据

在 VB 中，可以利用 MsgBox 函数设计出简单的对话框。MsgBox 函数的一般格式如下：

MsgBox(msg[，type][，title][，helpfile，context])

其功能是在屏幕上显示一个消息对话框，根据选择确定其后的操作。该函数有 5 个参数，除第一个参数外，其余参数都是可选的。type 的常见取值见表 2.20。

表 2.20 type 的常见取值

符号常量	值	含 义	符号常量	值	含 义
VBOKOnly	0	只显示 OK 按钮	VBOKCancel	1	显示 OK 及 Cancel 按钮
VBAbortRetryIgnore	2	显示 Abort、Retry 及 Ignore 按钮	VBYesNoCancel	3	显示 Yes、No 及 Cancel 按钮
VBYesNo	4	显示 Yes 及 No 按钮	VBRetryCancel	5	显示 Retry 及 Cancel 按钮
VBCritical	16	显示 Critical Message 图标	VBQuestion	32	显示 Warning Query 图标
VBExclamation	48	显示 Warning Message 图标	VBInformation	64	显示 Information Message 图标

各参数的含义如下：

① msg 是一个字符串，其长度不能超过 1024 个字符，如果超过，则多余的字符被截掉。该字符串的内容将在 MsgBox 函数产生的对话框内显示。当字符串在一行内显示不完整时，将自动换行，当然也可以用“Chr$(13)+Chr$(10)”强制换行。

② type 可选。是一个整数值或符号常量，用来控制在对话框内显示的按钮、图标的种类

及数量。该参数的值由 4 类数值相加产生，这 4 类数值或符号常量分别表示按钮的类型、显示图标的种类、活动按钮的位置及强制返回。如果省略，则它的默认值为 0。

③ title 可选。在对话框标题栏中显示的字符串表达式。如果省略 title，则将应用程序名放在标题栏中。

④ helpfile 可选。字符串表达式，用来向对话框提供上下文相关帮助的帮助文件，如果提供了 helpfile，则也必须提供 context。

⑤ context 可选。数值表达式，由帮助文件的作者指定帮助主题的帮助上下文编号。如果提供了 context，也必须提供 helpfile。

MsgBox 函数的返回值见表 2.21。

表 2.21　MsgBox 函数的返回值

符号常量	值	含　义	符号常量	值	含　义
VBOK	1	OK	VBCancel	2	Cancel
VBAbort	3	Abort	VBRetry	4	Retry
VBIgnore	5	Ignore	VBYes	6	Yes
VBNo	7	No			

例如，下面程序段：

```
Dim MyVar As Integer
MyVar = MsgBox ("Hello welcom", VBOKCancel+ VBInformation, "测试")
```

其中，MyVar 的结果依赖于被按下的按钮，程序运行结果如图 2.2 所示。

【例 2.1】 设计一个密码输入对话框，要求密码为 6 位字符，输入密码时，以“*”代替输入的字符。设计界面如图 2.3 所示。

分析：要使密码不超过 6 位字符，只要将文本框的 MaxLength 属性设置为 6；要使输入的字符显示为“*”，则要将文本框的 Passwordchar 属性设置为“*”，同时将文本框初值置空。若要出错时显示包含“重试”和“取消”按钮及感叹号的信息框，则 MsgBox 函数“按钮”参数的取值为“VBRetryCancel+VBExclamation”。程序运行界面如图2.4所示。在图2.3 界面中显示的各个对象的属性设置如表 2.22 所示。

图 2.2　MsgBox 函数应用示例

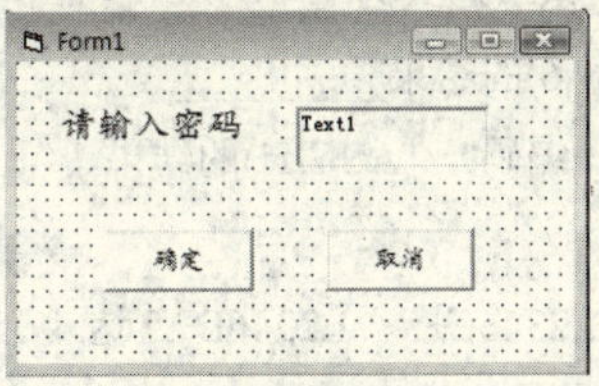

图 2.3　设计界面

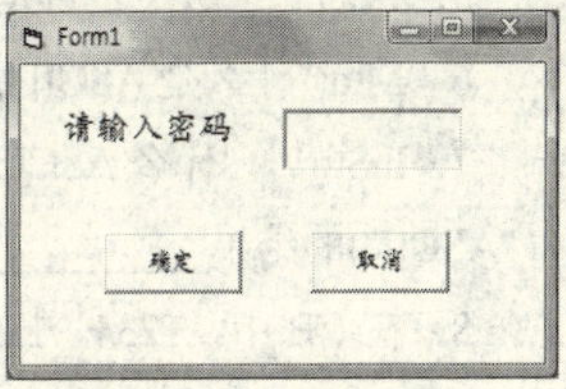

图 2.4　运行界面

表 2.22　对象的属性设置

默认的对象名	设置的对象名	属　性	设　置　值
Label1	Label1	Caption	请输入屏幕保护程序的密码
Text1	Text1	Text	（空白）
		MaxLength	6
		PasswordChar	*
Command1	CmdOk	Caption	确定
Command2	CmdCancel	Caption	取消

本例程序如下：

```
Private Sub cmdOK_Click()
  Dim rpt As Integer
  If text1.Text = "qqqq" Then
     rpt = MsgBox("输入正确", VBOKOnly, "密码")
     End
  Else
     rpt = MsgBox("输入的密码不正确，请重新输入",       _
                    VBRetryCancel + VBExclamation, "密码")
     If rpt = VBRetry Then
       text1.Text = ""
       text1.SetFocus
     Else
       End
     End If
  End If
End Sub
Private Sub cmdCancel_Click()
  End
End Sub
```

习　题　2

一、填空题

1. 函数 Str$(256.36)的值是__________。

2. 逻辑型（布尔型）数据其值只有__________和__________两种。

3. Int(3.14159*100+0.5)/100 的值为__________。

4. 函数 Exp(0)的值是__________。

5. 判断一个数 x 是否是偶数的关系表达式为__________。

6. Mid("什么是 ASCII 编码", 5, 6)的结果__________。

7. InStr(7, "什么 ASCII 是 ASCII 编码", "ASCII")的结果__________；InStr("什么 ASCII 是 ASCII 编码", "ASCII")的结果__________。

8. 在 VB 中，1234、123456&、1.2346E+5、1.2346D+5 这 4 个常数分别表示__________、__________、__________、__________类型。

9. VB 提供的标准数据类型中，整型类型声明时，其类型关键字是__________；其类型符是__________。

10. 写出下列程序的执行结果：

①
```
Private Sub Form_Click()
    Dim x As Integer
    Dim y As Integer
    Dim z As Integer
    Let x = 1: Let y = 2:Let z=3
    Let y = x*y
    Let x=x+y
```

```
    Let z = x/z
    Print x, y, z
End Sub
```

执行结果是__________。

②
```
Private Sub Form_Click()
    Dim a As Integer
    Dim b As Integer
    Dim c As Integer
    a = 3: b = 4: c = 5
    a = b: b = c: c = a
    Print a, b, c
End Sub
```

执行结果是__________。

③
```
Private Sub Form _Click()
    Dim a As Integer
    Dim b As Integer
    a = 4: b = -5
    a = a + 1: b = b-1
    Print a, b
    m = a: a = b: b = m
    Print a, b
End Sub
```

执行结果是____________。

④
```
Private Sub Form _Click()
    Dim a As Integer
    Dim x As Integer
    Dim y As Integer
    Dim z As Integer
    a = 256
    x = Int(a / 100)
    y = Int(a / 10) - x * 10
    z = a - x * 100 - y * 10
    Print x, y, z
End Sub
```

执行结果是____________。

⑤
```
Private Sub Form _Click()
    Print Tab(1); "姓名"; Tab(9); "年龄"; Tab(18); "电话号码"
    Print Tab(1); "马鸣"; Tab(9); 17; Tab(18); "8314705"
    Print Tab(1); "王玉"; Tab(9); 18; Tab(18); "8527302"
End Sub
```

执行结果是____________。

二、选择题

1．下列（　　）不能作为 VB 的合法变量名。

A．xy　　B．a6　　C．const　　D．const1

2．设 x=–3，则表达式–4<x<–2 的值是（　　）。

A. true　　B. false　　C. −1　　D. 0

3. VB 中，mid("A2B4",2,1)的值是（　　）。

A. 2B　　B. 0　　C. 2　　D. 4

4. 在 VB 中，合法的常量是（　　）。

A. 'xxx'　　B. 2/3　　C. 5e　　D. false

5. VB 表达式 Sqr(9)+Int(−5.4)*Sgn(6.8)−Fix(3.1)的值是（　　）。

A. −6　　B. −5　　C. 35　　D. 30

6. 函数 Int(Rnd*80)+10 是在（　　）范围内的整数。

A. [10,90]　　B. [10,89]　　C. [11,90]　　D. [11,89]

7. 要声明一个长度为 256 个字符的定长字符串变量 str，下列语句正确的是（　　）。

A. DIM　str As String　　B. DIM str As String(256)

C. DIM str As String[256]　　D. DIM str As String*256

8. 要声明 a 为变体型变量的是（　　）。

A. DIM a,b As Integer　　B. DIM a As String

C. DIM a As Integer　　D. Public a As Currency

9. 下列正确的表达式是（　　）。

A. "ok"=text1.text　　B. text1.text="x+y"

C. text1.text+1=3　　D. text1.text=dim

10. 下列（　　）语句可以交换变量 x 和 y 的值。

A. x=(x+y)/2 : y=(x−y)/2　　B. x=t : t=y : y=x

C. x=x+y : y=x−y : x=x−y　　D. x=y : y=x

11. 表达式 Len(Str(2000−1999))−9\5 的正确结果是（　　）。

A. 0　　B. 1　　C. 2　　D. 3

12. 下列日期型数据正确的是（　　）。

A. @January10，1979@　　B. #January10，1997#

C. "January10，1997"　　D. &January10，1997&

13. 下面说法不正确的是（　　）。

A. 变量名的长度不能超过 255 个字符

B. 变量名可以包含小数点或内嵌的类型声明字符

C. 变量名不能使用关键字

D. 变量名的第一个字符必须是字母

14. 变量 L 的值为−8，则−L^2 的值为（　　）。

A. 64　　B. −64　　C. 16　　D. −16

15. 关于货币型数据的说明，正确的是（　　）。

A. 货币型数据有时可以表示成整型数据

B. 货币型数据与浮点型数据完全一样

C. 货币型数据是由数字和小数点组成的字符串

D. 货币型数据是小数点位置固定的实型数

16. 如果一个变量未经定义就直接使用，则该变量的类型为（　　）。

A. Integer　　B. Byte　　C. Boolean　　D. Variant

17．下面的 4 个 VB 6.0 下的表达式语法正确的是（　　）。

A．a>b．find．b<>c　　B．a>b AND <>c

C．a>b AND b<>c　　D．a>bc

18．可以同时删除字符前导和尾部空白的函数是（　　）。

A．Ltrim　　B．Rtrim　　C．Trim　　D．Mid

19．表达式 4 5＼67 / 8Mod9 的值是（　　）。

A．4　　B．5　　C．6　　D．7

20．已知 A$="12345678"，则表达式 Val(Left$(A $,4)+Mid$(a $,4,2))的值为（　　）。

A．123456　　B．123445　　C．8　　D．6

21．Print DateAdd("m",1#1/30/2000#)语句显示的结果是（　　）。

A．00-2-29　　B．00-2-28　　C．00-2-30　　D．00-1-31

22．表达式 DateDiff（"y",#12/30/1999#,#1/13/2000#）的结果是（　　）。

A．1　　B．11　　C．14　　D．99

23．表达式 Len("123 程序设计 ABC")的值是（　　）。

A．10　　B．14　　C．20　　D．17

24．表达式 LenB("123 程序设计 ABC")的值是（　　）。

A．10　　B．14　　C．20　　D．17

25．设有如下语句：Str1=InputBox ("输入"，" "，"练习")，从键盘上输入字符串“示例”后，Str1 的值是（　　）。

A．“输入”　　B．“”　　C．“练习”　　D．“示例”

三、程序设计

1．已知圆的半径 r=10cm，编写程序求圆的周长及面积。

2．输入三角形的 3 条边（假定能够形成三角形），计算三角形的面积。

3．输入二元一次方程 $ax^2+bx+c=0$，求方程的实根。

4．输入 3 个整数，求最大值。

5．编程实现输入千米数，输出其英里数。已知 1 英里=1.60934 千米（用符号常量）。

6．从键盘上输入任意一个小写字母，然后将该字符转换为对应的大写字母输出，同时输出该字母的 ASCII 编码。

第 3 章　基本程序设计

要利用计算机解决一个问题，必须先将问题转化为用计算机语句描述的解题步骤（即程序）。程序中的语句控制计算机的执行，但是程序并不一定按照语句序列的书写顺序来执行。

3.1　程序的基本结构

程序设计理论已经证明，任何程序均可由三种基本结构构成。这三种基本结构分别是顺序结构、选择结构和循环结构，如图 3.1 所示。

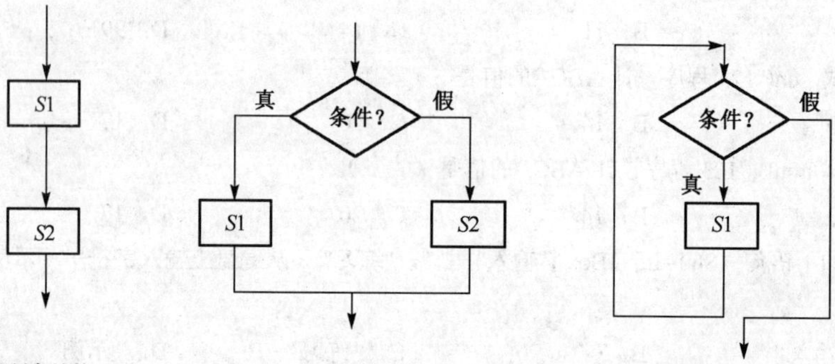

(a) 顺序结构　(b) 选择结构　(c) 循环结构

图 3.1　程序的三种基本结构

① 顺序结构。从前向后顺序执行 *S*1 语句和 *S*2 语句，只有当 *S*1 语句执行完后才执行 *S*2 语句。

② 选择结构。根据条件有选择地执行语句，当条件成立（为真）时执行 *S*1 语句，当条件不成立（为假）时执行 *S*2 语句。

③ 循环结构。有条件地反复执行 *S*1 语句（也称为循环体），直到条件不成立时终止循环，转移到循环体外的后续语句继续执行。

以上三种结构是编写程序的基本结构。一个程序无论多么复杂和庞大，其模块内部都是由这三种基本结构组成的。

3.2　顺序结构

顺序结构的特点是程序执行时是从上到下依次执行的，所有语句均被且仅被执行一次。

【例 3.1】 将变量 A、B 中的数据交换。

有三种方法可以实现。

【方法一】 使用中间变量（中转站）语句如下:

```
c=a:a=b:b=c
```

【方法二】 不使用中间变量（先求和），语句如下：

```
a=a+b:b=a-b:a=a-b
```

【方法三】 不使用中间变量（先作差），语句如下：

```
a=a-b:b=a+b:a=b-a
```

【例 3.2】 输入某同学三门课程的成绩，求它们的平均分。

程序代码如下：

```
Private Sub Form_Click()
    Dim s1!,s2!,s3!,aver!
    s1=InputBox("输入第一门课程的成绩")
    s2=InputBox("输入第二门课程的成绩")
    s3=InputBox("输入第三门课程的成绩")
    aver=(s1+s2+s3)/3
    print  "aver=";aver
End Sub
```

3.3　选择结构

选择结构是指程序在运行过程中，能依据一定条件，确定哪些程序段被执行，哪些程序段不被执行。

3.3.1　If 条件语句

1. If...Then 语句

If...Then 语句的执行过程如图 3.2 所示。

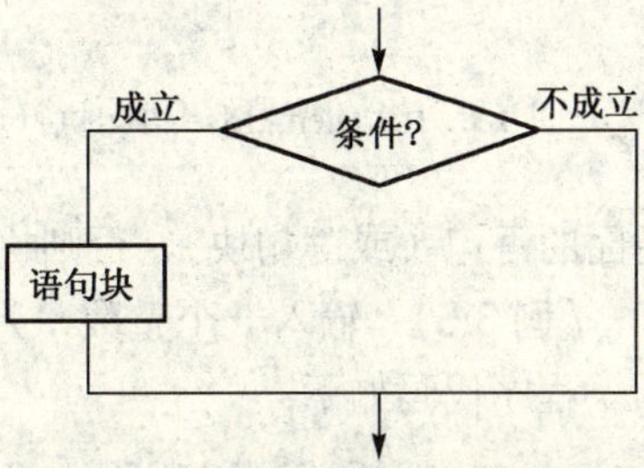

图 3.2　If...Then 语句执行过程

If...Then 具有两种语句形式：

① **If　<表达式>　Then**

　语句块

End If

② **If　<表达式>　Then　<语句>**

当“表达式”的值为 True 或非零时，执行 Then 后面的语句（或语句块），否则不做任何操作，实现单分支选择结构。

表达式一般为关系表达式、逻辑表达式，也可以为算术表达式。

语句块可以是一条或多条语句，若用形式②，则 Then 后面只能跟一条语句。若语句块中有多条语句，语句间需用冒号分隔，而且必须在同一行上书写。

【例 3.3】 已知两个数 x 和 y，比较它们的大小，使得 x 大于 y。

本例有两种方法实现。

【方法一】

```
If  x<y  Then
   t=x
   x=y
   y=t
End If
```

【方法二】

```
If  x<y  Then  t=x : x=y : y=t
```

【例 3.4】 输入 x 的值，并输出其绝对值。

程序代码如下：

```
Private Sub Command1_Click()
    Dim x!
    x = InputBox("请输入一个数")
    If x<0 Then  x = -x
    Print "绝对值是：";x
End Sub
```

2．If...Then...Else 语句

If...Then...Else 语句的执行过程如图3.3 所示。

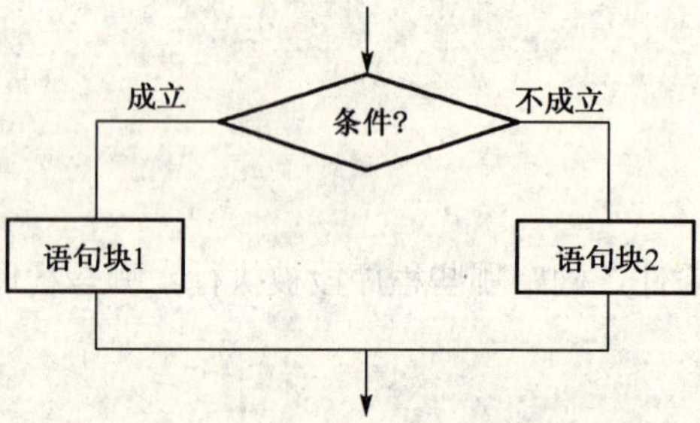

图 3.3　If...Then...Else 语句执行过程

If...Then...else 具有两种语句形式

① **If　<表达式>　Then**

<语句块 1>

Else

<语句块 2>

End If

② **If　<表达式>　Then　<语句 1>　Else　<语句 2>**

当"表达式"的值为 True 或非零时，执行 Then 后面的语句（或语句块），否则执行 Else 后面的语句（或语句块），实现双分支选择结构。

【例 3.5】 输入一个整数，判断其奇偶性。

程序代码如下：

```
Private Sub Form_Click()
    Dim x as integer
    x=InputBox("输入一个整数")
    If  x mod 2=0 Then Print x; "是偶数"  Else  Print x; "是奇数"
End Sub
```

3．If...Then...ElseIf 语句

If...Then 语句可以实现单分支控制，If...Then...Else 语句可以实现双分支控制。如果实际条件判断较多，可以使用 If...Then...ElseIf 语句。其语句形式如下：

If　<表达式 1>　Then
<语句块 1>
ElseIf　<表达式 2>　Then
<语句块 2>
…
[Else　语句块 *n*+1]
End If

语句在执行时先计算"表达式 1"的值，若为真，则执行"语句块 1"，并跳过其他分支

语句，执行 If 语句的后续语句（即 End If 后面的语句）；若为假，则计算“表达式 2”的值，依此类推，直到找到一个为真的条件，执行相应的语句块，然后执行 End If 后面的语句。格式中的 Else 是可选项，表示若无任何表达式值为真时，则执行“语句块 n+1”；若无 Else 选项，且所有条件表达式值都不为真，则不执行 If 语句中的任何语句块。If...Then...ElseIf 语句的执行过程如图 3.4 所示。

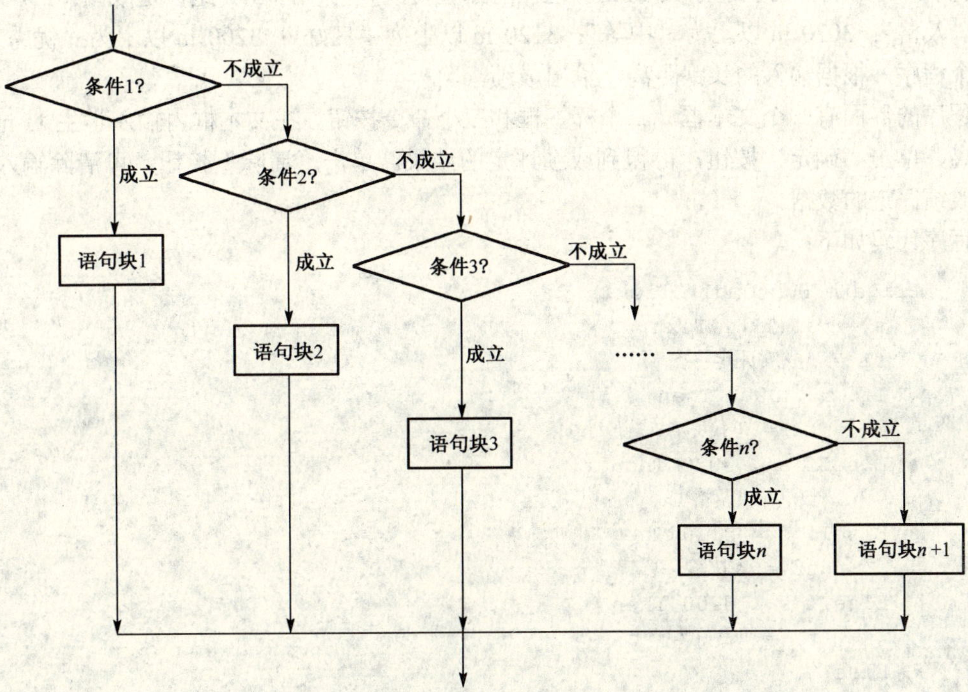

图 3.4　If...Then...ElseIf 语句执行过程

注意：

①“ElseIf”不能写成“Else　If ”；

② 当多分支中有多个表达式同时满足，则只执行第一个与之匹配的语句块。

【例 3.6】 在文本框中输入若干字符，统计其中字母字符、数字字符及其他字符的个数，并显示结果。

程序代码如下：

```
Dim countX%,countY%,countZ%
Private Sub Text1_KeyPress(KeyAscii As Integer)
    Dim c$
    c=chr(KeyAscii)   '将文本框中输入的字符赋给变量c
    If Ucase(c)>= "A" And Ucase(c)<= "Z" Then
        countX=countX+1
    ElseIf c>="0" And c<="9" Then
        countY=county+1
    Else
        countZ=countZ+1
    End If
    If  KeyAscii=13 Then      '当按回车键字符输入完毕,显示结果
```

```
        Print "字母字符有";countX; "个"
        Print "数字字符有";countY; "个"
        Print "其他字符有";countZ; "个"
    End If
    End Sub
```

【例 3.7】 某一大学进行 15 min 长跑体能测验，规则为：15 min 跑评定成绩：2900 m 以上为“及格”；3020 m 以上为“中等”；3120 m 以上为“良好”；3200 m 以上为“优秀”。设计一个程序，根据输入的长跑距离，输出成绩。

程序的界面有一个文本框、二个标签框和三个命令按钮。在文本框内输入学生 15 min 跑的距离，单击“确定”按钮，可得到成绩评定的结果。单击“清除”按钮，可清除输入的距离和成绩评定的数据。

程序代码如下：

```
Private Sub Cmd1_Click()
   s = Val(Txt1.Text)
   t1 = "成绩评定："
   If  s < 2900 Then
       t2 = "不及格"
   ElseIf s < 3020 Then
       t2 = "及格"
   ElseIf s < 3120 Then
       t2 = "中等"
   ElseIf s < 3200 Then
       t2 = "良好"
   Else
       t2 = "优秀"
   End If
   Lab2.Caption = t1 + t2
End Sub
Private Sub Cmd2_Click()
    Txt1.Text = ""
    Lab2.Caption = "成绩评定："
End Sub
Private Sub Cmd3_Click()
    End
End Sub
```

4. If 语句的嵌套

If 语句的嵌套是指 If 或 Else 后面的语句块中又包含 If 语句。其语句形式为：

```
If  <表达式 1>  Then
    If  <表达式 2>  Then
        …
    End If
        …
End If
```

注意：

① 对于嵌套结构，为了增强程序的可读性，应该采用缩进形式书写；

② If 语句形式若不在一行上书写，必须与 End If 配对；若多个 If 嵌套，End If 与它最接近的 End If 配对。

【例 3.8】 编程求一元二次方程 $ax^2 + bx + c = 0$ 的根，其中 A 不等于 0。

程序代码如下：

```
Private Sub Form_Click()
    Dim a As Integer, b As Integer, c As Integer
    a = InputBox("请输入 a 的值：")
    b = InputBox("请输入 b 的值：")
    c = InputBox("请输入 c 的值：")
    d = b * b - 4 * a * c
    p = - b / (2 * a)
   If d >= 0 Then
        If d > 0 Then
            r = Sqr(d) / (2 * a)
            X1 = p + r:X2 = p - r
          Else
            X1 = p:X2 = p
        End If
      Print "X1="; X1, "X2="; X2
    Else
       q = Sqr(-d) / (2 * a)
       Print "X1="; p; "+"; q; "i", "X2="; p; "-"; q; "i"
    End If
End Sub
```

3.3.2 Select Case 语句

使用 If...Then...ElseIf 语句可以实现多分支，但其效率相对低。Select Case 语句是多分支结构的另一种表示形式，它简单、清晰、易读。其语句形式如下：

Select Case　变量或表达式

　　Case　表达式 1

　　　　语句块 1

　　Case　表达式 2

　　　　语句块 2

　　...

　　[Case Else

　　　　语句块 n+1]

End Select

语句执行时，首先计算“变量或表达式”的值，若其值与某一个表达式匹配，则执行此 Case 子句和下一个 Case 子句之间的语句。如果表达式与多个 Case 子句中的表达式匹配，则只有第一个匹配后的语句被执行。Case Else 用于在表达式和任何其他 Case 选项的表达式之间未找到匹配时，执行其对应的语句块 $n+1$。Select Case 语句执行过程如图 3.5 所示。

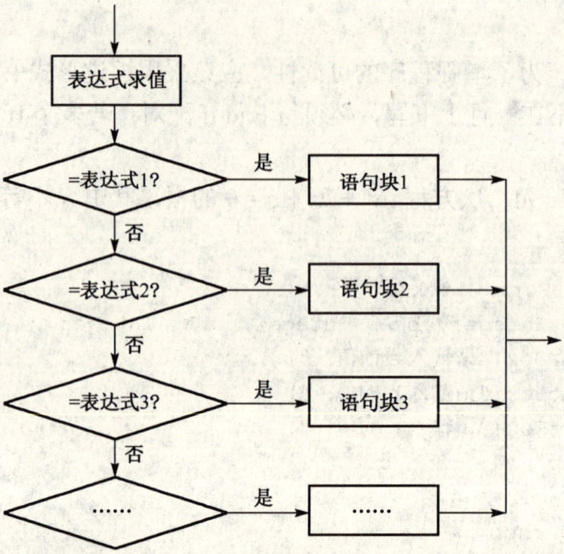

图 3.5 Select Case 语句执行过程

注意：

① 变量或表达式可以是数值型或字符串表达式；

② 表达式列表用来描述条件表达式的可能的取值，可以由多个表达式组成，表达式与表达式之间要用逗号“，”隔开。表达式列表一般有以下三种形式：

Ⅰ. 表达式或由逗号分隔的多个表达式

例如：

```
Case "A", "B" , "C" , "D" , "E"
Case 1,3,5
Case a,b
```

Ⅱ. <表达式 1> To <表达式 2>

例如：

```
Case 1 to 10
Case "A" to "Z"
Case  a  to  b
```

Ⅲ. Is <关系操作符> <表达式>

例如：

```
Is <100
Is>a+b
```

③ Select Case 语句可以嵌套，每一层嵌套的 Select Case 语句必须有与之匹配的 End Select 语句。

【例 3.9】 从键盘输入一个百分制成绩，将其转换为对应的等级显示，转换规则为：90～100 对应 A，80～89 对应 B，70～79 对应 C，60～69 对应 D，0～59 对应 E。

分析：从键盘输入的合法分数可以是 0～100，会有 101 种可能，这样分支太多，可以对合法的分数除 10 取整，会得到 0～10，只有 11 种情况，这样分支数会显著减少。

程序代码如下：

```
Private Sub Command1_Click()
    Dim x As Single, y As Single
    x = InputBox("请输入分数：")
    if x<0 or x>100 Then
        print "分数越界"
    Else
        x=x\10
        Select Case x
            Case 10,9
                Print "A"
            Case 8
                Print "B"
            Case 7
                Print "C"
            Case 6
                Print "D"
            Case Else
                Print "E"
            End Select
        End If
    End Sub
```

3.3.3　条件函数

1. Iif 函数

函数形式：

Iif（表达式，当条件为 True 时的值，当条件为 False 时的值）

例如，求 *X*、*Y* 中大的数，并放入变量 Tmax 中，其形式可以为：

Tmax=Iif（X>Y, X, Y）

2. Choose 函数

函数形式：

Choose（整数表达式，选项列表）

如果整数表达式的值是 1，则选择列表中的第 1 项，依次类推；如果小于 1 或大于列表项数时，则返回 Null。

例如，根据 nub 的值为 1～4 中的任何值，换算成对应的字符，其形式可以为：

OP= Choose（nub,"＋"，"－"，"×"，"÷"）

3.4　循环结构

循环语句用来执行具有规律性的重复运算，它可以大大缩短程序的长度。VB 提供了两种类型的循环语句：计数循环语句和条件型循环语句。

3.4.1　For 循环

For 循环又称计数循环，用于循环次数预知的场合，语句执行过程如图 3.6 所示。其语句形式如下：

For 循环变量 = 初值 To 终值 [Step 步长]
语句块
[Exit For]
语句块
Next 循环变量

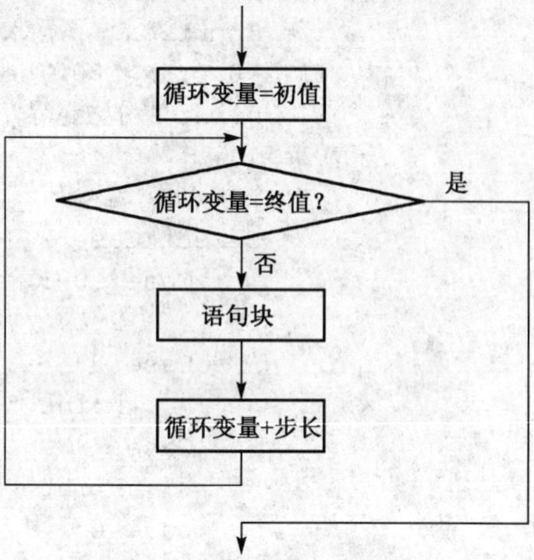

图 3.6 For 语句执行过程

注意：

① 循环变量必须为数值型；

② 步长可正、可负，若为正数，初值小于终值；若为负数，初值大于终值；默认步长为 1；

③ 语句块可以是一条或多条语句，称为循环体；

④ Exit For 表示当遇到该语句时，退出循环体；

⑤ 退出循环后，循环变量的值保持退出时的值；

⑥ 在循环体内对循环变量可多次引用，但不要对其赋值，否则影响结果。

【例 3.10】 计算 1+2+3+…+200 的值。

分析：求累加和的基本思想是，通过设立累加和变量 Sum，通过循环实现 Sum=Sum+*k*，问题的核心在于每次如何求取 *k*，使其满足累加需求。

程序代码如下：

```
Private Sub Command1_Click()
    Dim i As Integer, intSum As Integer
    intSum = 0
    For i=1 to 200
        intSum = intSum +i
    Next i
    Text1.Text = intSum
End Sub
```

3.4.2 While 循环

While 循环也称条件型循环，循环结构用 While...Wend 语句来实现，主要用于循环次数不确定的情况，语句格式如下：

While <条件表达式>
[<语句块>]
Wend

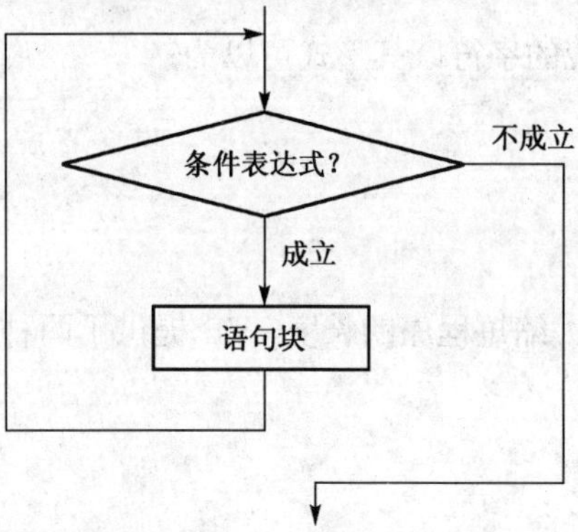

图 3.7 While 语句执行流程

其中，“条件表达式”指明了循环进行的条件，一般是关系表达式或逻辑表达式，也可以是数值表达式。当表达式的值非零时，条件成立，执行语句（循环体）。

While 语句的执行过程是：先计算表达式的值；若值非零，就执行循环体，当执行循环体之后，再计算表达式的值，决定是否再次执行循环体；若值为零，跳出结束循环语句，执行过程如图 3.7 所示。

说明：

①“条件表达式”可以是关系表达式、逻辑表达式或数值表达式。如果是数值表达式，其值为零被作为 False，非零值则为 True；

② 如果条件一开始就不成立，则语句块一次也不会被执行；

③ 在循环体中注意修改循环条件，防止形成死循环。

【例 3.11】 计算 1＋1/2＋1/3＋…＋1/200 的值。

程序代码如下：

```
Private Sub Command1_Click()
    Dim i As Integer
    Dim sum As Single
    sum = 0: i = 1
        While i <= 200
            sum = sum + 1 / i
            i = i + 1
        Wend
    Text1.Text = sum
End Sub
```

3.4.3 Do...Loop 循环

Do...Loop 是用于控制循环次数未知的循环结构，语法形式有 Do While...Loop 和 Do...Loop While 两种。

（1）Do While…Loop

Do While...Loop 控制流程如图 3.8 所示，其语句格式如下：

```
Do [ While | Until  条件 ]
      语句块
    [ Exit Do ]
      语句块
Loop
```

（2）Do…Loop While

Do...Loop While 其控制流程如图 3.9 所示，其语句格式如下：

```
Do
    语句块
[Exit Do ]
    语句块
Loop [ While | Until  条件 ]
```

说明：

① 形式（1）为先判断后执行，有可能一次也不执行；

② 形式（2）为先执行后判断，至少执行一次；

③ 关键字 While 用于指明条件为真时就执行循环体中的语句，即先计算条件表达式的值，若为 True，则执行语句块中的语句；若为 False 则退出循环结构；Until 刚好相反，即先

计算条件表达式的值，在条件表达式为 False 时重复执行语句块，直到条件为 True 时退出循环结构；

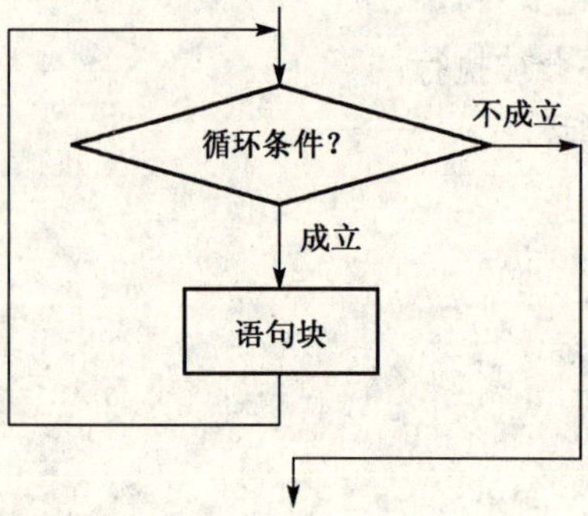

图 3.8 Do While...Loop 语句执行过程

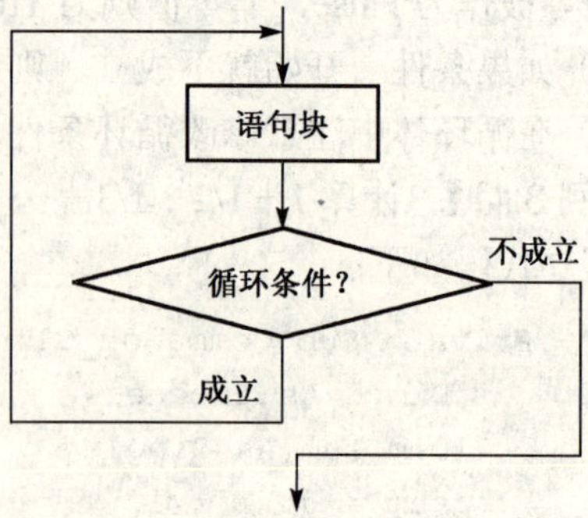

图 3.9 Do...Loop While 语句执行过程

④ 当省略了 While|Until 条件字句，即循环结构仅由 Do...Loop 关键字构成时，表示无条件循环，这时循环体内应该有 Exit Do 语句，否则为死循环；

⑤ Exit Do 语句表示当遇到该语句时，退出循环。

【例 3.12】 求最小公倍数、最大公约数。

程序代码如下：

```
Private Sub Form_Click()
    n = Val(Text1)
    m = Val(Text2)
    If n <= 0 Or m <= 0 Then
        Print "数据出错"
        End
    End If
    mn = m * n
    If m < n Then t = m: m = n: n = t
    Do While (n <> 0)
     r = m Mod n
     m = n
     n = r
    Loop
    Print  "最大公约数=", m, Chr(13) + Chr(10)
    Print  "最小公倍数=", mn / m
End Sub
```

【例 3.13】 输入一个整数，将各位数字反转后输出。

分析：对于一个整数，要获取它的每一位数字，可以从高位获得，也可以从低位获得，但从低位获取更容易一些，例如，$x=986$，$y=x \bmod 10$，即可得到最低位 6，得到 6 后，y 中的 6 就需要去除，$x=x\backslash 10$ 就可以实现，以此类推，可以得到所有位的值。

程序代码如下：

```
Private Sub Form_load()
    Text1. Text=" "
    Text2. Text=" "
End Sub
```

```
Private Sub Command1_click()
    Dim int1 As Integer
    Dim Num As Integer
    int1 = CInt(Text1.Text)          ' 将文本框输入的数据转化为数值型
    Do
        Num = int1 Mod 10
        Text2.Text = Text2.Text + " " + Chr(Asc(Num))
        int1 = int1 \ 10
    Loop While int1 <> 0
    Print
End Sub
```

3.4.4　循环嵌套

循环嵌套指在循环体内又包含了一个完整的循环结构。循环嵌套对 For 循环和 Do…Loop 循环均适用。对于简单的计算用单层循环就可以实现，而对于复杂的问题，则可能要通过多层循环的嵌套才能实现。

【例 3.14】 求 100～1000 所有素数之和。

分析：素数是指除了 1 和它本身之外再不能被其他数整除的自然数。求素数的方法有很多种，最简单的方法是根据素数的定义来求。对于一个自然数 N，用 N 去除大于 1 小于 N 的各个自然数，如果都不能整除，则 N 为素数，否则 N 为合数。但是，如果这种方法来编制程序，它的效率非常低。其中有许多地方都值得改进，比如：

（1）对于一个自然数 N，只要能被一个非 1 非自身的数整除，它就肯定不是素数，所以不必再用其他的数去除。

（2）对于 N 来说，不必用从 2 到 N–1 逐个去试，只需用从 2 试到 Sqr(N)（N 的算术平方根）便可。这一点可以用反证法来证明：如果 N 是合数，则一定存在大于 1 且小于 N 的整数 d_1 和 d_2，使得 $N = d_1 \times d_2$，d_1 和 d_2 中必有一个小于或等于 Sqr(N)。

判断一个数 n 是否为素数的程序代码如下：

```
Private Sub Command_click()
    n = val(text1.text)
    k=sqr(n)        '求算术平方根
    For j = 2 To k
        If  n mod j = 0 then exit for
    next j
    If j >k then
        print n;"是一个素数"
    Else
        print n;"不是一个素数"
    End if
End Sub
```

所以，求解本例的思路只需将上面程序代码中的 n 从 100 变到 1000 便可，本例程序代码如下：

```
Private Sub Command_click()
    Dim i As Integer, j As Integer, n As Integer, intSum As Integer
    intSum = 0
    for n = 100 to 1000
```

```
        k=sqr(n)
        for j = 2 to k
            if  n mod j = 0 then exit for
        next j
        if j >k then  intSum= intSum+n
    next n
    Print "累加和:"; intSum
End Sub
```

3.5 其他控制语句

3.5.1 Exit 语句

Exit 语句用于退出某种控制结构，VB 的 Exit 语句有多种形式，如 Exit For （退出 For 循环），Exit Do （退出 Do）循环），Exit Sub （退出子过程），Exit Function（退出函数）等。

3.5.2 End 语句

独立的 End 语句用于结束一个程序的执行，可以放在任何事件过程中，形式为：End。

VB 的 End 语句还有多种形式，用于结束一个过程或块，如：End If，End With，End Type，End Select，End Sub，End Function 等。

3.5.3 With 语句

With 语句的作用是可以对某个对象执行一系列的语句，而不用重复指出对象的名称。但不能用一个 With 语句设置多个不同的对象。属性前面需要带点号“. ”。其语句形式如下：

With 对象名

    语句块

End With

例如：

```
With form1
    .Height=3000
    .Width=4000
    .BackColor=RGB(255,0,0)
End With
```

3.6 应用举例

前面已经介绍了多种程序控制结构，到此，我们就可以编制简单的程序了。程序设计需要较强的逻辑思维能力，在程序设计时，有两个基本方法，即枚举法和归纳法。

3.6.1 枚举法

枚举法，也称穷举法。有一些问题是无法用一个计算公式来求解的，它们的解可能离散地分布在某个有限或无限的集合里。枚举法，就是逐一列举这个集合里的各个元素，并加以判断，直到求得所需要的解。枚举法广泛地用在在排列、组合、数据分类、信息检索、多解方程的求解以及人工智能程序设计中。

使用枚举法，关键要注意以下两方面的工作：

① 确定搜索范围。当然，这个范围必须是有限的。在确定搜索范围时，有的问题涉及的范围比较明确，而有的问题涉及的范围不太明确，就要进行分析后再确定。

② 选择搜索策略。如何枚举，按照一条什么样的路线来逐一枚举，就是搜索策略问题。

【例 3.15】 百元买鸡问题。假定小鸡每只 5 角，公鸡每只 2 元，母鸡每只 3 元。现在有 100 元，要求买 100 只鸡，编程列出所有可能的购鸡方案。

分析：设母鸡、公鸡、小鸡分别 x、y、z 只，则根据条件有如下关系：

$$\begin{cases} x + y + z = 100 \\ 3x + 2y + 0.5z = 100 \end{cases}$$

程序代码如下：

```
Private Sub Command1_Click()
   Dim x%, y%, z%
   For x = 0 To 100
       For y = 0 To 100
           For z = 0 To 100
                If x + y + z = 100 And 3 * x + 2 * y + 0.5 * z = 100 Then
                     Print x, y, z
                End If
           Next z
       Next y
   Next x
End Sub
```

【例 3.16】 求 100～999 之间的所有“水仙花数”。“水仙花数”是一个三位数，其各位数字的立方和等于该数本身。例如：$153=1^3+5^3+3^3$，153 就是一个水仙花数。

分析：采用穷举法对指定范围内的每一个数进行判断，看它是否为水仙花数。判断一个数是否为水仙花数的关键是如何将此数的各位数字分离出来。如对于数字 153，可采用下面的方法分离其各位数字：用“153\100”得到百位数字 1，用“153\10 mod 10”得到十位数字 5，用“153 mod 10”得到个位数字 3。

程序代码如下：

```
Private Sub Command1_Click()
  Dim i%, a%, b%, c%
  For i = 100 To 999
     a = i\100 : b = i\10 mod 10 : c =i mod 10
     If i = a*a*a+b*b*b+c*c*c Then Text1.Text = Text1.Text+""+Str(i)
  Next i
End Sub
```

程序运行结果如图 3.10 所示。

3.6.2 归纳法

归纳法是从大量的特殊性中总结出规律性或一般性结论的方法。在数学中，归纳法主要用于证明；而在程序设计中，使用归纳法找规律性的东西。一旦找到了规律，用计算机解决

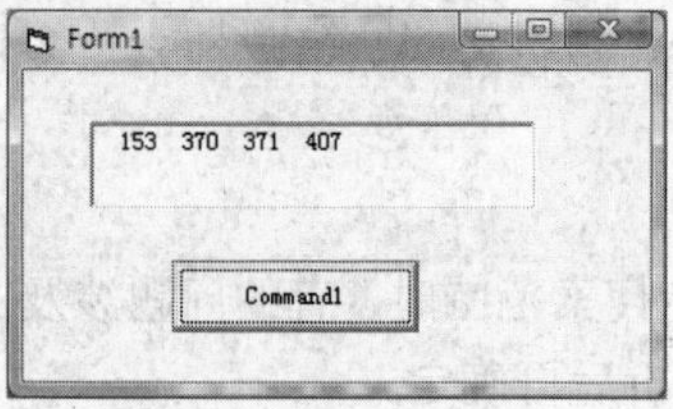

图 3.10 程序运行结果

便是轻而易举的事了。例如，大家非常熟悉的一个问题是对数列或级数求和，通过找到它们的通项公式就可以方便地求和。

【例 3.17】 猴子吃桃子问题。小猴子有若干桃子，第一天吃掉一半多一个；第二天吃掉剩下的一半多一个；……如此重复，到第七天早上要吃时，只剩下一个桃子。编程求解小猴子一开始共有多少桃子？

分析：可以根据最后一天桃子数推出倒数第二天的桃子数；再从倒数第二天推出倒数第三天桃子数。设第 n 天桃子数为 x_n，前一天桃子数是 x_{n-1}，则有关系 $x_n = x_{n-1}/2-1$ 即 $x_{n-1}=(x_n+1)*2$。

程序代码如下：

```
Private Sub Command1_Click()
   Dim n%, i%
   x = 1            '第七天桃子数
   Print "第七天桃子数：1只"
   For i = 6 To 1 Step -1
       x = (x + 1) * 2
    Next i
    Print "桃子数："; x
End Sub
```

3.7 内容扩展

3.7.1 查找

查找是指在一个给定的数据结构中查找某个指定的元素。查找的基本方法可以分为两大类，即比较式查找法和计算式查找法。其中比较式查找法又可以分为基于线性表的查找法和基于树的查找法，而计算式查找法也称为 Hash（哈希）查找法。

基于线性表的查找法可分为顺序查找法、折半查找法和分块查找法。下面简要介绍这三种查找方法。

1. 顺序查找法

顺序查找法的特点是，从线性表的第一个元素开始，依次将线性表中的元素与被查找的元素相比较，若相等则表示查找成功；如果线性表中所有的元素都与被查找元素进行了比较但都不相等，则表示查找失败。存储结构通常为顺序结构，也可为链式结构。

2. 折半查找法

折半查找法又称为二分查找法，这种方法要求待查找的列表必须是按关键字大小有序排列的顺序表。其基本过程是：将表中间位置记录的关键字与查找关键字比较，如果两者相等，则查找成功；否则利用中间位置记录将表分成前、后两个子表，如果中间位置记录的关键字大于查找关键字，则进一步查找前一子表，否则进一步查找后一子表。重复以上过程，直到找到满足条件的记录，使查找成功，或直到子表不存在为止，此时查找不成功。

折半查找法的优点是比较次数少，查找速度快，平均性能好；其缺点是要求待查表为有序表，且插入删除低效。因此，折半查找方法适用于不经常变动而查找频繁的有序列表。

3．分块查找法

分块查找法要求将列表组织成索引顺序结构，其方法为：

首先，将列表分成若干个块（或子表），一般情况下，块的长度均匀，最后一块可以不满。每块中元素任意排列，即块内无序，但块与块之间有序。

然后，构造一个索引表，其中，每个索引项对应一个块，并记录每块的起始位置和每块中的最大关键字（或最小关键字）。索引表按关键字有序排列。

分块查找的基本过程如下：

① 首先，将待查关键字 K 与索引表中的关键字进行比较，以确定待查记录所在的块。具体的可用顺序查找法或折半查找法进行。

② 进一步用顺序查找法，在相应块内查找关键字为 K 的元素。

3.7.2 排序

所谓排序，简单讲是指将一个无序序列变为有序序列的过程。有 n 个记录的序列$\{R_1, R_2, \cdots, R_n\}$，其相应关键字的序列是$\{K_1, K_2, \cdots, K_n\}$，相应的下标序列为 1，2，…，$n$。通过排序，要求找出当前下标序列 1，2，…，$n$ 的一种排列 p_1，p_2，…，p_n，使得相应关键字满足非递减（或非递增）关系，即：$Kp_1 \leqslant Kp_2 \leqslant \cdots \leqslant Kp_n$，这样就得到一个按关键字有序的记录序列：$\{Rp_1, Rp_2, \cdots, Rp_n\}$。

1．插入排序

插入排序的基本思想是：在一个已排好序的记录子集的基础上，每操作一步将下一个待排序的记录有序插入到已排好序的记录子集中，直到将所有待排记录全部插入为止。

（1）直接插入排序

直接插入排序是一种最基本的插入排序方法。其基本操作是将第 i 个记录插入到前面 $i-1$ 个已排好序的记录中。具体过程为，将第 i 个记录的关键字 K_i 顺次与其前面记录的关键字 K_{i-1}，K_{i-2}，…K_1 进行比较，将所有关键字大于 K_i 的记录依次向后移动一个位置，直到遇见一个关键字小于或者等于 K_i 的记录 K_j，此时 K_j 后面必为空位置，将第 i 个记录插入空位置即可。

直接插入排序算法简便，适用于待排序记录数目较少且基本有序的情况。

（2）希尔排序

希尔排序又称缩小增量排序法，它利用了直接插入排序的最佳性质，将待排序的关键字序列分成若干个较小的子序列，对子序列进行直接插入排序，使整个待排序序列最终有序。在时间耗费上，较直接插入排序法有较大的改进。

希尔排序的基本思想是：按增量将待排序列分组，首先取增量 d_1，把待排序列分成 d_1 个分组，所有距离为 d_1 倍的记录放在一个分组中，对各分组分别进行直接插入排序。然后选取 $d_2 < d_1$，重复上述分组和排序过程，直至 $d=1$，最后再对全部记录进行一次直接插入排序。

2．交换排序

交换排序法是一类通过交换逆序元素进行排序的方法。

（1）冒泡排序

冒泡排序是一种简单的交换排序方法，它是通过对相邻数据元素进行交换，逐步将待排序序列变成有序序列的过程。一趟冒泡排序的基本思想是：从头扫描待排序记录序列，在扫描的过程中顺次比较相邻的两个元素的大小，若为逆序则进行交换，否则，不交换。

（2）快速排序

冒泡排序在互换两个相邻元素时只能消除一个逆序。如果能通过两个（不相邻的）元素的交换，能够消除待排序记录中的多个逆序，则会大大加快排序的速度。快速排序方法就是通过一次交换而消除多个逆序。

快速排序的基本思想是：从待排序记录序列中选取一个记录（通常选取第一个记录），其关键字设为 K_1，然后将其余关键字小于 K_1 的记录移到前面，而将关键字大于 K_1 的记录移到后面，结果将待排序记录序列分成两个子表，最后将关键字为 K_1 的记录插到其分界线的位置处。将上述过程称为一趟快速排序。通过一趟快速排序后，就以关键字为 K_1 的记录为分界线，将待排序序列分成了两个子表，且前面子表中所有记录的关键字均不大于 K_1，而后面子表中的所有记录的关键字均不小于 K_1。对分割后的子表继续按上述原则进行分割，直到所有子表的表长不超过 1 为止，此时待排序记录序列就变成了一个有序表。

3. 选择排序

选择排序的基本思想是：每一趟在 $n-i+1$（$i=1$，2，…$n-1$）个记录中选取关键字最小的记录作为有序序列中第 i 个记录。

（1）简单选择排序

简单选择排序的基本思想：第 i 趟简单选择排序是指通过 $n-i$ 次关键字的比较，从 $n-i+1$ 个记录中选出关键字最小的记录，并和第 i 个记录进行交换。共需进行 $i-1$ 趟比较，直到所有记录排序完成为止。

（2）堆排序

堆排序是对树型选择排序的进一步改进。它是在排序过程中，将向量中存储的数据看成一棵完全二叉树，利用完全二叉树中双亲结点和孩子节点之间的内在关系来选择关键字最小的记录。采用堆排序时，只需要一个记录大小的辅助空间。

堆是一种特殊的树形数据结构，每个节点都有一个值。通常我们所说的堆的是指二叉堆。堆的特点是根节点的值最小（或最大），且根结点的两个子树也是一个堆。堆分为大根堆和小根堆，大根堆就是树的根节点大于叶子节点。

堆排序的步骤：①将待排序记录按照堆的定义建初堆，并输出堆顶元素；②调整剩余的记录序列，利用筛选法将前 $n-i$ 个元素重新筛选建成为一个新堆，再输出堆顶元素；③重复执行步骤②进行筛选，新筛选成的堆会越来越小，而新堆后面的有序关键字会越来越多，最后使待排序记录序列成为一个有序的序列。

习　题　3

一、填空题

1. 分析下列语句，给出执行结果

```
Private Sub Form_Click()
    Const pi As Single = 3.14
    a% = 7
```

```
    If a Mod 4 > pi Then
      Print "努力"
  Else
      Print "学习"
  End If
  End Sub
```

执行结果为_________，其判决条件的值为_________。

2. 有如下程序，若你的工资为 2988 元，则该程序的输出结果为_________。

```
Private Sub Form_Click()
  Dim x As Currency, y As Currency
  x = Val(InputBox("输入你的工资数目", "交税计算窗口", 1000))
  If x <= 1000 Then
    y = 0
  ElseIf x <= 2000 Then
    y = x * 0.1
    Print "你应该缴纳" & y & "元税金"
  ElseIf x <= 3000 Then
    y = x * 0.2
    Print "你应该缴纳" & y & "元税金"
  Else
    y = x * 0.3
    Print "你应该缴纳" & y & "元税金"
  End If
End Sub
```

3. 阅读程序，写出执行结果为_________。

```
Private Sub Form_Click()
  Dim a As Integer, b As Integer
  a = 1: b = 0
  Do
    b = b + a * a
    a = a + 1
  Loop While a <0
  Print a, b
End Sub
```

4. 有如下程序，该程序的执行结果是_________。

```
Private Sub Form_Click()
  Dim i As Integer, sh As String, ch As String
  ch = "abc"
  For i = 1 To Len(ch)
    sh = sh & Mid(ch, i, 1)
    i = i + 1
    Print sh
  Next i
End Sub
```

5. 有如下程序，该程序的执行结果是_________。

```
Private Sub Form_Click()
  Dim i As Integer, p As Integer, n As Integer
  p = 3: n = 20
  For i = 1 To n Step p
    p = p + 2
    n = n - 3
    i = i + 2
    If p >= 10 Then Exit For
  Next i
  Print i, p, n
End Sub
```

6. 执行下面程序，显示结果是________。

```
Private Sub Form_Click()
  Dim str1 As String, str2 As String, I As Integer
  str1 = "ab"
  For I = Len(str1) To 1 Step -1
     str1 = str1 & Chr(Asc(Mid(str1, I, 1)) + I)
  Next I
  Print str1
End Sub
```

7. 下面程序段的功能是从键盘输入若干个学生的考试成绩，统计并输出最高分和最低分，当输入负数时结束输入，输出结果。请将程序段补充完整。

```
Dimx, amax, aminAsSingle
x=InputBox ("Enterascore")
amax=x
amin=x
Do While __________
  Ifx>amax Then
    amax=x
  EndIf
  If__________ Then
    amin=x
  EndIf
  x=InputBox ("enterascore")
Loop
Print "max=";amax, "min=";amin
```

8. 下面程序的输出结果为________。

```
num=2
While num<=3
   num=num 1
   Print num
Wend
```

9. 下面程序的作用是用 InputBox 函数输入一个整数，然后判断能否同时被 2，5 和 7 整除，如果能则输出该数及平方值。请将程序段补充完整。

```
Private Sub Command1_Click()
  Dim numX As Integer
  numX=Val(InputBox("请输入一个整数"))
  If __________Then
    Form1.Print __________
  End If
End Sub
```

10．下面程序是计算 S_n 的值。S_n=a+aa+aaa+⋯+aaa⋯a，其中最后一项为 *n* 个。例如，若 a=5，n=4，则 S_n=5+55+555+5555。请在空白处填入适当的内容，将程序补充完整。

```
Private Sub Command1_Click()
    Dim a As Integer, n As Integer, Cout As Integer
    Dim Sn As Long, Tn As Long
    Cout=1
    Sn=0
    Tn=0
    a=InputBox("请输入 a 的值：")
    __________
    Do
      Tn=Tn * 10 + a
      Sn=Sn + Tn
      Cout=Cout + 1
    ____________
    Debug.Print a, n, Sn
End Sub
```

二、选择题

1．若要退出 For 循环，可使用的语句为（　　）。

A．Exit　　B．Exit Do　　C．Time　　D．Exit For

2．假定有以下程序段，则语句 Print i*j 的执行次数是（　　）。

```
For i=1 to 3
   For j=5 to 1 Step -1
      Print i*j
Next j,i
```

A．15　　B．16　　C．17　　D．18

3．针对语句 If I=1 then J=1，下列说法正确的是（　　）。

A．I=1 和 J=1 均为赋值语句　　B．均为关系表达式

C．I=1 为关系表达式，J=1 为赋值语句　　D．I=1 为赋值语句，J=1 为关系表达式

4．执行以下语句后，a 的值是（　　）。

```
Dim a As Integer
a = 1
Do Until a = 100
  a = a + 2
Loop
```

A．99　　B．100　　C．溢出　　D．101

5．在过程中有语句 For I=N1 to N2 step N3，在该循环体内有下列 4 条语句，其中（　　）会影响循环执行次数。

①N1=N1+1　②N2=N2+N3　③I=I+N3　④N3=2*N3

A．①②　　　B．①②③　　　C．③　　　D．①②③④

6．下列程序运行后的结果是（　　）。

```
Private sub command_click()
  For i=1 to 4
     X=4
       For j=1 to 3
          X=3
            For k=1 to 2
                X=x+6
           Next k,j,i
    Print x
End sub
```

A．7　　　B．15　　　C．157　　　D．538

7．For…Next 循环体执行 1 次是（　　）。

A．初值大于终值，且步长大于 0　　　B．初值小于终值，且步长小于 0

C．初值等于终值，且步长大于 0　　　D．初值小于终值，且步长小于终值与初值之差

8．列程序段的执行结果为（　　）。

```
a=75
If a>60 ThenI=1
If a>70 ThenI=2
If a>80 ThenI=3
If a<90 ThenI=4
Print "I=";I
```

A．I=1　　　B．I=2　　　C．I=3　　　D．I=4

9．有如下过程，程序运行后，依次输入数值 30，20，10，-1，输出结果为（　　）。

```
Private Sub Command1_Click()
  b=10
  DoUntilb=-1
    a=InputBox("请输入 a 的值")
    a=Val (A)
    b=InputBox("请输入 b 的值")
    b=Val(b)
    a=ab
  Loop
  Print a
End Sub
```

A．6000　　　B．-10　　　C．200　　　D．-6000

10．执行下面的程序段后，x 的值为（　　）。

```
x=5
For I=1 To 20 Step 2
  x=x+I\5
Next I
```

A．21　　B．22　　C．23　　D．24

11．下列程序段的执行结果为（　　）。

```
J1=63
J2=36
If J1 < J2 Then Print J2 Else Print J1
```

A．63　　B．36　　C．55　　D．2332

12．下列程序段的执行结果为（　　）。

```
a=95
If a > 60 Then degree=1
If a > 70 Then degree=2
If a > 80 Then degree=3
If a > 90 Then degree=4
Print "degree="; degree
```

A．degree＝ 1　　B．degree＝ 2　　C．degree＝ 3　　D．degree＝ 4

13．下列程序段的执行结果为（　　）。

```
I=4
x=5
Do
  I=I + 1
  x=x^ 2
Loop Until I>=7
Print "I="; I
Print "x="; x
```

A．I＝4 x＝258694　　B．I＝7 x＝256987　　C．I＝6 x＝365840　　D．I＝7

14．下列程序段的执行结果为（　　）。

```
a=5
For k=1 To 0
   a=a * k
Next k
Print k; a
```

A．–1 6　　B．–1 16　　C．1 5　　D．11 21

15．下列程序段的执行结果为（　　）。

```
X=5:Y=-20
IfNotX>-0Then
   X=Y-3
Else
   Y=X+3
End If
PrintX-Y;Y-X
```

A．–3 3　　B．5 –8　　C．3 –3　　D．25 –25

16．当 x 为偶数时，在窗体上显示“偶数”，否则显示“奇数”，不能实现该功能的代码段是（　　）。

A．If x\2=x/2 Then Print "偶数" Else Print "奇数"

B．If x Mod 2=0 Then Print "偶数" Else Print "奇数"

C．If Not x Mod2<>0 Then Print "偶数" Else Print "奇数"

D. If x\2=Int(x/2) Then Print "偶数" Else Print" 奇数"

17. 执行下列程序，从键盘输入 10，运行结果是（　　）。

```
Private Sub Command1_Click()
   S=InputBox("请输入一个数字：")
   Select  Case S
       Case Is>0
         Print ">0"
       Case Is>3
         Print ">3"
       Case Is>5
         Print ">5"
    End Select
 End Sub
```

A. >0　　　　B. >3　　　　C. >5　　　　D. >0

18. 在窗体上画一个命令按钮和一个文本框，名称分别为 Command1 和 Text1，然后编写如下程序，若输入 15，显示结果为（　　）。

```
Private Sub Command1_Click()
t = "假期的旅游路线："
   a = InputBox("请输入日期(1~31)")
   Select Case a
      Case Is <= 0, Is >= 31
         t = t + "有误"
      Case Is <= 10, 20
         t = t + "北京"
      Case Is <= 31
         t = t + "西安"
    End Select
Print t
End Sub
```

A. 假期的旅游路线：北京西安　　　　B. 假期的旅游路线：西安北京

C. 假期的旅游路线：北京　　　　D. 假期的旅游路线：西安

三、程序设计

1. 输入三角形的三条边 a，b，c 的值，判断能否构成三角形。若能，显示三角形的性质：等边三角形、等腰三角形、直角三角形、任意三角形。

2. 输入年份，判断它是否为闰年，并显示有关信息。判断闰年的条件是：年份能被 4 整除但不能被 100 整除，或者能被 400 整除。

3. 有一个长阶梯，如果每步跨 2 阶最后剩 1 阶，如果每步跨 3 阶最后剩 2 阶，如果每步跨 4 阶最后剩 3 阶，如果每步跨 5 阶最后剩 4 阶，如果每步跨 6 阶最后剩 5 阶，只有当每步跨 7 阶时恰好走完，编程求解这个阶梯有多少阶?

4. 求一个不超过 5 位的十进制整数各位数值的和（例如：输入 2634，输出 15）。

5. 编程求 1*2*3*4*…*n。

6. 编程求 1–2+3–4+…+(–1)*n*–1*n。

7. 编程求 1–1/2+1/3+1/4+…+(–1)*n*–1/*n*。

8．编写程序，求出 100 之内的所有勾股数（勾股数满足关系：$a*a+b*b=c*c$，a、b、c 为自然数，且 $a \neq b$）。

9．编写程序，把输入的字符串逆序输出。

10．编写程序随机生成 100 个两位正整数，并将其按奇偶分开输出。

11．编写程序随机生成 100 个三位正整数，并统计其中大于 500、小于等于 500 和大于等于 900 的数字的个数

12．编程实现在文本框 Text1 中输入成绩后，根据输入的成绩，使用 Select 分支语句，在标签 labell 中显示对应的等级。分数与等级的对应关系是：成绩<60，等级为：不及格；60≤成绩≤69，等级为：及格；70≤成绩≤79，等级为：中等；80≤成绩≤89，等级为：良好；90≤成绩≤100，等级为：优秀；成绩>100，等级为：出错。

13．编写程序打印九九乘法表。

14．飞机票的标准价格是 1000 元 / 张，1 月或 3～6 月，每张票打 6 折；9～11 月每张票打 7 折；7 月和 8 月每张票打 8 折；其他月份每张打 9 折。要求编写程序，输入月份和张数，计算应付金额。

第 4 章　数　　组

在程序设计中，为了处理方便，可以把变量按空间连续的形式组织起来，这些具有连续存储空间的数据元素的集合称为数组。一个数组可以分解为多个数组元素。数组可以是一维的，也可以是多维的。数学中的向量和矩阵、数据处理中的表格等，都可以用数组进行存储和处理。

4.1　数组的引入

定义普通变量，一次只能存储一个数据，如果要存储大量的数据，就需要定义很多变量。例如，一个班级有 30 名学生，要存储 30 个学生的学号，则需要 30 个变量才可以。在 VB 中，可通过数组来存储 30 个学生的学号。

【例 4.1】 求 10 个整数的平均值。

程序代码如下：

```
Private Sub Command1_Click()
  s = 0
  For I = 1 To 10
      k = InputBox("请输入第" & I & "整数：")
      s = s + k
  Next I
  s = s / 10
  Print s
End Sub
```

但是，若要统计高于平均值的数字个数，则用上述程序段无法实现。因为在输入过程中，后输入的值覆盖了原来的值，对于此问题，可用数组解决，改进后的程序段如下：

```
Private Sub Command1_Click()
  Dim S(1 To 10) As Integer
  Dim P!, N%, i%
  P = 0
  For i=1 To 10
      S(i)= InputBox("请输入第"  & i & "个整数：")
      P = P + S(i)
  Next I
  P = P / 10
  N = 0
  For i=1 To 10
    If S(i) > P Then N = N + 1
  Next i
  Print "平均值="; P, "高于平均值的数字个数="; N
End Sub
```

一般情况下，数组的元素类型必须相同，可以是前面讲过的各种基本数据类型。但当数组类型被指定为变体型时，数组元素的类型可以不同。数组和变量一样，也有作用域，按作用域的不同可以把数组分为过程级数组（或称为局部数组）、模块级数组以及全局数组。

每个数组元素都有一个编号，叫做下标，数组下标表示了元素在数组中的排列位置，下标不能超过数组声明时的上、下界范围。下标可以是整型的常数、变量、表达式。省略下界时，系统默认取 0。

4.2　定长数组

定长数组的长度在定义时就已经确定，在程序运行过程中固定不变。定长数组根据维数不同可分为一维数组和多维数组。

4.2.1　一维数组

很多数组是一维的，如处在各个年龄的人数、全班各同学同一门课程的成绩等。

1. 一维数组的声明

数组应先声明再使用。声明数组就是让系统在内存中为数组分配一个连续的区域，用来存储数组元素。声明时应包含数组名、类型名、维数、数组大小等内容。

一维数组的声明格式为：

Dim　数组名（[下界 TO]上界）　[As 类型名]

注意：

① 数组名的命名与简单变量相同，可以是任意合法的标识符。

② 所谓下界和上界，就是数组下标的最小值和最大值，默认下界为 0。

③ 如果定义数组时不指定其类型，默认是变体型的。

④ 下标个数决定数组的维数，最多 60 维。每一维的大小=上界–下界+1。

⑤ 在定义定长数组时，其上界和下界必须是常数或常量表达式，下标下界最小为–32768，上界最大为 32767。

例如，有数组定义如下：

```
Dim Num(0 to 6) As Integer
```

该数组在内存中的形式如图 4.1 所示。

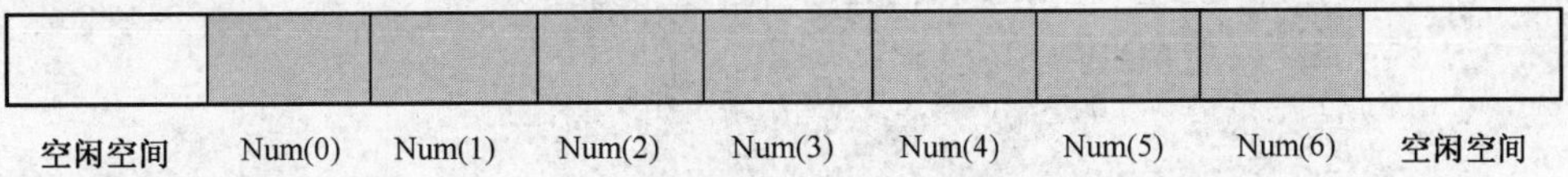

图 4.1　数组的内存分配示意图

例中定义了一维数组 Num，包含 7 个元素，分别是：Num(0)、Num(1)、Num(2)、Num(3)、Num(4)、Num(5)、Num(6)，7 个元素的数据类型均为 Integer。

再例如，有如下数组定义：

① Dim　a(1 to 10)　As Integer

② Dim b(5 to 9) As String

③ Dim c(9) As Integer

④ Dim d(6)

其中：

① 中定义了一个具有 10 个元素的整型数组，其下标从 1～10。

② 中定义了一个具有 5 个元素的字符型数组，其下标从 5～9。

③ 中默认了下界，它定义了一个具有 10 个元素的整型数组，其下标从 0～9。

④ 中默认了下界和类型，定义的是具有 7 个元素的变体型数组，其下标从 0～6。

在使用数组时，有些新学者经常会犯一个错误，他们为了使程序更有通用性，用变量来声明数组的上界。例如，有如下程序段：

```
n=InputBox("输入数组的上界")
Dim a(1 To n)As Integer
```

他们希望得到一个大小能够满足实际需求的数组，但程序在运行时，将在 Dim 语句处显示“要求常数表达式”的出错信息。即 Dim 语句中声明的数组上、下界必须是常数，不能是变量。

解决该问题有两种方法，一是将数组声明得足够大，这样会浪费一些存储空间；二是利用变长数组。

2. 给数组元素赋值

给数组元素赋值的基本方法是利用循环结构，例如：

```
Dim  i As Integer, A(1 To 10) As Integer
    For i=1 To 10
      A(i)=i
    Next i
```

注意，VB6.0 提供了可对数组整体赋值的功能，方便了数组对数组的赋值操作。数组赋值形式如下：

数组 2 = 数组 1

这里的数组 2，只能声明为 Varian 型，赋值后的数组 2 的大小、维数、类型同数组 1。

【例 4.2】 阅读下面程序，理解运行结果。

```
Private Sub Command1_Click()
   Dim i As Integer, A(1 To 10) As Integer
   Dim s As Variant
   For i = 1 To 10
     A(i) = i
   Next i
   s = A
   For i = 1 To 10
       Print s(i)
   Next i
End Sub
```

运行结果为：1 2 3 4 5 6 7 8 9 10

若将数组 2 声明成变长或静态的数组，则程序在运行到上述赋值语句时，显示“不能给数组赋值”的出错信息。所以，为了程序的安全、可靠，还是使用传统的循环结构来给数组赋值。

3. 数组的输入

（1）通过 InputBox 函数输入，适合输入少量数据

```
Dim  B (4) As  Single
 For i=0 To 4
     B(i) =InputBox("输入第" & i & "个值")
 Next i
```

（2）通过文本框控件输入

对大批量的数据输入，采用文本框和 split()、join()函数进行处理，效率更高。

4. 数组的输出

数组的输出可以通过 Print 方法进行，下面程序段即是通过 Print 方法用 For...Next 循环输出的示例。

```
Dim  B (4) As Single
For i=0 To 4
   B(i) =InputBox("输入第" & i & "个值")
Next i
For i=0 To 4
   Print B(i)
Next i
```

4.2.2　多维数组

数组可以是一维的，也可以是多维的。当需要表示平面中的一个点坐标，就需要用到二维数组；表示空间中的一个点，就需要用到三维数组。

1. 多维数组的声明

多维数组的声明格式为：

Dim 数组名([下界 TO]上界[，[下界 TO]　上界　　[，…]])　[AS 类型名]

多维数组的定义格式与一维数组基本上一致，只是多加几个上界和下界。

例如，有如下数组定义：

① Dim a (1 TO 3,1 TO 4)　　As Integer

② Dim b (5, 9)　As Double

③ Dim b (4, 3)

这三行语句分别定义了一个二维数组，①中指定了下界及类型；②中只指定了类型，使用默认下界；③中的下界和类型都没有指定，其类型是变体型的。

又如：Dim c (4, 4) As　Long

其中，c 是数组名，它是一个长整型、二维数组，第一维下标范围为 0～4，第二维下标的范围是 0～4，数组大小是 5×5。该数组中各元素的排列如图 4.2 所示。

c(0,0)	c(0,1)	c(0,2)	c(0,3)	c(0,4)
c(1,0)	c(1,1)	c(1,2)	c(1,3)	c(1,4)
c(2,0)	c(2,1)	c(2,2)	c(2,3)	c(2,4)
c(3,0)	c(3,1)	c(3,2)	c(3,3)	c(3,4)
c(4,0)	c(4,1)	c(4,2)	c(4,3)	c(4,4)

图 4.2 二维数组示意图

再如：Dim d（4,4,4） As Integer

其中，d 是数组名，它是一个整型、三维数组，第一维下标范围为 0～4，第二维下标的范围是 0～4，第二维下标的范围是 0～4，数组大小是 5×5×5。该数组中各元素的排列如图 4.3 所示。

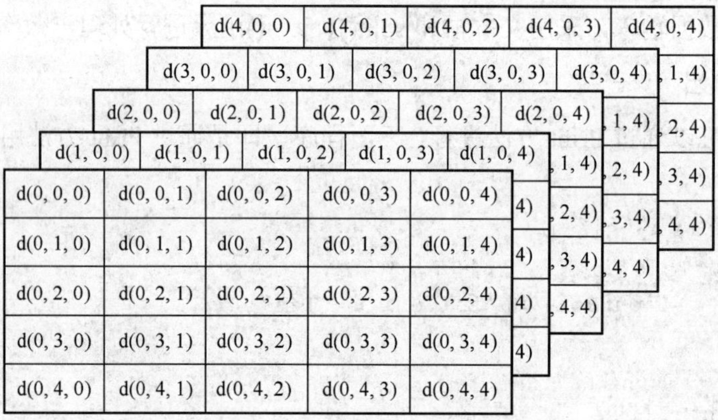

图 4.3 三维数组示意图

注意：

① 在有些语言中，下界从 1 开始，为了便于使用，可在 VB 的窗体层或标准模块层用语句 Option Base n 来重新设定数组的默认下界，例如，Option Base 1 即可设置默认下界为“1”。

② 在数组声明时下标只能是常量，而引用数组元素时，其下标可以是变量或表达式。

2. 元素的引用

对数组元素的引用，采用数组名加下标的形式。例如：

```
Dim a(5) as Integer
Dim b(3,4) as Integer
a(1)=3
a(2)=5
a(3)=a(1)+a(2)
b(2,1)=a(2)
msgbox a(3)
msgbox b(2,1)
```

在此例中，先对数组 a 的前三个元素赋值，再给数组 b 的一个元素赋值，最后显示两个数组元素的值。使用数组元素时，其下标不要超出下界至上界的范围。

3. 二维数组的初始化

对于二维数组的初始化通常用两重循环来完成，例如：

```
Dim i As Integer, j As Integer, strName (49, 1) As String
For i = 0 To 49
   For j = 0 To 1
      strName (i, j) = ""
   Next j
Next i
```

【例 4.3】 由用户输入 10 个任意整数，编程求出这 10 个数中的最大值及其所在数组中的位置。

分析：在计算机中求极值的基本方法是顺序比较法，即先假定第一个元素为极值，然后从第二个元素开始从前向后逐个比较。在比较过程中用变量 iMax 存放最大值的下标。

程序代码如下：

```
Private Sub Form_Click()
    Dim iMax As Integer
    Dim UserData(1 To 10) As Integer, i As Integer
    For i = 1 To 10
        UserData(i) = Val(InputBox("请输入一个整数："))
    Next i
    iMax = 1
    For i = 2 To 10
        If  UserData(i) >UserData(iMax) Then   iMax = i
    Next i
    Print "最大值是：" & UserData(iMax); "其下标为：" & iMax
End Sub
```

4.3 变长数组

很多情况下，数组的长度事先无法确定，而且有时可能需要在程序运行过程中改变数组的长度以适应新情况，因此需要使用变长数组。变长数组是在定义数组只指定数组名及其类型。

4.3.1 创建变长数组

1. 建立变长数组

建立变长数组的方法是：利用 Dim、Private、Public 语句声明括号内为空的数组，等知道数组长度或需要改变数组长度时再用 ReDim 指定长度。例如：

```
Dim X AS Integer
Dim a() As String
……
X=10
ReDim a(X)
……
X=X+3
ReDim a(X)
```

这段代码首先定义了一个整型变量和一个字符型的变长数组，之后经过一系列运算后使

变量 *X* 得到一个定值，再使用 ReDim 指定数组的长度，最后，根据需要又一次改变了数组的长度。

注意：

① ReDim 语句中的下标可以是常量，也可以是确定了值的变量。

② 可以一次或多次改变变长数组的长度，也可改变数组的维数。但当重新指定数组长度时，数组内原有的数据会被清除。如果既想改变数组的长度，又想保留数组原有的数据，则在使用 ReDim 时需要加上 Preserve 关键字。例如，ReDim Preserve a(x)。

但是，如果缩小数组长度，那么数组中超出新的下界到上界之间的元素将清除，即使使用了“Preserve”关键字，也不会保留这些元素，如果仍然访问这些元素将会引起“下标越界”的错误。

③ 当不需要某个变长数组时，可以使用 Erase 删除该数组，以释放该数组占用的内存空间。例如，Erase a( )。

2. Array 函数

给数组中的各元素赋值可用循环来实现。也可利用 Array 函数赋值。Array 函数的作用是将一个数据集读入某个数组中，其使用格式如下：

数组名=Array(数组元素值列表)

说明：

① 数组必须已经声明，且只能是变体型的变长数组；

② 元素值列表与相应数组元素一一对应，各元素值之间用逗号分隔；

【例 4.4】 阅读下面程序，理解运行结果。

```
Private Sub Command1_Click()
    Dim  varA(), i As Integer
    varA = Array(2, 3, 4, 5)
    For i = 0 To 3
        Print  varA(i);
    Next I
End Sub
```

程序运行结果为：2　3　4　5

Aarry 函数可方便地对变长数组整体赋值，在程序中经常需要使用 LBound()函数和 UBound 函数来获得变长数组的上界、下界，以保证访问的数组元素在合法的范围内。

在上例中，若要打印数组 varA 的各个值，一般，通过下面程序段实现：

```
For i=Lbound(varA) To Ubound(varA)
        Print varA (i)
Next i
```

3. Split 函数和 Join 函数

Split 函数返回一个下标从零开始的一维数组，它包含指定数目的子字符串。其语法格式为：

```
Split(expression[, delimiter[, count[, compare]]])
```

expression 包含子字符串和分隔符的字符串表达式。下面的代码将字符串作为 Split()函数的参数，产生一个字符串数组。

【例 4.5】 阅读下面程序，理解运行结果。

```
Private Sub Command1_Click()
  Dim strTest As String
  Dim vntSplit() As String
  strTest = "1232-2-3-4-5"
  vntSplit = Split(strTest, "-")
  MsgBox vntSplit(0)
End Sub
```

运行结果为：1232。

Join 函数返回一个字符串，该字符串是通过连接某个数组中的多个子字符串而形成的。Join 函数主要用于把数组内容转化为字符串，用 join 函数必须先定义 Variant 型数组，Join 函数的参数为一个数组和分隔符（分隔符可选），它把数组的所有元素导入到字符串，元素间用分隔符分隔，并返回该字符串。

【例 4.6】 阅读下面程序，理解运行结果。

```
Private Sub Command1_Click()
    Dim vntTest(0 To 4) As Variant
    vntTest(0) = 1232
    vntTest(1) = 2
    vntTest(2) = 3
    vntTest(3) = 4
    vntTest(4) = 5
    MsgBox (Join(vntTest, "-"))
End Sub
```

运行结果为： 1232-2-3-4-5。

4.3.2　变长数组的应用

【例 4.7】 编写程序，在窗体上输出杨辉三角，形式如图 4.4 所示。

分析：杨辉三角是一个二维图形，其特点是两个腰上的数都为 1，其他位置上的数是它的上一行相邻两个数之和。由于它的每一行都是在上一行的基础上计算出来的，可以用一维数组进行迭代。每一次迭代数组都将增加一个元素，所以程序使用变长数组。又因为每一次迭代都覆盖掉原来的值，故需在生成下一行之前把原来的值打印出来。

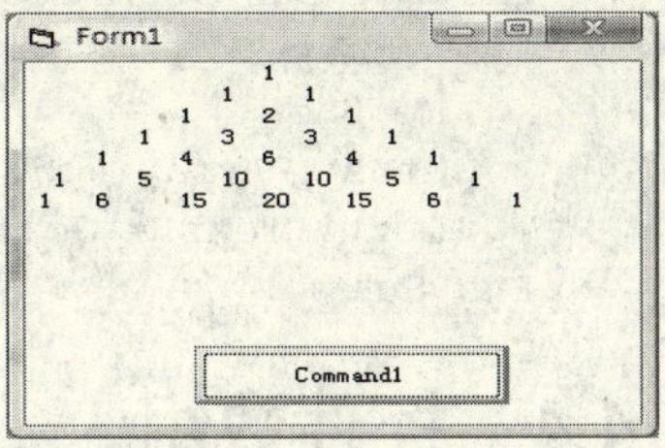

图 4.4　7 行杨辉三角

程序代码如下：

```
Option Explicit
Private Sub Command1_Click()
    Const MAX = 15, POS = 30
    Dim Yh()                                  '变长数组说明
    Dim i As Integer, j As Integer, n As Integer
    Do
        n = InputBox("Input n:")
    Loop Until n >= 1 And n <= MAX            ' 保证输入合法性
    ReDim Yh(n)                               ' 数组重定义
```

```
        Yh(1) = 1                            ' 生成第一行，也是每一行的第一列
        Print Tab(POS - 3); Yh(1)            ' 打印第一行
        For i = 2 To n
            Yh(i) = 1                        ' 生成每一行的最后一个元素
            For j = i - 1 To 2 Step -1       ' 迭代生成当前行元素
                Yh(j) = Yh(j - 1) + Yh(j)
            Next j
            For j = 1 To i                   ' 输出第 i 行
                Print Tab(POS - 3 * i + 6 * (j - 1)); Yh(j);
            Next j
        Next i
    End Sub
```

【例 4.8】 编写程序完成功能：输入一个数值，输出其位置。

分析：本例是查询问题的简单抽象，查询的基本方法是顺序比较法，顺序比较法的特点是，从查找表的第一个元素开始，依次将查找表中的元素与被查找的元素相比较，若相等则表示查找成功；若查找表中所有的元素与被查找元素进行了比较但都不相等，则表示查找失败。本例，采用顺序比较法进行查找，查找表存储在文本框中。

程序代码如下：

```
    Private Sub Command1_Click()
       Dim I As Integer, StrB() As String
        StrB = Split(Text1.Text, ",")
        num = Val(InputBox("请输入数值", "查询"))
        For I = 0 To 13
           If StrB(I) = num Then Exit For
        Next I
        If I >= 0 And I <= 13 Then
           MsgBox (StrB(I) & "在表中的存放位置是" & I + 1)
        Else
           MsgBox ("查无此数")
        End If
    End Sub
    Private Sub Form_Load()
    Dim strA()
        Me.Show
        strA = Array(4.56, 23, 45, 78, 98, 43, 23 , 5.12, 21, 5, 55, 1, 3, 6)
        Text1.Text = Join(strA(), ",")
    End Sub
```

4.4 控件数组

控件数组由一组相同类型的控件组成，这些控件共用一个相同的控件名，具有同样的属性设置、具有同一事件的响应。控件数组中的每个控件都有唯一的索引值，即下标，其所有元素的 Name 属性相同。例如，可以将一批功能类似的文本框定义成一个控件数组，也可以将一批功能类似的命令按钮定义成一个控件数组。

4.4.1 控件数组的引入

当界面上需要若干个控件执行大致相同的操作时，控件数组很有用，控件数组中的控件共享相同事件过程。例如，假定一个控件数组含有 3 个命令按钮，那么不管单击哪一个按钮，

都会调用同一个 Click 事件过程。控件数组一方面使得程序简洁、代码易于维护，另一方面能使程序具有灵活性。合理地利用控件数组可使编程效率更高。

控件数组中每一个元素都有唯一与之相关联的下标，或称索引（Index）。下标值由 Index 属性指定。由于一个控件数组中各个元素共享 Name 属性，所以 Index 属性与控件数组的某个元素有关。也就是说，控件数组的名字由 Name 属性指定，而数组的每个元素由 Index 属性指定。与普通数组一样，控件数组的下标也放在圆括号中，如 Option(0)。为了在事件过程中区分控件数组中的各个元素，VB 会把表示元素的下标值（Index 属性）传送给事件过程。为此，VB 会在事件过程中加入了一个下标参数 Index。

4.4.2　控件数组的建立和应用

控件数组的建立与一般数组的声明不同，通常有以下两种方法。

方法一：将相同的名称赋予多个控件。例如，创建一个命令按钮控件，该控件的名称（Name 属性）为 Command1，再次在同一窗体创建命令按钮控件时，系统自动给出控件的 Name 属性为 Command2，此时在窗口中将 Command2 改成 Command1，VB 会显示一个对话框，要求确认是否要创建控件数组，选择“是”，则将控件添加到控件数组中。系统自动设置第一个命令按钮的 Index 属性为 0，第二个命令按钮的 Index 属性为 1，产生一个包含两个命令按钮的控件数组。Command1 就是控件数组的名称，用户可以根据实际情况，将 Command1 改成具有意义的名称。

方法二：用复制的方法创建。例如，首先创建一个命令按钮，再通过复制和粘贴的方法产生第二个命令按钮。这时，VB 会显示一个对话框，要求确认是否要创建控件数组，选择“是”，则将控件添加到控件数组中。控件数组建立以后，只要改变其中某个控件的 Name 属性值，就能把该控件从控件数组中删除。

【例4.9】 建立含有 3 个命令按钮的控件数组，当单击某个命令按钮时，分别执行不同的操作，运行结果如图 4.5 所示。

建立步骤如下：

① 在窗体上建立一个命令按钮，把其 Name 属性设为 cmdTest，然后用编辑菜单中的“复制”命令和“粘贴”命令复制两个命令按钮。

② 把 3 个命令按钮的 Caption 属性分别设为“第一选项”，“第二选项”和“退出”。

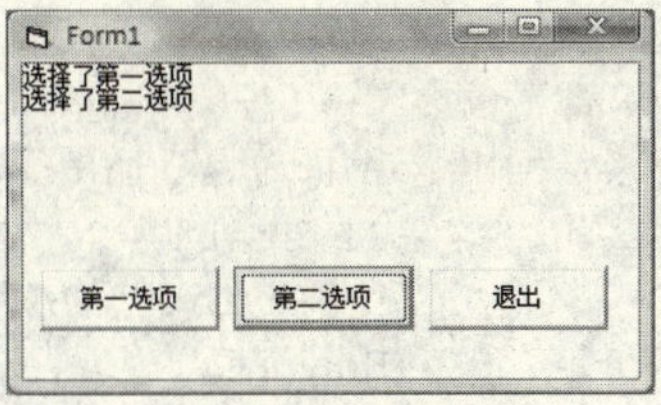

图 4.5　控件数组的使用

③ 双击任一个命令按钮，在代码窗口输入如下事件过程：

```
Private Sub cmdTest_Click(Index As Integer)
    Select Case Index
        Case 0
            Print "选择了第一选项"
        Case 1
            Print "选择了第二选项"
        Case Else
            End
    End Select
End Sub
```

对于控件数组，需要在程序中以 Select 语句判断控件数组的 Index 属性值决定，从而单击某个命令按钮时所执行的操作。

4.5 静态数组与非静态数组

用 Static 语句声明的数组称为静态数组，而用 Dim 语句声明的数组称为非静态数组。

Static 语句声明的变量与 Dim 语句声明的变量的主要区别是：前者只能在 Sub 或 Function 过程中使用，在退出 Sub 或 Function 过程后变量的值还会保留；后者使用在 Sub 或 Function 过程中时，退出 Sub 或 Function 过程后变量的值不保留。模块的代码开始运行后，使用 Static 语句声明的变量会一直保持其值，直至该模块复位或重新启动。

注意，Static 语句与 Static 关键字很相似，但含义不同。

如果使用 Static 关键字（如 Static Sub NumCount( )）来声明一个过程，则该过程中的所有局部变量的存储空间只分配一次，且这些变量的值在整个程序运行期间都存在。对非静态过程而言，该过程每次被调用时都要为其变量分配存储空间，当该过程结束时都要释放其变量的存储空间。

Static 语句则用来在非静态的过程中声明特定的变量，以使其在程序运行期间能保持其值，如果在过程中使用 Static 语句，应和其他的声明语句（如 Dim）一样将其放在过程的开始，系统会对静态变量自动初始化，在初始化变量时，数值变量被初始化为 0，变长的字符串被初始化为一个零长度的字符串 („")，而定长的字符串则用 0 填充。Variant 变量被初始化为 Empty。用户自定义类型变量的每个元素作为各自独立变量进行初始化。

【例 4.10】 阅读下面程序，理解静态数组与非静态数组的区别。

程序代码如下：

```
Option Explicit
Private Sub Command1_Click()
   Static test1(1 To 5) As Integer            '说明静态数组
   Dim test2(1 To 5) As Integer               '说明非静态数组
   Static start As Integer                    '说明静态变量
   Dim i As Integer
   If start = 0 Then                          '仅显示一次标题
      Print "静态数组："; Tab(30); "非静态数组："
   End If
   start = start + 1
   For i = 1 To 5                             '对数组赋值
      test1(i) = test1(i) + i
      test2(i) = test2(i) + i
   Next i
   For i = 1 To 5                             '显示静态数组
      Print Tab((i - 1) * 4); test1(i);
   Next i
   Print ,
   For i = 1 To 5                             '显示非静态数组
      Print test2(i);
   Next i
   Print
End Sub
```

图 4.6 是单击命令按钮 8 次，执行 8 次事件过程后看到的结果，静态数组 test1 由于“记住”了上一次的结果，所以起到累加作用；而非静态数组 test2 每一次都重新初始化，所以执行结果都一样。

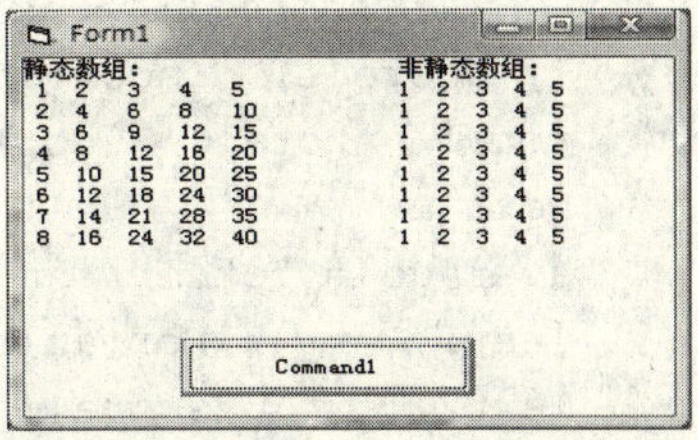

图 4.6　静态数组与非静态数组比较

4.6　数组应用举例

【例 4.11】 定义一个下标上界为 10 的整型数组，并为其赋随机值（值区间为[0，100]），计算数组中所有不大于 60 的数的和。

分析：这是一个简单的求累加和的问题，而要产生 0~100 的随机数，需要用到随机函数 Rnd，即：Int(Rnd() * 101)。

程序代码如下：

```
Private Sub Command1_Click()
  Dim a(10) As Integer, i As Integer, s As Integer
  For i = LBound(a) To UBound(a)
     a(i) = Int(Rnd() * 101)
     Print a(i);
     If a(i) <= 60 Then s = s + a(i)
   Next i
   Print "数组中所有不大于 60 的数据的和是："; s
End Sub
```

【例4.12】 输入 *n* 个同学的成绩，求这批成绩的平均分数、最高分数、最低分数。*n* 可以任意指定。程序界面如图 4.7 所示。

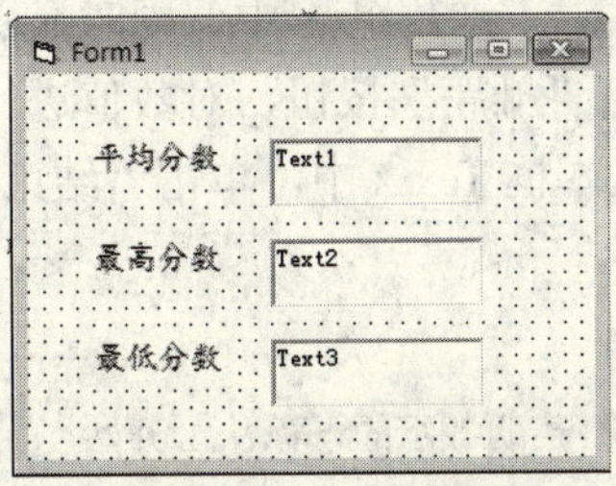

图 4.7　系统界面

分析：求最高分和最低分实际上是求该数组中元素的最大值和最小值；在程序段中设变量 max 和 min 分别用于存放最大值和最小值的下标，初值均为 1；变量 average 存放平均分，计算平均分的方法是：将所有元素之和除以数组元素的个数 *n*。

程序代码如下：

```
Option Base 1                                   '声明数组的下标从 1 开始
Dim score() As Integer                          '定义一个动态数组
Dim n As Integer, max As Integer, min As Integer, average As Single,i As Integer
Private Sub Form_Load()
  n = Val(InputBox("请输入总人数", " ", " "))  '为 n 赋值
  ReDim score(n)                                '分配实际元素个数 n
  For i = 1 To n
     score(i)=Val(InputBox("请输入第"& Str(i)& "个学生的成绩","成绩统计"," "))
  Next i
  total = 0                                     '为总分赋初值
  max = 1                                       '为最高分下标赋初值
  min = 1                                       '为最低分下标赋初值
  For i = 1 To n
```

```
    If score(i) > score(max) Then max = i
  If score(i) < score(min) Then min = i
  total = total + score(i)
  Next i
  average = total / n                         '求平均分
  Text1.Text = Format(average, "0.00")        '保留二位小数的格式显示
  Text2.Text = score(max)                     '显示最高分
  Text3.Text = score(min)                     '显示最低分
  End Sub
```

【例 4.13】 输入 *n* 个数，将其显示到于文本框 Text1 中，然后按数值从小到大的次序排序，并将结果显示于文本框 Text2 中。

分析：这是一类排序问题，所谓排序，简单讲是指将一个无序序列变为有序序列的过程。排序的方法有很多种，如比较交换法、冒泡法、选择法、插入法、希尔法、归并法等。

本例采用选择排序法进行排序，其基本过程如下：

① 将第 1 个数 $x(1)$与 $x(2)$、$x(3)$、…、$x(n)$中的每个数依次比较，找出第 1 个数到第 *n* 个数中的最小值，记下其位置 *p*，交换 $x(1)$与 $x(p)$的值。这时，$x(1)$为 $x(1)$到 $x(n)$中的最小值。

② 将第 2 个数 $x(2)$与 $x(3)$、$x(4)$、…、$x(n)$中的每个数依次比较，找出第 2 个数到第 *n* 个数中的最小值，记下其位置 *p*，交换 $x(2)$与 $x(p)$的值。这时，$x(2)$为 $x(2)$到 $x(n)$中的最小值。

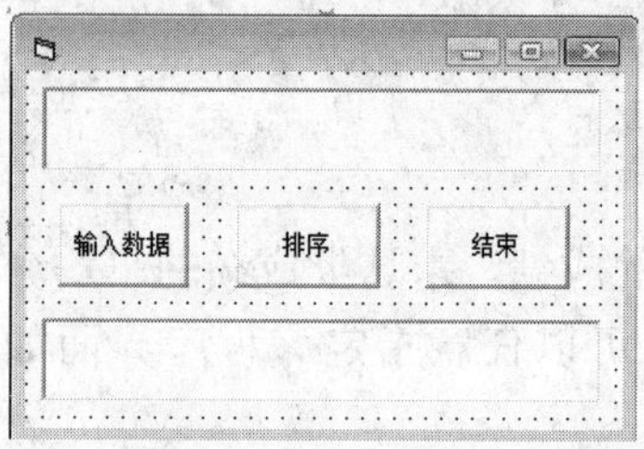

图 4.8　排序界面

③ 重复以上方法 *n*–1 次，排序成功。

程序界面如图 4.8 所示。

单击“输入数据”按钮，打开输入对话框，依次输入数值个数和每个数，输入的数据存于一维数组 *x* 中，同时显示在上面的文本框 Text1 中；单击“排序”按钮，对数值进行排序，排序结果显示在下面的文本框 Text2 中。单击“结束”按钮，结束运行。

程序代码如下：

```
Option Base 1                                   '声明数组的下标从 1 开始
Dim n As Integer, x() As Integer
Private Sub Command1_Click()                    '输入按钮
  n = Val(InputBox("请输入总个数", "", ""))
  ReDim x(n)
  Text1.Text = ""
  For i = 1 To n
    x(i) = Val(InputBox("请输入第" & Str(i) & "个数", "数字排序", ""))
    Text1.Text = Text1.Text & Str(x(i))         '每输入一个数显示一个数
  Next i
End Sub
Private Sub Command2_Click()                    '排序按钮
  For i = 1 To n - 1                            '排序共进行 n-1 轮
  p = i
   For j = i + 1 To n                           '求得本轮比较中最小数
     If x(j) < x(p) Then
        p = j
```

```
        End If
    Next j
    If p <> i Then
        t = x(i): x(i) = x(p):x(p) = t
      End If
    Next i
    Text2.Text = ""
    For i = 1 To n
      Text2.Text = Text2.Text & Str(x(i))           '输出排序后数组
    Next i
  End Sub
  Private Sub Command3_Click()                      '结束按钮
    End
  End Sub
```

【例 4.14】 设计一个简易的计算器程序，其中四则运算符是控件数组。其界面设计如图 4.9 所示。对象属性设置如表 4.1 所示。

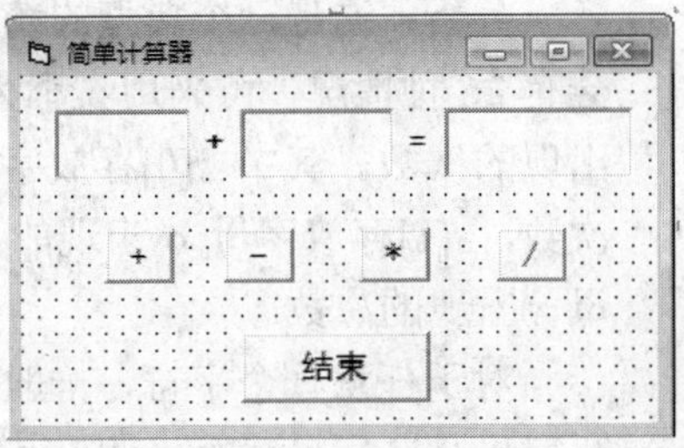

图 4.9　简易运算器界面

表 4.1　控件属性设置

名 称	标 题	索 引	名 称	标 题	索 引
frm	简单计算器		cmd	+	0
txt1			cmd	-	1
txt2			cmd	*	2
lablop	+		cmd	/	3
lablequ	=		cmd	结束	4
txt3					

程序代码如下：

```
Option Explicit                                    '强制显式声明变量
Dim s As Integer
Private Sub cmd_Click(Index As Integer)
Select Case Index
    Case 0                                         '索引值为 0 时，加法
        s = Val(txt1.Text) + Val(txt2.Text)
    Case 1                                         '索引值为 1 时，减法
        s = Val(txt1.Text) - Val(txt2.Text)
```

```
        Case 2                                    '索引值为 2 时，乘法
            s = Val(txt1.Text) * Val(txt2.Text)
        Case 3                                    '索引值为 3 时，除法
            If Val(txt2.Text) = 0 Then            '若除数为 0 则跳出
                Exit Sub
            End If
            s = Val(txt1.Text) /Val(txt2.Text)
        Case 4                                    '索引值为 4 时，退出
          End
        End Select
    lablop.Caption = cmd(Index).Caption
    lblout.Text = s                               '显示结果
    End Sub
```

【例 4.15】 请编写程序实现如下功能：对输入的字符串，分别统计其中各个英文字母出现的次数（不区分大小写），并要求显示统计结果。界面设计如图 4.10 所示。

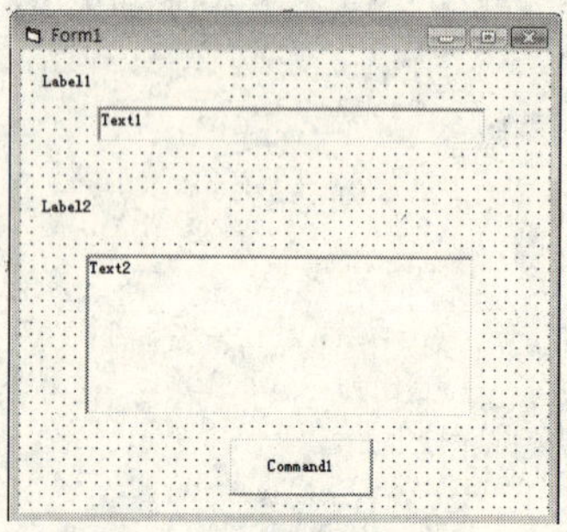

图 4.10 程序设计界面

分析：这是一个典型的统计问题。字母若不区分大小写会有 26 种情况，可采用大小为 26 的数组 *s* 来存放各个字母出现的次数。其中 *s*[0]存放字母 a（不区分大小写）出现的次数，*s*[1]存放字母 b 出现的次数，依此类推，*s*[25]存放字母 z 出现的次数。

对于任意一个字符，一般只有三种情况：大写字母、小写字母、非字母字符，假设其当前为大写字母，则该字母的数目一定存放在 *s*[*i*]中，其中，*i*=Asc(*c*)–65，*c* 表示该字符。同理，假设其当前为小写字母，则该字母的数目一定存放在 *s*[*i*]中，其中，*i*=Asc(c) –97，*c* 表示该字符。

程序代码如下：

```
    Private Sub Command1_Click()
       Dim s%(0 To 25), c As String * 1
       Dim i As Integer, h As Integer
       If Text1.Text = "" Then
           MsgBox "请输入字符串", 64,     "字符个数统计"
           Exit Sub
        End If
        h = Len(Text1.Text)
        For i = 1 To h
            c = UCase(Mid(Text1.Text, i, 1))
            If c >= "A" And c <= "Z" Then
                j = Asc(c) - 65            '字母转换为统计个数数组对应下标
                s(j) = s(j) + 1
            End If
        Next i
        Text2.Text = ""
        For j = 0 To 25
```

```
        If j Mod 5 = 0 Then Text2.Text = Text2.Text & Chr(13) & Chr(10)
                                                '五个输出为一行
        Text2.Text = Text2.Text & Chr(65 + j) & " : " & s(j)
      Next j
  End Sub
  Private Sub Form_Load()
      Label1.Caption = "请输入字符串"
      Label2.Caption = "统计结果"
      Command1.Caption = "统计"
      Text1.Text = ""
      Text2.Text = ""
      Text2.Locked = True
  End Sub
  Private Sub Text1_KeyPress(KeyAscii As Integer)
    Select Case KeyAscii
       Case Asc("A") To Asc("Z"), Asc("a") To Asc("z"), Asc(" "), vbKeyBack
                                                '合法字符'
       Case Else
           KeyAscii = 0
     End Select
  End Sub
```

习　题　4

一、填空题

1．VB 的数组常见有三种类型：定长数组、变长数组和＿＿＿＿＿＿。

2．在窗体上画一个命令按钮，其 Name 属性为 Command1，然后编写如下代码：

```
  Option Base 1
  Private Sub Command1_Click()
  Dim a(4,4)
  For i = 1 To 4
      For j = 1 To 4
        a(i,j)=(i-1)*3+j
      Next j
  Next i
      For i = 3 To 4
        For j = 3 To 4
           Print a(j,i);
        Next j
        Print
      Next i
  End Sub
```

程序运行后，单击此命令按钮，其输出结果为＿＿＿＿＿＿。

3．下面程序的输出结果是＿＿＿＿＿＿。

```
Dim a
a = Array(1,2,3,4,5,6,7,8)
i = 0
For k = 100 To 90 Step -2
    s = a(i)^2
    If a(i) > 3 Then Exit For
    i = i + 1
Next k
Print k;a(i);s
```

4. 下面程序的输出结果为__________。

```
Const n = -5 : Const M = 6
Dim a(n To M)
For i = LBound(a,1) To UBound(a,1)
    a(i) = i
Next i
Print a(LBound(a,1);a(UBound(a,1))
```

5. 下面程序段的执行结果为__________。

```
Dim A(10), B(5)
For i = 1 To 10
    A(i) = i
Next i
For j = 1 To 5
    B(j) = j * 20
Next j
A(5) = B(2)
Print "A(5)=";A(5)
```

二、选择题

1. 下列数组声明语句中正确的是（　　）。

   A. dim a[2;3] as integer　　B. dim a[2,3] as integer

   C. dim a(2;3) as integer　　D. dim a(2,3) as integer

2. 在使用变长数组时，如果要改变数组的大小而又不丢失数组中的数据，应使用关键字（　　）。

   A. private　　B. preserve　　C. public　　D. static

3. 控件数组中的名字是由下列哪个属性决定的（　　）。

   A. text　　B. index　　C. name　　D. tabindex

4. 下列关于控件数组的说法中正确的是（　　）。

   A. 控件数组的每一个成员的 caption 属性都不相同

   B. 控件数组的每一个成员都执行相同的事件过程

   C. 控件数组的每一个成员的 index 属性都相同

   D. 对于已经建立的多个相同类型的控件不能组成控件数组

5. 语句 Dim arr(-3 To 4, 2 To 6)As Integer 定义的数组元素有（　　）。

   A. 45 个　　B. 40 个　　C. 11 个　　D. 54 个

6. 执行以下 Command 的 Click 事件过程后，在窗体上显示（　　）。

```
Option Base()
Private Sub Command1_Click()
Dim a
a = Array("a","b","c","d","e","f","g")
Print a(1);a(3);a(5)
End Sub
```

A. abc　　B. bdf　　C. ace　　D. 出错

7. 语句Dim a&(1 To 20)，b#(2,-1 To 1)定义两个数组，其类型分别为（　　）。

A. 一维单精度实型数组和二双精度型数组　　B. 一维整型数组和二维单精度实型数组

C. 一维单精度实型数组和二维整型数组　　D. 一维长整型数组和二维双精度型数组

8. 在窗体上画一个名称为Text1的文本框和一个名称为Command1的命令按钮，然后编写如下事件过程，程序运行后，单击命令按钮，在文本框中显示的值（　　）。

```
Privat Sub Command1_Click()
    Dim array1(10,10) As Integer
    Dim i,j As Integer
    For i = 1 To 3
       For j = 2 To 4
         array1(i,j) = i + j
       Next j
    Next i
    Text1.Text=array1(2,3)+array1(3,4)
End Sub
```

A. 12　　B. 13　　C. 14　　D. 15

9. 以下关于数组的说法，不正确的是（　　）。

A. 数组是一种特殊的数据类型　　B. 一个数组中可存放多种类型的数组

C. 数组是一组相同类型的变量的集合　　D. 运行时可改变动态数组或静态数组的大小

10. 以下关于数组的说法，错误的是（　　）。

A. 静态数组在声明时大小必须固定　　B. 动态数组在声明时大小可以不确定

C. 默认情况下数组的下界为0　　D. 运行时可改变动态数组或静态数组的大小

11. 假设定义了一个数组arr(1 to 5，1 to 10)，则UBound(arr，2)的值是（　　）。

A. 1　　B. 5　　C. 10　　D. 15

12. 下面程序运行后，单击按钮在窗体上显示的是（　　）。

```
Option Base 0
Private Sub Command1_Click()
    Dim x
    Dim i As Integer
    x = Array(1, 3, 5, 7, 9, 11, 13, 15)
    For i = 1 To 3
              Print x(5 - i);
    Next i
End Sub
```

A. 5 3 1　　B. 7 5 3　　C. 9 7 5　　D. 11 9 7

13. 下面程序运行后输出的结果是（　　）。

```
Option Base 1
Private Sub Command1_Click()
    Dim x(10)
    Dim i As Integer
    For i = 1 To 10
        x(i) = 10 - i + i Mod 2
    Next i
    For i = 10 To 1 Step -2
        Print x(i);
    Next i
End Sub
```

A. 02468　　B. 97531　　C. 86420　　D. 13579

14. 在运行下面的程序时会显示出错信息，出错的原因是（　　）。

```
Private Sub Command1_Click()
    x = 5
    Dim a(x)
    For m = 0 To 5
        a(m) = m + 1
    Next i
End Sub
```

A. 第四行数组元素 a(m)下标超过上界　　B. 第二行数组定义语句不能用变量来定义下标

C. 第四行不能用循环变量 m 进行运算　　D. 程序无错，可能是计算机病毒

15. 下面说法正确的是（　　）。

A. ReDim 语句只能更改数组下标上界　　B. ReDim 语句只能更改数组下标下界

C. ReDim 语句不能更改数组维数　　D. ReDim 语句可以更改数组维数

16. 下列程序，运行后的输出结果是（　　）。

```
Private Sub Command1_Click()
    Dim a(10)
    Dim i As Integer
    For i = 1 To 10
        a(i) = i ^ 2
    Next i
    Print a(i - 1)
End Sub
```

A. 98　　B. 99　　C. 100　　D. 101

三、程序设计

1. 编写一程序，将 1～10 顺序赋给一个整型数组，然后从第一个元素开始间隔地输出该数组。

2. 利用随机数生成两个 4×4 矩阵 *A*、*B*（矩阵 *A* 的每个数为 1～9 的数，矩阵 *B* 的每个数为 10～20 的数）。将两个矩阵相乘，结果放入矩阵 *C* 中，统计矩阵 *C* 中最大值及其下标和最小值及其下标，求矩阵 *A* 两条对角线元素的平均值。

3. 编写程序，将数组 a 中的相同数据只保留一个，然后输出。

4. 有一个 6×8 矩阵，请编写程序将其转置（即行变为列，列变为行）。

5．编写程序将两个按升序排列的数列 $A(1)$，$A(2)$，…，$A(m)$和 $B(1)$，$B(2)$，…，$B(n)$，合并成一个仍为升序排列的新数列。

6．有 n 个人围成一圈，顺序排号。从第一个人开始报数（从 1 到 3 报数），凡报到 3 的退出圈子，编写程序求退出顺序。

7．输入一个字符串，内有数字和非数字字符（如 A123x4561bcd7960?302tab5876）。输出子字符串，将其中连续的数字作为一个整数，依次存放到一维数组 a 中（例如，123 放在 a[0]中，456 放在 a[1]中），统计共有多少个整数，并输出这些数。

8．编写程序，判断一字符串是否是回文，例如，“abcdedcba”是回文，而“abcdedfa”不是回文。

9．设某数组有 10 个元素，元素的值由键盘输入，要求将前 5 个元素的值与后 5 个元素的值互换，即第 1 个与第 10 个互换，第 2 个与第 9 个互换，依次类推。

10．编写程序完成如下功能：分别将字符串 a 和字符串 b 中的字符倒置，然后按交叉的顺序将两个字符数组合并到字符数组 c 中，过长的部分直接连接在 c 的尾部。例如，若字符串 a 的内容为“abcdefgh”，字符串 b 的内容为“1990”，则结果为：“h0g9f9e1dcba”。

第 5 章　过　　程

过程是 VB 程序的基本组成单位，在程序设计中，对于一个复杂问题，如果直接编写程序，会非常麻烦。通常的方法是把一个复杂问题分解为若干个有联系的简单问题，通过对简单问题的解决实现对复杂问题的解决，解决简单问题时就要用到过程。

5.1　过程的概念

在程序设计中，为各个相对独立的功能模块所编写的一段程序称之为过程。程序的过程组成如图 5.1 所示。

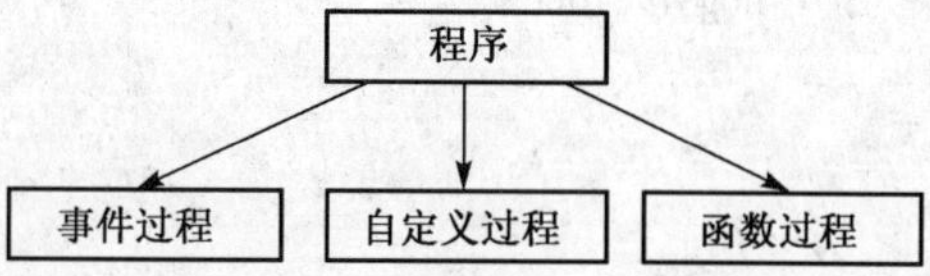

图 5.1　程序的过程组成

在 VB 中，根据是否有返回值可将过程分为两类：子程序过程（也称为 Sub 过程，包括事件过程和自定义过程）和函数过程（也称为 Function 过程）。有时也将自定义过程和函数过程称为通用过程，事件过程和通用过程之间有明显区别：

① 命名方法不同：事件过程名由对象名和事件名组成，而通用过程名则由用户自己给出。

② 启动机制不同：事件过程一般是因为事件的产生而自动启动，通用过程则必须从另一个过程显式调用才可以启动。

使用通用过程有助于将复杂的应用程序分解成多个易于管理的逻辑单元，使应用程序更简洁、更易于维护。通用过程又可分为公有（Public）过程和私有（ Private）过程两种，公有过程可以被应用程序中的任意过程调用，而私有过程只能被同一模块中的过程调用。

5.2　子程序过程

子程序过程包括事件过程和自定义过程两种。

5.2.1　事件过程

VB 程序执行时，总是从某个事件过程驱动开始。事件过程的主要功能是对产生的事件进行响应处理，即产生某个事件后，系统会自动执行该事件对应的事件过程。事件过程一般有两种：窗体事件过程和控件事件过程。

1. 窗体事件过程

窗体工作或操作窗体时会产生相应的窗体事件，处理该事件的过程就是窗体事件过程。窗体事件过程的格式如下：

Private Sub Form_事件名（[参数列表]）

　　[局部变量和常数声明]

　　语句块

End Sub

注意：

① 窗体事件过程名由 Form_事件名组成，多文档窗体的事件过程名由 MDIForm_事件名组成；

② 每个窗体事件过程名前都有一个 Private 前缀，表示该事件过程仅能在自己的窗体模块内被调用；

③ 事件过程有无参数，完全由 VB 提供的具体事件本身决定，用户不能随意添加。

例如，有如下窗体事件过程：

```
Private Sub Form_Initialize()
    MsgBox "这是初始化 Initialize 事件！"
End Sub
Private Sub Form_Load()
    MsgBox "这是 Load 事件！"
End Sub
```

Initialize、Load 和 Activate 是最基本的窗体事件，其中，Initialize 和 Load 事件发生在窗体被显示之前，事件中可放置系统初始化命令，但其中语句有所限制；窗体加载后，只要不被卸载，就不再执行 Initialize、Load 事件，但 Activate 事件会多次发生。

2．控件事件过程

操作控件时会产生相应的控件事件，处理该事件的过程就是控件事件过程。控件事件过程的格式如下：

Private Sub 控件名_事件名（[参数列表]）

　　[局部变量和常数声明]

　　语句块

End Sub

注意：

控件事件的控件名必须与窗体中某控件相匹配，否则 VB 将认为它是一个通用过程。

例如，有如下控件事件过程：

```
Private Sub Command1_Click()
    MsgBox "这是 Click 事件！"
End Sub
```

表示在该窗体中有一个命令按钮 Command1，单击该控件时触发事件过程 Command1_Click()。

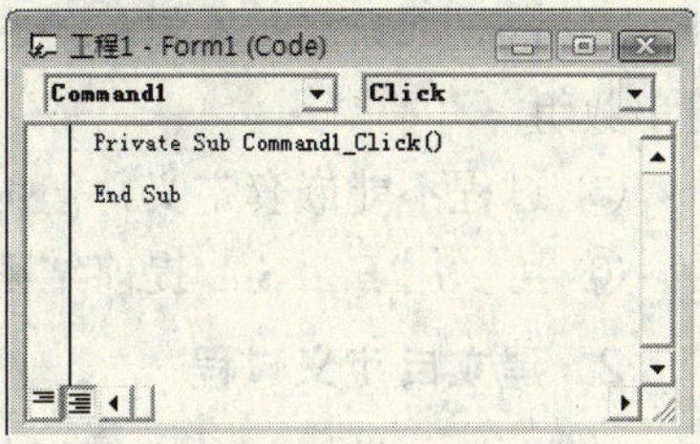

图 5.2　代码编辑器窗口

3．建立事件过程

建立事件过程的基本步骤如下：

① 打开代码编辑器窗口。有两种方法：双击对象或从工程管理器中单击“查看代码”按钮，如图 5.2 所示。

② 在代码编辑器窗口中，选择所需要的对象和事件过程；

③ 在 Private Sub …End Sub 之间输入代码；

④ 保存工程和窗体。

4．事件过程的调用

事件过程一般由发生在 VB 中的事件自动触发，也可以由同一模块中的其他过程显示调用。例如，当鼠标单击 Command1 按钮时，系统会自动调用事件过程 Command1_Click()。

5.2.2 自定义过程

对于一个较为复杂的软件，会有一些功能需要多次执行，如果每次执行都要将完成该功能的程序段写一遍，那将非常低效。实际的解决方法是将该功能定义成一个过程，需要完成该功能时调用过程。

1．自定义过程的格式

自定义过程的格式如下：

```
[ Private | Public ] [ Static] Sub 过程名（[参数列表]）
    [局部变量和常数声明]
    语句块
    [Exit Sub]
    语句块
End Sub
```

注意：

① 省略[Private | Public]时，系统默认为 Public。

② Static 表示过程中的局部变量为“静态”变量。

③ 过程名的命名规则与变量命名规则相同。

④ 参数列表中的参数称为形式参数，它可以是变量名或数组名，不能是常量、数组元素、表达式；若有多个参数时，各参数之间用逗号分隔。VB 的过程可以没有参数，但一对圆括号不能省略，没有参数的过程称为无参过程。形参格式为：

[ByVal] 变量名[()] [As 数据类型]

式中，变量名[()]：用于指明形参的名字，变量名可以是合法的 VB 变量名或数组名，无括号表示变量，有括号表示数组。

ByVal：可选项，用于表明其后的形参是按值传递参数（传值参数），若省略或用 ByRef，则表明参数是按地址传递的（传址参数）。

As 数据类型：用于指明形参的数据类型，省略表明形参是变体型变量。若形参变量的类型为 String，则只能是不定长的，而在调用该过程时，对应的实际参数可以是定长字符串或字符串数组。

⑤ 过程不能嵌套定义，但可以嵌套调用。

⑥ 可以用 Exit Sub 提前结束过程，并返回到调用该过程语句的下一条语句。

2．建立自定义过程

建立自定义过程有如下两个基本方法。

【方法一】

① 打开代码编辑器窗口；

② 选择“工具”菜单中的“添加过程”；

③ 从对话框中输入过程名，并选择类型和范围；

④ 在新创建的过程中输入内容。

【方法二】

① 在代码编辑器窗口的对象中选择“通用”，在文本编辑区输入“Private Sub 过程名”；

② 按回车键，便可创建一个 Sub 过程模板；

③ 在新创建的过程中输入内容。

【例 5.1】 定义一个自定义过程，求一维数组中的最小值。

程序代码如下：

```
Private Sub Min_Value(a() As Integer, min As Integer)
    Dim i As Integer
    min = a(0)
    For i = 1 To UBound(a)
        If a(i) < min Then min = a(i)
    Next i
End Sub
```

【例 5.2】 定义一个自定义过程，求 n!。

程序代码如下：

```
Private Sub S_Value(`ByVal n As Integer, s As Long)
    Dim i As Integer
    s=1:i=1
    For i = 2 To n
        s=s*i
    Next i
End Sub
```

【例 5.3】 使用自定义过程实现进制转换。把二至十六任意进制的字符串转换成十进制整数，*s* 表示任意进制的字符串，*r* 表示进制。

程序代码如下：

```
Private Sub Convert(ByVal s As String , ByVal r As Integer, D as Long)
    Dim n%, i%, c As String * 1
    n = Len(s): p = 0
    For i = 1 To n
        c = UCase(Mid(s, i, 1))
        Select Case c
            Case "0" To "9"
                p = p * r + Val(c)
            Case "A" To "Z"
                p = p * r + Asc(c) - 55
            End Select
        Next i
    D = p                           '变量 D 中存放转换后的十进制整数
End Sub
```

3. 自定义过程的调用

自定义过程的调用有两种常见形式：一种是用 Call 语句调用自定义过程，另一种是把过程作为语句使用。

① 用 Call 语句调用 Sub 过程的语法如下：

Call 过程名(实际参数表)

实际参数的个数、类型和顺序，应该与被调用过程的形式参数相匹配，有多个参数时，用逗号分隔。

② 把过程作为语句使用的语法如下：

过程名 [实参 1[，实参 2……]]

【例 5.4】 通过自定义过程求一个正整数的所有因子。

程序代码如下：

```
Option Explicit
Private Sub Command1_Click()
   Dim inta As Integer, st As String
   inta = Val(Text1.Text)
   st = "1"
   Call factor(inta, st)
   st = st & " " & inta
   Text2.Text = st
End Sub
Private Sub factor(ByVal n As Integer, s As String)
   Dim i As Integer
   For i = 2 To n - 1
      If n Mod i = 0 Then s = s & Str(i)
   Next i
End Sub
```

【例 5.5】 通过自定义过程求三角形的面积，要求：输入三角形的三条边。程序界面设计如图 5.3 所示。

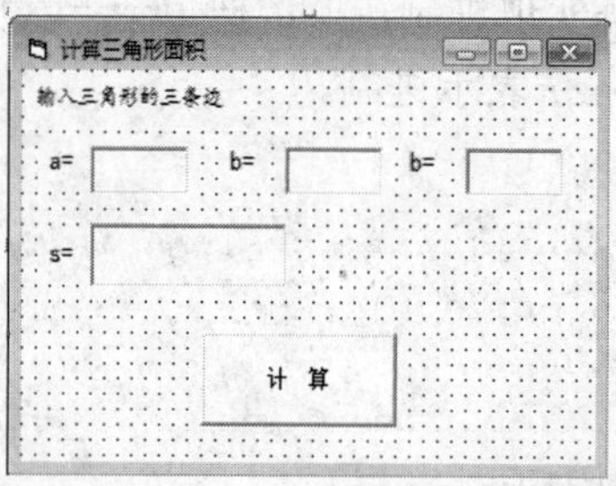

图 5.3 计算机三角形面积的界面设计

程序代码如下：

```
Private Sub Command1_Click()
   Dim a As Single, b As Single, c As Single, w As Single
   a = Text1.Text: b = Text2.Text: c = Text3.Text
   If a + b > c And a + c > b And b + c > a Then
      area a, b, c, w
      Text4.Text = Str(w)
```

```
    Else
      MsgBox ("三条边不能构成三角形")
    End If
End Sub
Private Sub area(a As Single, b As Single, c As Single, w As Single)
    Dim s As Single
    s = (a + b + c) / 2
    w = Sqr(s * (s - a) * (s - b) * (s - c))
End Sub
```

5.3　函数过程

VB 包含许多内部函数，用户可以根据实际的需要随时调用。另外，还可以编写自己的函数过程（简称“函数”）。在定义了一个函数之后，可以像调用任何一个 VB 的内部函数一样使用它，即可以在任何表达式，语句或函数中引用它。

5.3.1　函数过程的定义

1．函数过程的格式

函数过程的格式如：

[Public|Private|Friend|Static]Function　过程名[(参数列表)][As 数据类型]
　　[程序段]
　　[过程名=表达式]
　　[Exit Function]
　　[程序段]
　　[过程名=表达式]
End Function

注意：

① Public、Private、Friend、Static、Exit Function 的含义与 Sub 过程中的含义相同。“As 数据类型”指明函数过程返回值的数据类型，如省略，则为 Variant。

例如，已知直角三角形两直角边的值，计算斜边，可定义一个如下 Function 函数。

```
Function hypotenuse(A as integer,B as integer) as Single
    hypotenuse=sqr(A*A+B*B)
End function
```

② 调用 Sub 过程相当于执行一个语句，不返回值；而调用 Function 过程要返回一个值，因此，可以像内部函数一样在表达式中使用。

在 VB 中调用 Function 过程的方法和调用任何内部函数的方法是一样的，如调用上面的“hypotenuse”函数的方法为：

```
label1.caption=hypotenuse(Cint(text1.text),cint(text2.text))
strX=hypotenuse(100,200)
```

③ 函数总是以函数名称的形式返回给调用过程一个值，因此，函数中的最后一行语句往往是将函数的最终结果传给过程名的赋值语句。

2．建立函数过程

建立函数过程的方法和建立 Sub 过程的方法类似，只是当用第一种方法建立时，在对话框的“类型”栏内选择“函数”。

【例 5.6】 通过函数实现求 n!的值。

程序代码如下：

```
Function S(ByVal n As Integer) As Long
    Dim i As Integer
    Dim m As Long
    m=1
    For i=1 to n
        m=m*i
    Next i
    S = m
End Function
```

【例 5.7】 通过函数实现进制转换。把二至十六任意进制的字符串转换成十进制整数，*s* 表示任意进制的字符串，*r* 表示进制。

程序代码如下：

```
Private Function Convert(ByVal s As String, ByVal r As Integer) As Long
    Dim n%,i%,c As String * 1
    n = Len(s): p = 0
    For i = 1 To n
        c = UCase(Mid(s, i, 1))
        Select Case c
            Case "0" To "9"
                p = p * r + Val(c)
            Case "A" To "Z"
                p = p * r + Asc(c) - 55
        End Select
    Next i
    Convert = p                '函数过程名中存放转换后的十进制整数
End Function
```

5.3.2 函数过程的调用

调用函数过程比较简单，可以像使用 VB 内部函数一样调用。函数过程的使用与内部函数没什么区别，只不过内部函数由系统提供，而函数过程由用户自己定义。

例如，下面是调用例 5.6 的函数过程的程序段

```
Dim k as Long
k=s(10)
```

另外，也可以像调用 Sub 过程一样调用函数过程，例如，下面是调用例 5.6 的函数过程的程序段：

```
Call s(10)
s 10
```

当用这种方法调用函数时，放弃返回值。

所以，对于函数的调用，经常使用的是第一种方法，第二种方法仅仅是语法上无错误，而没有实际的应用意义。

【例 5.8】 编写一个求最大公约数（GCD）的函数过程。

程序代码如下：

```
Private Sub Command1_Click( )
    Dim N As Integer, M As Integer, G As Integer
    N = Text1.text
    M = Text2.Text
    G = Gcd(N, M)
    Text3.Text=Str(G)
End Sub
Function Gcd(ByVal x As Integer, ByVal y As Integer) As Integer
  Do While y <> 0
        reminder = x Mod y
        x = y
        y = reminder
   Loop
   Gcd = x
End Function
```

5.4 参数传递

5.4.1 形参与实参

形参也称为形式参数，是指出现在 Sub 和 Function 过程形参表中的变量名、数组名。过程被调用前，没有为形参分配内存，其作用是说明参数的类型、形态以及在过程中的角色。

形参可以是以下两种形式：

① 除定长字符串变量之外的合法变量名；

② 后面带括号的数组名。

实参也称为实际参数，是在调用 Sub 和 Function 过程时，传送给过程的变量名、数组名、常量或表达式。在传递参数时，形参与实参是按位置结合的，形参列表和实参列表中对应的变量名可以不必相同，但位置必须对应起来。

5.4.2 按值传递参数

参数定义时若有限定词 ByVal，则参数传递按值传递。按值传递参数时，将实参变量的值传给对应的形参，如果在调用过程中改变了形参的值，不会影响实参变量本身，即实参变量保持调用前的值不变。

【例 5.9】 阅读下面程序，分析结果。

```
Private Sub Exchange(ByVal a As Integer, ByVal b As Integer)
      Dim t As Integer
      t = a: a = b: b = t
End Sub
Private Sub Command1_click()
```

```
    Dim x As Integer, y As Integer
    x = 10: y = 100
    Call Exchange(x, y)
    Print "x="; x; "y="; y
End Sub
```

运行结果为：x=10 y=100

系统在调用时为形参分配临时存储单元，并将实参的值存储到该临时单元中，如图 5.4 所示。这时，实参和形参是各自独立的存储单元，若在被调用的过程体中改变了形参的值，只是改变了临时存储单元中的数据，对实参的值无任何影响，如图 5.5 所示。

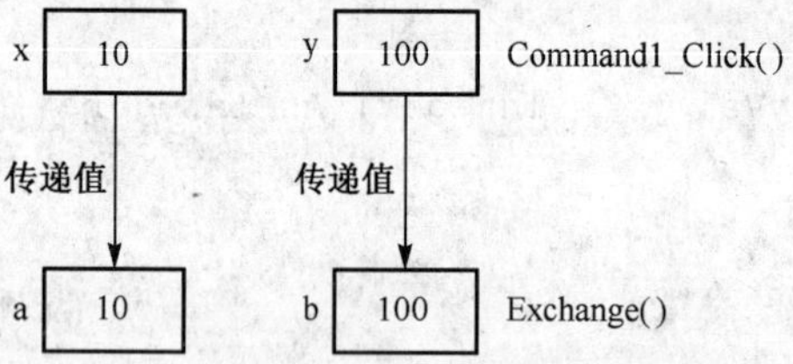

图 5.4 数值交换前变量状态

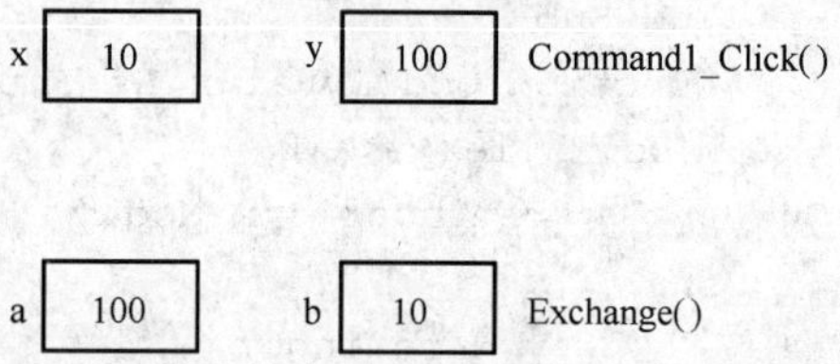

图 5.5 数值交换后变量状态

5.4.3 按地址传递参数

参数定义时没有修饰词或带关键字 ByRef，则参数传递按地址传递。按地址传递参数时，是把实参变量的地址传送给被调用过程，此时，形参和实参共用内存的同一地址。但如果实参是一个常数或表达式，VB 会按“传值”方式来处理。

按地址传递时，当实参是变量时，实参与形参类型必须完全一致。当实参是常量或表达式时，VB 会自动进行类型转换，然后再传递相应的值。

【例 5.10】 阅读下面程序，分析结果。

```
Private Sub Exchange(a As Integer, b As Integer)
    Dim t As Integer
    t = a : a = b : b = t
End Sub
Private Sub Command1_click()
    Dim x As Integer, y As Integer
    x = 10 : y = 100
    Call Exchange(x, y)
    Print "x="; x; "y="; y
End Sub
```

运行结果为：x=100 y=10

按地址传递时，形式参数和实际参数共用同一存储空间。系统在调用时，为形参分配临时存储单元，并将实参的内存单元地址传送给形参，存储在临时存储单元中，如图 5.6 所示。

在被调用的过程体中对形参的一切操作，都是直接对地址保存在形参中的内存单元进行操作，即直接对实参进行操作，所以任何对形参的改变也就是对实参的改变，如图 5.7 所示。

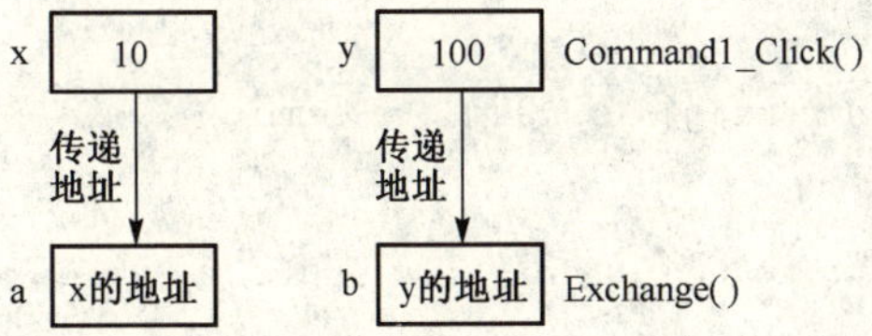

图 5.6　数值交换前变量状态

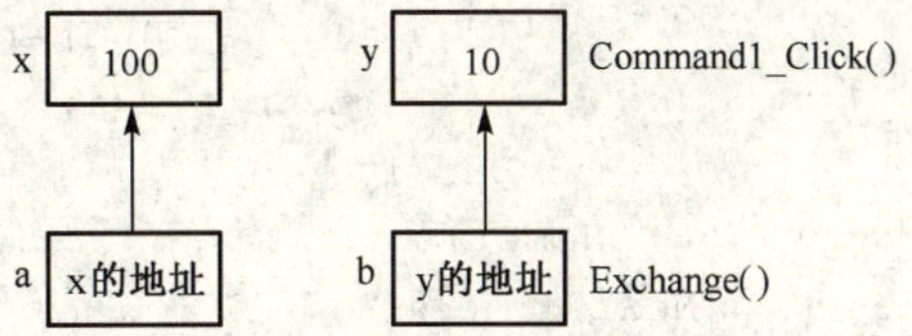

图 5.7　数值交换后变量状态

5.4.4　数组参数

VB 允许数组作为形参出现在形参表中，其语法为：

形参数组名() [As 数据类型]

形参数组只能按地址传递参数，对应的实参也必须是数组，且实参数据类型必须与形参数据类型相同。调用时，把要传递的数组名放在实参表中，数组名后面不跟圆括号。在过程中也不需要用 Dim 语句对形参数组进行声明，否则会产生“重复声明”的错误。但在使用动态数组时，可以用 ReDim 语句改变形参数组的维数和界限，重新定义数组的大小。

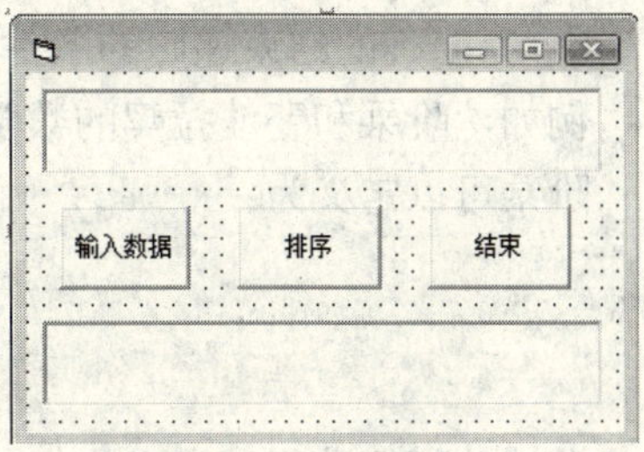

图 5.8　排序界面

【例 5.11】 使用过程，采用交换排序法实现排序，程序界面如图 5.8 所示。

程序代码如下：

```
Option Base 1                                         '声明数组的下标从 1 开始
Dim n As Integer, x() As Integer
Private Sub Command1_Click()
  n = Val(InputBox("请输入总个数", "", ""))
  ReDim x(n)
  Text1.Text = ""
  For i = 1 To n
     x(i) = Val(InputBox("请输入第" & Str(i) & "个数", "数字排序", ""))
     Text1.Text = Text1.Text & Str(x(i))              '每输入一个数显示一个数
  Next i
End Sub
Private Sub Command2_Click()
  Call Sort(x)
  Text2.Text = ""
  For i = 1 To n
    Text2.Text = Text2.Text & Str(x(i))               '输出排序后数组
  Next i
End Sub
Private Sub Command3_Click()
  End
End Sub
Private Sub sort(a() As Integer)
    Dim i As Integer, j As Integer
     For i = 0 To UBound(a) - 1
         For j = i + 1 To UBound(a)
```

```
            If a(i) > a(j) Then
                temp = a(i)  :  a(i) = a(j)  :  a(j) = temp
            End If
        Next j
    Next i
End Sub
```

5.5 递归调用

递归调用是指在一个过程中直接或间接地调用自己。能递归调用的过程称为递归过程。使用递归过程可以使程序简洁、紧凑。用递归过程解决问题，应该具备下面两个条件：

① 问题可以递归定义为数学式，并且是可以进行递归处理的过程。

② 有明确的结束递归的条件。

例如，阶乘和斐波拉契的数学式子都可以用递归方法实现。

阶乘可以定义为：

$$n!=\begin{cases}1 & (n=0)\\ n*(n-1)! & (n\geqslant 1)\end{cases}$$

斐波拉契级数可以定义为：

$$F(n)=\begin{cases}1 & (n=0)\\ 1 & (n=1)\\ F(n-1)+F(n-2) & (n>1)\end{cases}$$

编写递归过程很简单，只需要根据结束递归的条件，加上递归定义式就可以编写出递归过程。由于递归过程是自己反复调用自己，这种调用应该是有限次的，通常采用 If 语句控制调用次数。

【例 5.12】 使用递归求 *N*!。

程序代码如下：

```
Private Sub Command1_Click()
    Dim n As Integer
    n = InputBox("输入一个正整数")
    Print n; "!="; s(n)
End Sub
Private Function s(ByVal n As Integer) As Long
    If  n = 1 Then
        s = 1
    Else
        s = n * s(n - 1)
    End If
End Function
```

【例 5.13】 使用递归计算裴波拉契数列。

程序代码如下：

```
Private Sub Command1_Click()
    Dim n As Integer
    n = InputBox("求数列的第几项")
    Print "数列中第"; n; "项是"; S(n)
End Sub
Private Function S(n As Integer)
    If n = 1 Or n = 2 Then
        S= 1
    Else
        S = S(n - 1) + S(n - 2)
    End If
End Function
```

5.6　过程和变量的作用域

作用域的使用提高了程序逻辑的局部性，增强了程序的可靠性，减少了名字冲突。

5.6.1　过程的作用域

过程的作用域是指过程在程序中起作用的范围，如表 5.1 所示。

表 5.1　过程的作用域

作用范围		定义方式	能否被本模块其他过程调用	能否被本应用程序其他模块调用
模块级	窗体	过程名前加 Private 例：Private Sub my1（形参表）	能	不能
	标准模块		能	不能
全局级	窗体	过程名前加 Pubilc 或默认 例：[Pubilc] Sub my2（形参表）	能	能，必须在过程名前加窗体名。 例：Call 窗体名. my2（实参表）
	标准模块		能	能，但过程名必须唯一，否则需要加标准模块名。 例：Call 标准模块名.my2（实参表）

5.6.2　变量和常量的作用域

变量和常量不仅具有值和类型，而且还有作用域。作用域是指变量和常量在程序中起作用的范围。按变量作用域的不同可以把变量分为：过程级变量、模块级变量、全局变量以及静态变量 4 种；按常量作用域的不同可以把常量分为：过程级常量、模块级常量、全局常量。

1. 过程级变量和常量

过程级变量和常量只能在过程中定义，它的作用范围只限于定义它的过程之内。也就是说，一个过程级变量或常量只能被定义它的过程使用，别的过程无权访问。因此，可以在不同的过程中使用同名的过程级变量，它们互不影响。当过程结束时，过程级变量所占用的内存空间就会自动释放。

【例 5.14】 阅读下面程序，理解过程级变量的作用域。

程序代码如下：

```
Private Sub Command1_Click()
    Dim i As Long
    i = (i+1) *10
    Print i
End Sub
Private Sub Command2_Click()
    i = 1
    Print i
End Sub
```

2. 模块级变量和常量

在一个模块中通常包含了多个过程。模块级的变量和常量为该模块中所有过程所共有，也就是说模块中的所有过程都可以访问属于该模块的模块级变量和常量。因此，可以利用模块级变量在过程之间进行相关数据的传递，模块级的变量和常量在各模块的声明部分定义。

【例 5.15】 阅读下面程序，理解模块级变量的作用域。

程序代码如下：

```
Dim i As Long
Private Sub Command1_Click()
    i = (i+1) *10
    Print i
End Sub
Private Sub Command2_Click()
    i = 1
    Print i
End Sub
```

3. 全局变量和常量

在一个工程中通常可能包含多个模块，如果需要在各个模块的不同过程中传递信息，就要用到全局变量和常量，全局变量和常量被该工程中所有模块所共有。对于全局变量和常量，工程内的任意过程都可以对其访问，全局变量和常量一般在标准模块的声明部分定义。

4. 静态变量

静态变量也是在过程中定义的，它与普通的过程级变量有些类似，但又有很大的区别。静态变量在编译时为其分配存储空间，在整个程序运行期间，该变量占用固定的存储空间，变量的值始终存在，程序运行结束后，这部分空间才被释放，这类变量的生存期为整个程序运行期。而过程级变量在程序运行过程中，只有当变量所在函数或过程被调用时，编译系统才临时为该变量分配一段内存空间，变量才有值，当函数调用结束时，变量所占用的空间被释放，所以，这类变量的生存期仅在函数或过程调用期间。

【例 5.16】 阅读下面程序，理解静态变量。

程序代码如下：

```
Private Sub Command1_click()
    Static x As Integer
    x = x + 1
    Print "x="; x
```

```
End Sub
Private Sub Command2_click()
    Dim x As Integer
    y = y + 1
    Print "y="; y
End Sub
```

若 Command1 按钮被单击 3 次，则显示结果为：

x=1
x=2
x=3

若 Command2 按钮被单击 3 次，则显示结果为：

y=1
y=1
y=1

5.7 应用举例

【例 5.17】 编写加密程序，将输入的一行字符串中的所有字母加密。

分析：本例的加密的基本思路可以是，将每个字母的序号移位，例如，移动 5 个位置，这时，“A”变为“F”，“a”变为“f”，“B”变为“G”，“Y”变为“D”，“Z”变为“E”。

加密程序代码如下：

```
Dim strInput As String * 70, Code As String * 70
Dim Recode As String * 70, strTemp As String * 1
Dim i As Integer, Length As Integer
Dim iAsc As Integer
Private Sub cmdCls_Click()
   Text1.text = ""
   txtCode = ""
   txtRecode = ""
End Sub
Private Sub cmdCode_Click()
   strInput = text1.text
   i = 1
   Code = ""
   Length = Len(RTrim(strInput))
   Do While (i <= Length)
      strTemp = Mid$(strInput, i, 1)
      If (strTemp >= "A" And strTemp <= "Z") Then
         iAsc = Asc(strTemp) + 5
         If iAsc > Asc("Z") Then iAsc = iAsc - 26
         Code = Left$(Code, i - 1) + Chr$(iAsc)
      ElseIf (strTemp >= "a" And strTemp <= "z") Then
         iAsc = Asc(strTemp) + 5
         If iAsc > Asc("z") Then iAsc = iAsc - 26
         Code = Left$(Code, i - 1) + Chr$(iAsc)
      Else
```

```
            Code = Left$(Code, i - 1) + strTemp
        End If
        i = i + 1
    Loop
    txtCode.Text = Code
End Sub
```

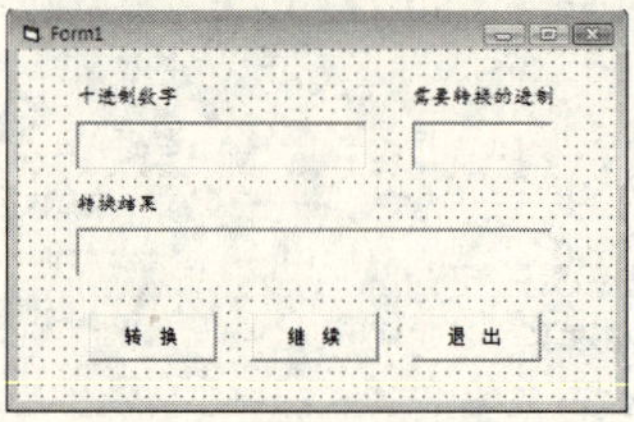

图 5.9　数制转换程序界面

【例 5.18】 编写函数，将一个十进制整数转换成二至十六任意进制字符串。程序界面如图 5.9 所示。

分析：一个十进制正整数 *m* 转换成 *r* 进制数的思想是，将 *m* 不断除以 *r* 取余数，直到商为零，以反序得到结果，即最后得到的余数在最高位。

程序代码如下：

```
Private Function TranDec(ByVal iDec As Integer, ByVal iBase As Integer) As String
    Dim iDecR(60) As Integer
    Dim iB As Integer, i As Integer
    Dim strDecR As String * 60
    Dim strBase As String * 16
    strBase = "0123456789ABCDEF"
    i = 0
    Do While iDec <> 0
        iDecR(i) = iDec Mod iBase
        iDec = iDec \ iBase
        i = i + 1
    Loop
    strDecR = ""
    i = i - 1
    Do While i >= 0
        iB = iDecR(i)
        strDecR = RTrim$(strDecR) + Mid$(strBase, iB + 1, 1)
        i = i - 1
    Loop
    TranDec = strDecR
End Function
Private Sub cmdtran_Click()
    Dim idec0 As Integer, ibase0 As Integer
    idec0 = Val(txtdec.Text)
    ibase0 = Val(txtr.Text)
    If ibase0 < 2 Or ibase0 > 16 Then
       i = MsgBox("输入的R十进制数超出范围", vbRetryCancel)
       If i = vbRetry Then
          txtr.Text = ""
          txtr.SetFocus
       Else
          End
       End If
    End If
```

```
    st$ = "转换成" + txtr.Text + "进制数"
    Lbltran.Caption = st$
    txtdecr.Text = TranDec(idec0, ibase0)
End Sub
Private Sub CmdCont_Click()
   txtr.Text = ""
   txtdec.Text = ""
   txtdecr.Text = ""
   txtdec.SetFocus
End Sub
Private Sub CmdExit_Click()
  End
End Sub
```

习　题　5

一、填空题

1. 根据是否有返回值可将 VB 中的过程分为两类__________和__________。

2. 处理窗体事件的过程是__________。

3. 操作控件时会产生相应的控件事件，处理该事件的过程是__________。

4. 可以用__________提前结束过程，并返回到调用该过程语句的下一条语句。

5. __________指出现在过程形参表中的变量名、数组名。

6. __________是在调用过程时，传送给相应过程的变量名、数组名、常量或表达式。

7. 参数定义时若有限定词 ByVal，则参数传递__________。

8. 定义时没有修饰词或带关键字 ByRef，则参数传递__________。

9. 形参数组只能按地址传递参数，对应的实参也必须是__________。

10. 过程的__________是指在一个函数中直接或间接地调用自己。

11. 在窗体上画一个名称为 Text1 的文本框，然后画三个单选按钮，并用这三个单选按钮建立一个控件数组，名称为 Option1，程序运行后，如果单击某个单选按钮，则文本框中的字体将根据所选择的单选按钮切换，请填空。

```
Private Sub Option1_Click(Index As Integer)
   Select Case __________
     Case 0
        a = "宋体"
     Case 1
        a = "黑体"
     Case 2
        a = "楷体_GB2312"
    End Select
    text1. __________
  End Sub
```

12. 写出下列过程输出的结果。

```
Private Sub Form_Activate()
a = 1
Print a
End Sub
```

输出结果：________

```
Private Sub Form_Activate()
Print a = 1
End Sub
```

输出结果：________

13．下面是一个计算矩形面积的程序，调用过程计算矩形面积，请将程序补充完整。

```
Sub RecArea (L, W)
    Dim S As Double
    S=L*W
    MsgBox"TotalAreais"&Str (S)
End Sub
PrivateSubCommand1_Click ()
    DimM, N
    M=InputBox ("宽度？")
    M=Val (M)
    __________
    N=Val (N)
    __________
End Sub
```

二、选择题

1．在窗体上画一个名称为 Command1 的命令按钮和两个名称分别为 Text1、Text2 的文本框，然后编写如下事件过程：

```
Private Sub Command1_Click()
 n = Text1.Text
 Select Case n
     Case 1 To 20
         x = 10
     Case 2, 4, 6
         x = 20
     Case Is < 10
         x = 30
     Case 10
         x = 40
 End Select
Text2.Text = x
End Sub
```

程序运行后，如果在文本框 Text1 中输入 10，然后单击命令按钮，则在 Text2 中显示的内容是（　　）。

A．10　　B．20　　C．30　　D．40

2．以下关于变量作用域的叙述中，正确的是（　　）。

A．窗体中凡被声明为 Private 的变量只能在某个指定的过程中使用

B．全局变量必须在标准模块中声明

C．模块级变量只能用 Private 关键字声明

D．Static 类型变量的作用域是它所在的窗体或模块文件

3．在窗体上画一个名称为 Text1 的文本框和一个名称为 Command1 的命令按钮，然后编写如下事件过程，程序运行后，如果单击命令按钮，则文本框中显示的是（　　）。

```
Private Sub Command1_Click()
    Text1.Text = "Visual"
    Me.Text1 = "Basic"
    Text1 = "Program"
End Sub
```

A．Visual　　B．Basic　　C．Program　　D．出错

4．一个工程中含有窗体 Form1、Form2 和标准模块 Model1，如果在 Form1 中有语句 Pubilc X As Integer，在 Model1 中有语句 Pubilc Y As Integer，则以下叙述中正确的是（　　）。

A．变量 X、Y 的作用域相同　　B．Y 的作用域是 Model1

C．在 Form1 中可以直接使用 X　　D．在 Form2 中可以直接使用 X 和 Y

5．使用过程是为了（　　）。

A．使程序模块化　　B．使程序易于阅读　　C．提高程序运行速度　　D．便于系统的编译

6．有一子程序定义为 Private Sub tt(x,y)，正确的调用格式是（　　）。

A．Call tt 1,2　　B．Call sub 1,2　　C．tt 1,2　　D．sub 1,2

7．根据变量的作用域，可以将变量分为 3 类，分别为（　　）。

A．局部变量、模块变量和全局变量　　B．局部变量、模块变量和标准变量

C．局部变量、模块变量和窗体变量　　D．局部变量、标准变量和全局变量

8．在窗体上画一个命令按钮，命令按钮程序代码如下

```
Private Sub Command4_Click()
    Dim a As Integer, b As Integer
    a=1
    b=2
    Print N(a, b)
End Sub
Function N(x As Integer, y As Integer) As Integer
    N=IIf(x>y, x, y)
End Function
```

程序运行后，单击命令按钮，输出结果为（　　）。

A．1　　B．2　　C．5　　D．8

9．在 Visual Basic 应用程序中，以下描述正确的是（　　）。

A．过程的定义可以嵌套，但过程的调用不能嵌套

B．过程的定义不可以嵌套，但过程的调用可以嵌套

C．过程的定义和过程的调用均可以嵌套

D．过程的定义和过程的调用均不能嵌套

10．以下说法错误的是（　　）。

A. 函数过程没有返回值　　B. 子过程没有返回值

C. 函数过程可以带参数　　D. 子过程可以带参数

11. 在窗体（Name 属性为 Forml）上画两个文本框（Name 属性分别为 Text1 和 Text2）和一个命令按钮（Name 属性为 Command1），然后编写如下两个事件过程：

```
Private Sub Command1_Click()
  a=Text1.Text+Text2.Text
  Print a
End Sub
Private Sub Form_Load()
  Text1.Text=""
  Text2.Text=""
End Sub
```

程序运行后，在第一个文本框（Text1）和第二个文本框（Text2）中分别输入 123 和 321，然后单击命令按钮，则输出结果为（　　）。

A. 444　　B. 321123　　C. 123321　　D. 132231

三、程序设计

1. 编写过程求 1!+2!+3!+4!+…+20!。

2. 编写过程求序列 2/1、3/2、5/3、8/5、13/8、21/13……的前 20 项之和。

3. 编写程序完成如下功能：分别将字符串 a 和字符串 b 中的字符倒置。然后按交叉的顺序将两个字符数组合并到字符数组 c 中，过长的部分直接连接在 c 的尾部（例如，若字符串 a 的内容为“abcdefgh”，字符串 b 的内容为“1990”，则结果为“h0g9f9e1dcba”）。

4. 编写过程，求 100～300 中所有的素数，并将其存放到一个数组中。

5. 编写过程，判断一字符串是否是回文（例如“ababa”是回文，而“abdfa”不是）。

6. 输入一个字符串，内有数字和非数字字符（例如，A123x4561bcd7960?302tab5876）。输出子字符串，编写过程，将其中连续的数字作为一个整数，依次存放到一维数组 a 中。

第 6 章 常 用 控 件

控件是 Visual Basic 中提供实现用户界面上对象的重要方法之一。通过控件可以在用户界面上产生对象，采用对象可以在屏幕上显示数据和通过键盘获取用户输入的数据。也就是对象能够实现和用户的交互，可以设计出满足复杂要求的应用程序。

6.1 控件的基本概念

控件是某种图形构件的统称，如命令按钮控件、标签控件、列表框控件、组合框控件等。用控件创建的对象则是某一个赋有名称的控件对象。

6.1.1 控件的分类

VB 中的控件分为三类：标准控件、ActiveX 控件和可插入对象。

1. 标准控件

标准控件又称内部控件，在默认状态下工具箱中显示的控件都是内部控件（共有 20 个）。这些控件由 VB 的 EXE 文件提供，不能进行删除和添加操作。例如，命令按钮、文本框和复选框等都属于内部控件。

2. ActiveX 控件

为了方便设计功能强大的复杂应用程序，VB 和第三开发商提供了大量的 ActiveX 控件。ActiveX 控件是对内部控件的扩充，ActiveX 部件是可以重复使用的编程代码和数据，是由 ActiveX 技术创建的一个或多个对象所组成的、以.ocx 为扩展名的独立文件。

ActiveX 部件通常存放在 Windows 的 System32 目录中，ActiveX 控件文件的类型名为 *.ocx。在使用 ActiveX 控件之前，应先将其添加到工具箱中，方法是单击“工程”菜单中的“部件…”（或右键单击工具箱，从快捷菜单中选择“部件…”）。例如，通用对话框就是一种 ActiveX 控件，它对应的控件文件名是 Comdlg32.ocx。常用的 ActiveX 控件及其所在的部件和文件名如表 6.1 所示。

表 6.1 常用 ActiveX 控件

ActiveX 控件	ActiveX 部件	文 件 名
通用对话框(CommonDialog)	Microsoft Common Dialog Control 6.0	Comdlg32.ocx
工具栏(ToolBar)	Microsoft Windows Common Control 6.0	Mscomctl.ocx
状态栏(StatusBar)		
进度条(ProgressBar)		
滑块(Slider)		
多媒体(MMControl1)	Microsoft Multimedia Control 6.0	Mci32.ocx

3．可插入对象

可插入对象是 Windows 应用程序的对象，如 Microsoft Word 文档、AutoCAD Drawing 等。可以将可插入对象添加到工具箱中，像使用标准控件一样使用。

6.1.2 控件对象属性、事件及方法

1．属性

属性是一个对象的基本特性，每个对象都有自己的属性。在可视化编程中，对象常见的属性有标题（Caption）、颜色（Color）、字体（Font）、是否可见（Visible）等。不同对象都有默认的属性值，如果不设置属性值，程序就将使用其默认属性。通过修改对象的属性，可以改变对象的外观和功能。

通常设置对象属性的方法有两种：

① 在对象设计阶段，通过属性窗口的属性列表设置对象的属性。

② 在程序代码中，用赋值语句设置对象的属性，其语句格式为：

对象名.属性名=属性值

例如，Label1.Caption= "VB 程序设计"。

2．方法

一般来说，方法就是要执行的动作，是由 VB 提供的一种特殊的过程和函数。在 VB 中，已将一些通用的过程和函数编写好并封装起来，作为方法供用户调用。如对象打印（Print）方法、显示窗体（Show）方法、清除（Cls）和移动（Move）方法等。

对象的方法是在对象上实施某种操作功能，不能在设计界面时调用对象的方法，而只能在程序代码中使用这些方法。

在程序代码中调用对象方法的语句格式为：

对象名.方法名

例如，Form1.Print "欢迎您使用 VB 程序设计语言!"。

3．事件

事件是指对象对于外部动作的响应，当对象发生了某个事件，就会执行与此对象的这个事件相应的代码，这段代码被称为事件过程。

事件就是在对象上所发生的事情。在 Visual Basic 中，系统预先为每个对象定义好了一系列事件，例如，单击（Click）事件、双击（DblClick）事件、装入（Load）事件、改变（Change）事件、鼠标移动（MouseMove）事件等。对象的事件是由 Visual Basic 预先设置好的、能被对象识别的动作。用户不能建立新的事件。当事件由用户触发（如单击）或由系统触发（如装入）时，应用程序就响应这个事件。响应某个事件时所执行的程序代码就是事件过程。

事件过程的一般格式如下：

```
Private Sub 对象名_事件名（）
    程序代码
End sub
```

常用的事件有两种，即鼠标事件和键盘事件。

例如，Command1_Click()事件就是用鼠标单击命令按钮 Command1 的事件，编写代码的目的就是告诉应用程序，如果用鼠标单击 Command1 时，该如何响应，即应用程序该做些什么。

例如，我们在窗体 Form1 上单击一下，就会产生一个 Click 事件，并执行与其相对应的事件过程。这个的事件过程名称为 Form1_Click()。

我们可以编写事件过程代码，使得当某个对象发生了某个事件时可以执行我们需要的一些操作。事件即控件对外部条件的反应，不同的控件具有不同的事件。

6.2　窗体

窗体（Form）是用户界面最基本的组成部分，也是创建应用程序所使用的主要对象之一。窗体有自己的属性、事件和方法，以便控制窗体的外观和行为。窗体又是其他对象的载体或容器，几乎所有的控件都可以放置在窗体上。当使用 VB 创建一个工程时，就会自动创建一个新窗体，并将该窗体命名为 Form1.frm。窗体组成如图 6.1 所示。

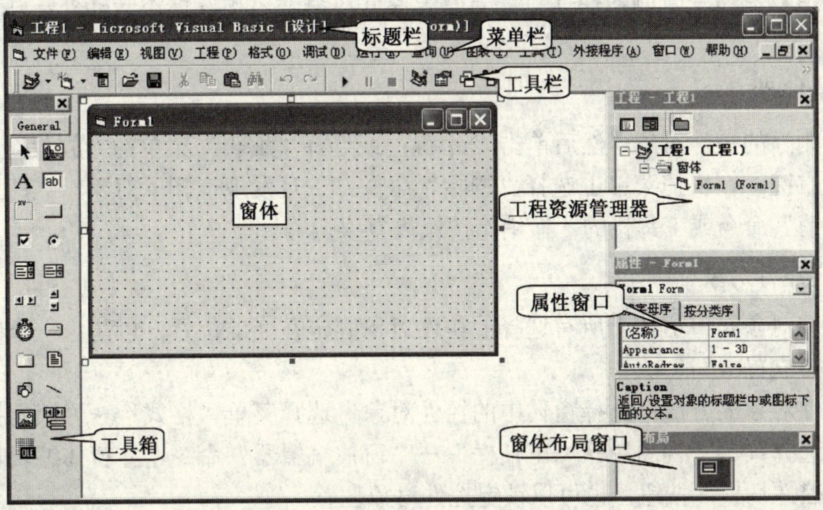

图 6.1　窗体组成

6.2.1　窗体的基本操作

1. 向窗体中添加控件对象

当鼠标指针指向工具箱上某个控件图标时，会在控件旁边显示出该控件名称。向窗体中添加控件对象有以下两种方法。

方法 1：单击工具箱上的某控件图标，然后把光标移到窗体上，此时，在窗体上的光标变成一个“十”字形图标，拖曳鼠标，直到调整控件对象到所需的大小即可。

方法 2：双击工具箱上的控件图标，窗体中央出现默认大小的控件对象，拖动该控件到合适的位置即可。

采用方法 1 或方法 2 在窗体上设计好控件对象，单击该控件对象，然后再用复制和粘贴命令复制出一个控件对象，在这个过程中屏幕上会出现一个对话框，提问是否要建立控件对象数组，单击“否”按钮，就把活动控件对象复制到窗体的左上角，可以获得同样尺寸的控件对象。如果单击“是”，将建立一组索引号不同的控件对象组。用这种方法创建的控件对象可以获得同样尺寸。

2. 改变对象大小

选择放置在窗体上的控件对象，其周围有 8 个小方块，这 8 个小方块用于改变窗体上控件对象的大小，故也称为尺寸控制柄。把鼠标指针移到任何一个小方块上，待鼠标指针变成双向箭头时，拖动鼠标就能改变窗体上控件对象的大小。

3. 移动控件对象

把鼠标指针移到控件对象上，拖曳鼠标，就能移动窗体上的控件对象。

4. 复制控件对象

为设计出美观的用户界面，采用复制方法，可在同一窗体上建立多个同样大小的控件。复制控件对象的方法为：选中窗体上被复制的控件对象，然后单击右键选择“复制”和“粘贴”命令完成控件对象的复制，最后将复制的控件对象用鼠标拖到需要的位置上。

注意，用复制命令复制的控件对象与原来控件对象除名称属性不一样外，其他是完全一致的。

5. 删除控件对象

选择要删除的控件对象，然后单击 Del 键；或选择“编辑”菜单的“删除”命令；也可以单击鼠标右键，在快捷菜单上选择“删除”命令。一旦发现误删了对象，立即用“编辑”菜单的“撤销”命令或工具栏的“撤销”按钮恢复误操作。

6. 锁定控件对象

锁定控件对象是将窗体上所有选择的控件对象固定在当前位置，以防止一个错误的操作移动了控件的位置。

锁定控件对象的方法：选择窗体中的控件对象，选择菜单“格式”→“锁定控件”命令即可；或者选择菜单“视图”→“工具栏”→“窗体编辑器”命令，在窗体编辑器工具栏上单击“锁定控件切换”按钮，也可以锁定控件对象位置。

7. 对齐控件对象

对齐控件对象的步骤如下：

（1）选择需要对齐的控件对象

先按住 shift 键，然后逐一单击需要选择的控件对象，即选中了一组控件对象。只有最后一个被选中的控件是蓝色的，其他控件周围都是白色的小方块。

（2）选择基准控件对象（以它的位置、大小等为依据）

最后一个被选中的控件对象被称为基准控件对象，如果要改变其他控件对象为基准控件对象，直接单击该控件对象即可将其设置为基准控件对象。

（3）在“格式”菜单中完成两种对齐操作

【方式一】 选择菜单“格式”→“对齐”→“选择对齐方式”命令完成相应的对齐；

【方式二】 选择菜单“格式”→“统一尺寸”→“两者都相同”命令，此方式下，控件大小尺寸相同。

8. 控件对象属性值的设置方法

属性用来表示对象的特征，每一个对象所具有的属性是不同的。设置对象属性值的方法有两种（前边已经介绍，这里不再重复）。但要注意以下两点：

① 一定要确定是给哪个对象属性赋值，不要写错对象名，如果省略对象名，则指的是窗体；

② 一般不必对对象的所有属性一一赋值，对多数属性可采用系统默认值。

通常情况下，属性窗口位于主窗口右边，如果被关闭了，需要打开，打开方法一般有以下几种：选择菜单“视图”→“属性窗口”命令；单击工具栏上“属性窗口”按钮；右击窗体中任何位置，在快捷菜单中单击“属性窗口”选项。

6.2.2　窗体的基本属性

（1）AutoRedraw（自动重显）

该属性控制屏幕图像的重建，主要用于多窗体程序设计中。其格式如下：

对象.AutoRedraw

如果把这个属性设置为 True，则当一个窗体被其他窗体覆盖，又回到该窗体时，将自动刷新或重显该窗体上的所有图形。

（2）BackColor（背景颜色）

该属性用来设置窗体的背景颜色。颜色是一个十六进制常量，每一种颜色对应一个常量。

（3）BorderStyle（边框样式）

该属性用来设置窗体边框样式，可以设置如下 6 个值：

0-None：窗体无边框。

1-Fixed Single：窗体大小固定，边框细线。包含控制菜单。

2-Sizable（默认值）：窗体大小可变，并有标准的粗线边框。

3-Fixed Dialog：固定对话框。包含控制菜单和标题栏，窗体大小不可变，也没有最大化、最小化。

4-Fixed ToolWindow：固定窗体。窗体大小不可变，窗体上只有关闭按键。

5-Sizable ToolWindow：可变窗体。窗体大小可变，窗体上只有关闭按键。在程序运行过程中该属性是“只读”属性，也就是说，该属性只能在设计阶段设置。

（4）Caption（标题）

该属性用来设置窗体标题。

（5）Enabled（可用性）

该属性用于激活或禁止操作。每一个对象都有一个 Enabled 属性，可以设置为 True 或 False，分别用来激活或禁止该对象。

（6）Height、Width（高、宽）

这两个属性用来指定窗体的高度及宽度。

（7）Icon（图标）

该属性用来设置窗体最小化时的图标。

（8）Name（名称）

该属性用来指明对象的名称。用 Name 属性设定的名称就是在程序代码中所使用的对象名，这和对象的标题（Caption）属性不是一回事，在程序中 Name 也是只读属性。

（9）Picture（图形）

用来在对象中显示一个图形。

（10）Left、Top（左边、上边位置）

这两个属性用来设置对象的左边及上边的坐标值，用以控制对象的位置。

（11）Visible（可见性）

用来设置对象的可见性。如果将该属性设置为 False，则将隐藏对象，如果设置为 True，则对象可见。

（12）MaxButton 和 MinButton 属性

该属性设置的值可以是 True 或 False，分别表示窗体右上角有无最大化、最小化按钮。

（13）WindowState 属性

该属性代表窗口的状态，用于指示程序运行时窗口的状态，处于最大化时，其属性值为 2；处于最小化时，其属性值为 1；处于正常状态时，其属性值为 0。

6.2.3 窗体的生命周期及事件

所谓窗体的生命周期，是指一个窗体从创建到卸载的整个过程。在这个过程中窗体分为四个状态：创建状态、加载状态、可见状态和卸载状态。

1．创建状态

启动一个窗体时，首先将进入创建状态，在该状态中，将触发 Form_Initialize()事件，可以利用该事件来初始化窗体所用的数据。

注意，处于创建状态的窗体仅仅作为一个对象存在，并没有具体的窗口，窗口的可视化部分还没有装入内存。

2．加载状态

创建状态很短，很快就进入窗体的加载状态。在该状态中，将触发 Form_Load( )事件，也可以利用该事件来初始化所用的数据。

Form_Load()事件过程开始后，窗体上所有控件都将创建和加载，但这时窗体还没有显示出来，因此我们还无法利用该事件在窗体上打印信息。

一个窗体要显示出来，必须经过窗体的加载状态这一阶段。在一个工程中，只有启动窗体才会被自动加载，其他窗体使用 Load 语句加载。

例如，Load Form3 表示加载窗体模块中的第 3 个窗体。

【例 6.1】 设计程序，使窗体一打开就在屏幕的右下角。

指定窗体位置的属性是 Left 和 Top，程序段如下：

```
Sub Form_Load()
    Form1.Top=Screen.Height-Form1.Height
    Form1.Left=Sreen.Width-Form1.Width
End Sub
```

3．可视状态

当窗体出现在屏幕上后，就进入了窗体的可视状态。这时就可以对窗体及其上的控件进行操作了。

使用 Show 和 Hide 方法可以显示和隐藏应用程序中的某个窗体。

例如，Form2.Show

Form2.Hide

注意，当一个窗体处于可视状态时，其 Visible 属性为 True，隐藏后，其 Visible 属性为 False。

【例 6.2】 显示或隐藏窗体示例。

```
If  Form2.Visible Then
    Form2.Hide
    Else
    Form2.Show
End If
```

可视状态的事件有两个：窗体变为活动状态 Activate 事件和窗体变为非活动状态 DeActivate 事件。当一个窗体变成活动窗体时，就会触发 Activate 事件。而另一个窗体（Form2）或应用程序窗体不再是活动窗口时会触发 DeActivate 事件。

```
Sub Form_Activate()
     MsgBox "窗体变为活动状态"
End sub
Sub Form_DeActivate()
     MsgBox "窗体变为非活动状态"
End sub
```

注意，两个焦点事件会伴随 Activate 事件和 Deactivate 事件而发生，在 Activate 事件之前有 GotFocus 事件发生；Deactivate 事件之前有 LostFocus 事件发生。

4．卸载状态

当用户关闭应用程序后，将对窗体进行卸载。窗体卸载将分别触发 Form_QueryUnload() 事件和 Form_Unload()事件，且 Form_QueryUnload()事件发生在前。通常，可以利用 Form_QueryUnload()事件，停止窗体的卸载。

窗体的卸载方法：使用 Unload 命令或通过界面操作窗体关闭按钮实现自动卸载。

【例 6.3】 设置命令按钮来完成窗体的卸载。

程序段如下：

```
Sub Command1_Click()
    Unload me
End Sub
```

或

```
Sub Command1_Click ()
    Unload Form2
End Sub
```

6.2.4　窗体主要方法

窗体最常用的方法有：显示窗体（Show），打印输出（Print）、移动（Move）、清除（Cls）、隐藏（Hide）等。

1．Show 方法

用于显示窗体,如果窗体被遮住通过调用 Show 方法可移到屏幕的最顶端。如果调用 Show 方法时指定的窗体没有加载，VB 将自动加载该窗体。

语法格式：

窗体名.Show [Modal][,Owerner]

其中，Modal 指定窗体显示的模式，可以为 vbModal（值为 1）或 vbModeless（值为 0，默认值），vbModal 表示将窗体作为模式对话框显示，这种情况下，Show 方法后的代码要等到模式对话框关闭之后才能执行，且焦点也不能移动到其他窗体；vbModeless 表示将窗体作为无模式对话框显示，这种情况下，焦点能在其他窗体之间转移。

Owerner 指定窗体的拥有者，可将某个窗体的窗体名传给这个参数，使得这个窗体成为新窗体的拥有者。使用该参数，可以确保对话框在其父窗体最小化时它自己也最小化，或者在其父窗体关闭时它也卸载。

2．Print 方法

语法格式：

[对象.]Print [{Spc(n)|Tab(n)}][表达式列表][；|，]

功能：在对象上输出信息。

其中，对象代表窗体、图形框或打印机，可以省略对象在窗体上输出。

Spc(n)函数表示插入 n 个空格。

Tab(n)函数表示左端开始右移动 n 列（绝对列）。

；(分号)表示光标定位在上一个显示的字符后。

，(逗号)表示光标定位在下一个输出区的开始位置处。每个输出区占 14 字符位置。无“;,”换行。

开始打印的位置是由对象的 CurrentX 和 CurrentX 属性决定，默认为打印对象的左上角。

注意，Print 方法若要在 Form_Load()事件过程中起作用，必须设置窗体的 AutoRedraw 为 True。

3．Cls 方法

语法格式：

[对象.]Cls

功能：清除运行时在窗体或图形框中显示的文本或图形。

注意，不清除在设计时的文本和图形。清屏后坐标当前回到原点即对象的左上角(0，0)。

4．Move 方法

语法格式：

[对象.]Move 左边距[，上边距[，宽度[，高度]]]

功能：移动窗体或控件，并可改变其大小。

其中，对象可以是窗体和除时钟、菜单外的所有控件，省略代表窗体。

左边距、上边距、宽度、高度均为数值表达式。如果是窗体对象，则左边距和上边距是以屏幕左边界和上边界为准。其他则是以窗体的左边界和上边界为准。

5. Hide（隐藏）方法

语法格式：

窗体名.Hide

功能：用于使指定的窗体不显示，但不从内存中删除窗体。

6. Line 方法

语法格式：

[对象名.]Line [Step] [(x1,y1)]-[Step] (x2,y2) [,[颜色][,B[F]]]

功能：在窗体或图形框中绘制直线或矩形。

其中，对象名为要绘制直线或矩形的容器对象名称，如窗体、图形框等，默认为当前窗体。

(x1,y1)表示起点坐标，可选项。如果省略，图形起始于由 CurrentX 和 CurrentY 指示的位置。

(x2,y2)表示终点坐标。Step 指定相对于起点的终点坐标，可选项。当在(x1,y1)前出现 Step 时，表示(x1,y1)是相对于由 CurrentX 和 CurrentY 指示的位置；当在(x2,y2)前出现时，表示(x2,y2)为相对于图形起点的终点坐标。

颜色表示直线或矩形的颜色，如果省略，则使用 ForeColor 属性的值作为直线或矩形的颜色。

B 表示利用对角坐标画出矩形，可选项。如果选择了 B，则以(x1,y1)、(x2,y2)为对角坐标画出矩形。

F 是可选项，如果使用了 B 参数后再选择 F 参数，则规定矩形以矩形边框的颜色填充。如果不使用 F 参数只使用 B 参数，则矩形用当前容器对象的 FillColor 和 FillStyle 填充。FillStyle 的默认值为 1-Transparent（透明）。不能只选择 F 参数而不选择 B 参数。

例如，① 画一条从(250, 300)到(400, 500)点的直线，语句为 Line (250,300)-(400,500)。

② 从当前位置（由 CurrentX，CurrentY 决定）画到(400,500)，语句为 Line-(400,500)。

③ 出发点是(150,250)，终点是向 X 轴正向走 150，向 Y 轴正向走 50 的点，语句为 Line (150,250)-Step(150,50) 相当于 Line (150,250)-(300,300)。

④ 画一个左上角在(20,40)，右下角在(150,200)的矩形，注意在 color 参数省略时，逗号并不省略。语句为 Line (20,40)-(150,200), B。

⑤ 用红色从点(20,40)到点(400,500)画一个实心的矩形，语句为 Line(20,40)-Step (380,460), RGB(255,0,0), BF。

6.2.5　启动窗体的设置

对于多重窗体应用程序，需要指定程序运行时的启动窗口。其他窗体的加载与显示由启动窗体控制。在默认情况下，系统会以创建的第一个窗体为启动窗体。

如果想指定其他窗口为启动窗口，打开“工程”菜单，选择“工程属性”命令，出现如图6.2所示的“工程属性”对话框，选择“通用”选项卡。在“启动对象”下拉列表中列出了当前工程的所有窗体，从中选择要作为启动窗体的窗体，单击“确定”按钮即可。

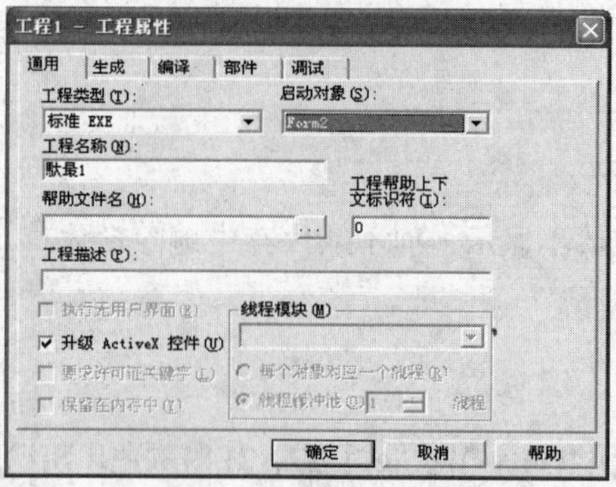

图 6.2 “工程属性”对话框

6.3 基本控件

6.3.1 标签

标签（Label）是 VB 中最简单的控件，它的功能是显示字符串，通常用于显示文字提示信息。主要用标签来标注本身不具有 Caption 属性的控件对象。例如，可用标签为文本框、列表框、组合框等控件添加描述性的说明。还可编写代码改变标签控件的显示文本以响应运行时的事件。例如，若应用程序需要用几分钟处理某个操作，则可用标签显示“正在处理中”的提示信息。

1. 标签的常用属性

标签的属性很多，在这里介绍常用的属性。

（1）Alignment 属性

设置标签中文本的对齐方式。其语法格式如下（这里的对象名为标签控件对象名）：

对象名.Alignment[=值]

其中，“值”可以为 0、1 或 2。0（默认值）表示左对齐；1 表示右对齐；2 表示居中。

（2）AutoSize 属性

设置控件是否能够自动调整大小以显示所有内容。其语法格式如下：

对象名.AutoSize[=True 或 False]

（3）BackStyle 属性

设置标签的背景样式。其语法格式如下：

对象名.BackStyle[=值]

其中，“值”可以为 0 或 1。1（默认值）表示是不透明的；0 表示是透明的。

（4）BorderStyle 属性

设置标签的边框样式。其语法格式如下：

对象名.BorderStyle[=值]

其中，“值”可以为 0 或 1。0（默认值）表示无边框；1 表示单线边框。

（5）Caption 属性

设置标签的文本内容。其语法格式如下：

对象名.Caption[=字符串]

（6）WordWrap 属性

设置标签的文本在显示时是否具有自动折行功能。其语法格式如下：

对象名.WordWrap[=True 或 False]

其中，True 表示具有自动折行功能；False（默认值）表示没有自动折行功能。

2. 标签常用事件和方法

一般很少使用标签事件，标签方法中常用的有 Move，其语法格式如下：

对象名.Move left,top,width,height

其中 left，top，width，height 分别表示移动目的位置的坐标和大小。left 为必选参数，其他三个为可选参数。

【例 6.4】 击按钮 Command1，标签 Label1 右、左移动，结果如图 6.3 所示。

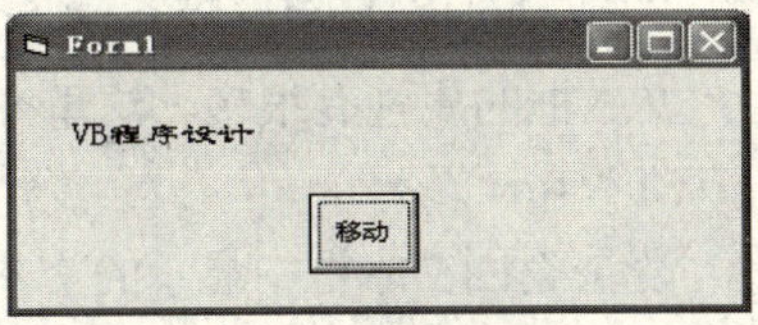

图 6.3 运行结果

程序段如下：

```
Private Sub Command1_Click()
    Label1.Move Form1.Width - Label1.Width - Label1.Left
End Sub
```

3. 标签应用例子

【例 6.5】 设计一个窗体，添加标签对象并设置基本属性值，然后编写程序改变其属性值。

首先创建一个工程，在其中添加一个窗体 Form2，并将其设置为启动窗体，在该窗体中放置一个标签 Label1，该标签的基本属性如表 6.2 所示。再添加一个命令按钮 Command1。

表 6.2 标签的基本属性

属　性	基本属性值	程序设置属性值
Name	Label1	Label1
Caption	大学计算机程序设计语言	VB 程序设计语言
BorderStyle	0	1
BackColor	&H00FF0000&(蓝色)	&H0080FFFF&(黄色)
ForeColor	&H000000FF&(红色)	&H0000FF00&（绿色）
Font	楷体_GB2312，二号字，常规	宋体，二号字，常规

程序段如下：

```
Private Sub Command1_Click()
    Label1.Caption = "VB 程序设计语言"
    Label1.BorderStyle = 1
    Label1.BackColor = &H80FFFF&
    Label1.ForeColor = &HFF00&
    Label1.Font = "宋体"
End Sub
```

运行结果如图 6.4 所示。

6.3.2 文本框

图 6.4 运行结果

文本框（TextBox）可以供用户输入数据，是 VB 中显示和输入文本信息的主要方法，也是图形用户界面中最常用的控件。文本框提供了所有基本文字输入和输出功能，在 Windows 环境中几乎所有的输入动作都是利用文本框来完成的。文本框可以输入单行文本，也可以输入多行文本，还具有根据控件的大小自动换行和添加基本格式的功能。

1. 文本框的常用属性

文本框的属性有很多，这里介绍它的常用属性。

（1）Text 属性

设置/返回文本框中显示的文本内容。其语法格式如下（以下对象名为文本框控件对象名）：

对象名.Text[=字符串]

（2）MaxLength 属性

设置文本框中输入的字符串长度是否有限制。默认值为 0，表示该单行文本框中字符串的长度只受操作系统内存的限制；若设置为大于 0 的数，则表示能够输入的最大字符数目。

（3）MultiLine 属性

设置文本框是否以多行方式显示文本。设置为 True 时以多行文本方式显示；设置为 False（默认）时以单行方式显示，超出文本框宽度的部分被截除。其语法格式如下：

对象名.MultiLine [=True 或 False]

（4）PasswordChar 属性

设置在文本框中是否显示用户输入的字符。如果该属性设置为某一字符，那么无论 Text 属性值是什么，在文本框中都只显示该字符。

（5）ScrollBars 属性

设置文本框是否有垂直或水平滚动条。其语法格式如下：

对象名.ScrollBars[=值]

其中，“值”可以为 0，1，2，3。0（默认值）表示没有滚动条；1 表示有水平滚动条；2 表示有垂直滚动条；3 表示有水平和垂直滚动条。另外，要想使该属性有效，MultiLine 属性必须设置为 True。

（6）SelLength、SelStart 和 SelText 属性

这 3 个属性只能在代码中使用。

SelLength 返回/设置在文本框中选定的字符数。

SelStart 返回/设置在文本框中选定文本的起始点。

SelText 返回/设置在文本框中当前选定文本的字符串。

2. 文本框的常用事件和方法

文本框对象中，较常用的方法是 SetFocus；较常用事件是 Change 和 KeyPress。

（1）SetFocus 方法

将焦点（插入点）移动到指定的文本框（Text1）对象中。其语法格式如下：

Text1. SetFocus

（2）Change 事件

当文本框 Text1 的内容被修改时触发。其过程结构如下：

Sub Text1_Change([Index As Integer])

End Sub

其中，Text1 是文本框的名称。Index 是一个整数，若该文本框属于一个控件数组，则 Index 表示该文本框在数组中的下标，否则不需要这一参数。

（3）KeyPress 事件

当在文本框 Text1 中按任一键时触发。其过程结构如下：

Sub Text1_KeyPress(KeyAscii As Integer)

End Sub

其中，KeyAscii 为按键对应的 ASCII 编码。

3. 文本框的应用例子

【例 6.6】 设计一个窗体，理解文本框的基本应用。

本例窗体的设计界面如图 6.5 所示。运行该窗体后，在第一个文本框中输入“ABC”，这时在第二个文本框中显示该明码如图 6.5 所示。

首先在工程中添加一个窗体（Form3），并将其设置为启动窗体，在其中创建两个标签（Label1、Label2）和两个文本框（Text1、Text2）。标签用于显示提示信息，其标题分别为“密码”和“明码”。两个文本框中第一个文本框的名称为 Text1，用于输入密码，密码输入时以“*”形式显示出来，界面示意如图 6.5 所示。该文本框的基本属性如表 6.3 所示。第二个文本框的名称为 Text2，用于以明码方式显示在第一个文本框中输入的内容。为此，在文本框 Text1 上设计如下事件过程：

```
Private Sub Text1_Change()
    Text2.Text = Text1.Text
End Sub
```

表 6.3　文本框的基本属性

Name	Text1
Appearance	0-Flat
BackColor	&H00FFFFFF&
ForeColor	&H000000FF&
PasswordChar	"*"

图 6.5　运行结果

6.3.3　命令按钮

命令按钮（CommandButton）主要用来执行某一功能的代码程序，通常在命令按钮的 Click 事件中编写一段程序，当用户用鼠标单击这个按钮时，就会启动这段程序，完成某一特定的功能。大多数 VB 应用程序中都有命令按钮，用户可以单击执行操作。

1. 命令按钮常用属性

命令按钮的常用属性如下。

（1）Cancel 属性

设置命令按钮是否为窗体的“取消”按钮。当 Cancel 属性值为 True 时，用户按 Esc 键，会触发该按钮的 Click 事件。Cancel 属性设置的语法格式如下（这里的对象名为按钮控件对象名）：

对象名.Cancel[=True 或 False]

默认为 False，当为 True 时表示按 Esc 键时响应 Click 事件；为 False 表示按 Esc 键时不响应 Click 事件。

（2）Caption 属性

设置命令按钮的标题，即命令按钮上显示的文字。其语法格式如下：

对象名.Captionl[=字符串]

（3）Default 属性

设置命令按钮是否为默认按钮，即当运行程序时，用户按回车键时，激活默认按钮。其语法格式如下：

对象名.Default[=True 或 False]

为 True 时表示该命令按钮为默认按钮；为 False（默认值）表示该命令按钮不是默认按钮。

注意，一个窗体上只能有一个命令按钮为默认按钮。

（4）Enabled 属性

设置命令按钮是否能被按下，即是否有相应的事件。其语法格式如下：

对象名.Enabled=True 或 False

为 True（默认值）时表示该命令按钮能被按下以执行特定功能；为 False 表示该命令按钮不能按下来执行特定功能。

（5）Picture 属性

设置命令按钮上显示的图形。其语法格式如下：

对象名.Picture[=图形文件名]

注意，只有在命令按钮的 Style 属性设置为 1 时，才会在命令按钮上显示图形。

（6）Style 属性

设置命令按钮的类型。其语法格式如下：

对象名.Style[=0 或 1]

取 0 时表示为标准按钮；取 1 时表示为图形按钮，这时会在标题文本的上方显示由 Picture 属性指定的图形。

2．命令按钮常用事件和方法

命令按钮最重要的是 Click 和 DblClick 事件。

（1）Click 事件

当用户在命令按钮 Command1 上单击鼠标时触发。其过程结构如下：

```
Sub Command1_Click([Index As Integer])
End Sub
```

其中，Command1 是命令按钮的名称。Index 是一个整数，若该命令按钮属于一个控件数组，则 Index 表示该命令按钮在数组中的下标，否则不需要这个参数。

（2）DblClick 事件

当用户在命令按钮 Command1 上双击鼠标时触发。其过程结构如下：

Sub Command1_DblClick([Index As Integer])
End Sub

参数 Index 的含义与 Click 事件中的相同。

3. 命令按钮应用例子

【例 6.7】 设计一个窗体，理解命令按钮的基本应用。

首先在工程中添加一个窗体（Form4），并将其设置为启动窗体。在其中放置三个文本框、两个命令按钮，界面示意如图 6.6 所示。命令按钮的主要属性设置如表 6.4 所示。运行结果如图 6.6 所示。

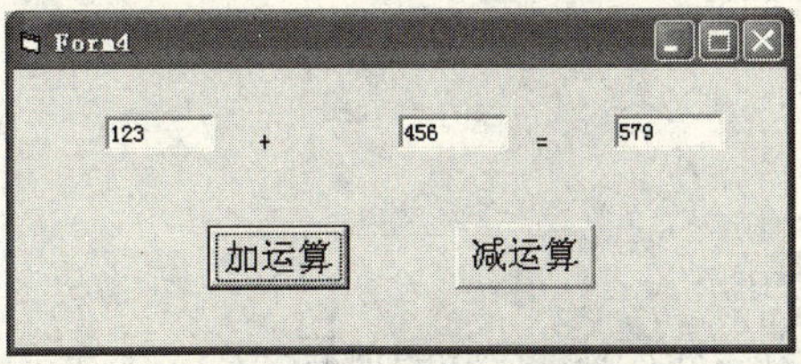

图 6.6　命令按钮运行结果

表 6.4　命令按钮的主要属性

属性	Command1	Command2
Caption	加运算	减运算
Font	宋体	宋体
FontSize	14	14
Style	1	0

两个命令按钮 Command1 和 Command2 上分别设计以下事件过程：

```
Private Sub Command1_Click()
    Label1.Caption = "+"
    Text3.Text = Val(Text1.Text) + Val(Text2.Text)  'Val()将字符串转换为数值型
End Sub
Private Sub Command2_Click()
    Label1.Caption = "-"
    Text3.Text = Val(Text1.Text) - Val(Text2.Text)
End Sub
```

6.4　复选框、单选按钮和框架

6.4.1　复选框

复选框（CheckBox）是多选类控件，用来设置需要或不需要某一选项功能。在运行时，如果用户用鼠标单击复选框的方框，方框中就会出现一个“√”符号，表示已选取这个功能了。复选框的功能是相互独立的，如果在同一窗体上有多个复选框，用户可根据需要选取其中一个或多个。

复选框与单选按钮的功能区别，一组单选按钮中只允许选定其中的一个；而在一组复选框中可以选择多个。

使用复选框时，每单击一次将在选中与未选中状态间切换。每次单击也激活复选框的 Click 事件，可执行相应操作。

1. 复选框的常用属性

（1）Caption 属性

设置复选框的标题，与一般控件不同，复选框的标题一般显示在复选框的右侧，主要用来提示用户复选框的功能。

（2）Value 属性

设置复选框在执行时的三种状态，分别是：

0（默认值）：表示未复选，处于该状态的复选框在运行时复选框前没有“ √ ”标志。

1：表示选中，执行时复选框前有“ √ ”标志。

2：表示灰色，复选框前有 “ √ ”标志，但以灰色显示，表示已经处于选中状态，但不允许用户修改它所处的状态。

2. 复选框的常用事件

复选框的常用事件为 Click，而复选框的方法很少使用。

复选框的 Click 事件表示用户在一个复选框（Check1）上单击鼠标按钮时发生的事件。其过程结构如下：

```
Private Sub Check1_Click()
End Sub
```

3. 复选框应用例子

【例 6.8】 设计一个窗体，理解复选框的基本应用。

首先在工程中添加一个窗体（Form5），并将其设为启动窗体。在其中放置一个文本框 Text1 和 4 个复选框 Check1、Check2、Check3 和 Check4，界面示意如图 6.7 所示。复选框的主要属性设置如表 6.5 所示，运行结果如图 6.7 所示。

图 6.7 复选框应用

表 6.5 复选框的主要属性

属性	Check1	Check2	Check3	Check4
Caption	"粗体"	"下划线"	"15 号字"	"斜体"

在该窗体上设计对象事件过程如下：

1. 复选框 Check11（粗体）的 Click 事件过程：

```
Private Sub Check1_Click()
    If Check1.Value = 1 Then
        Text1.FontBold = True
Else
        Text1.FontBold = False
    End If
End Sub
```

2. 复选框 Check2（下划线）的 Click 事件过程：

```
Private Sub Check2_Click()
    If Check2.Value = 1 Then
        Text1.FontUnderline = True
Else
        Text1.FontUnderline = False
    End If
End Sub
```

3．复选框 Check3（15 号字）的 Click 事件过程：

```
Private Sub Check3_Click()
    If Check3.Value = 1 Then
        Text1.FontSize = 15
Else
        Text1.FontSize = 9
    End If
End Sub
```

4．复选框 Check4（斜体）的 Click 事件过程：

```
Private Sub Check4_Click()
    If Check4.Value = 1 Then
        Text1.FontItalic = True
Else
        Text1.FontItalic = False
    End If
End Sub
```

6.4.2　单选按钮

单选按钮（Option Button）控件与复选框控件的功能非常相似，复选框表示是否需要某个选项，可以同时选择多个选项，即各选项间是不互斥的。单选按钮则是只能从多个选项中选择一个，各选项间的关系是互斥的。

单选按钮使用时将多个单选按钮构成一个选项组，同一时刻只能选择同一组中的一个单选按钮，因此，经常将单选按钮放在一个框架中构成一个选项组。也就是说，单选按钮通常以组的形式出现的。在同一组单选按钮中，通常只有一个单选按钮处于选中状态；如果选中了其中的一个，其余单选按钮则自动清除为非选中状态。

1．单选按钮常用属性

（1）Caption 属性

设置显示标题，提示单选按钮的功能。默认状态下显示在单选按钮的右方，也可以用 Alignment 属性改变 Caption 的位置。

（2）Alignment 属性

设置提示文字位置的对齐方式，其取值如下：

0（默认值）：靠左对齐，即圆形按钮位于单选按钮的左边，文字显示在右边。

1：靠右对齐，圆形按钮位于单选按钮的右边，文字显示在左边。

（3）Value 属性

设置单选按钮在执行时的状态，其值有两个：

True：表示选中状态，运行时该单选按钮的圆圈中出现一个黑点。

False（默认值）：表示未选中状态。

2．单选按钮常用事件

单选按钮的常用事件为 Click。当用户在一个单选按钮上单击鼠标按钮时发生该事件。例如，单选按钮 Option1 的 Click 事件过程结构如下：

Private Sub Option1_Click()
End Sub

3. 单选按钮应用例子

【例 6.9】 设计一个窗体，理解单选按钮的基本应用。

首先在工程中添加一个窗体（Form6），并将其设置为启动窗体。在其中放置一个文本框（Text1）和 3 个单选按钮（Option1、Option2、Option3），界面示意如图 6.8 所示。单选按钮的主要属性设置如表 6.6 所示，运行结果如图 6.8 所示。

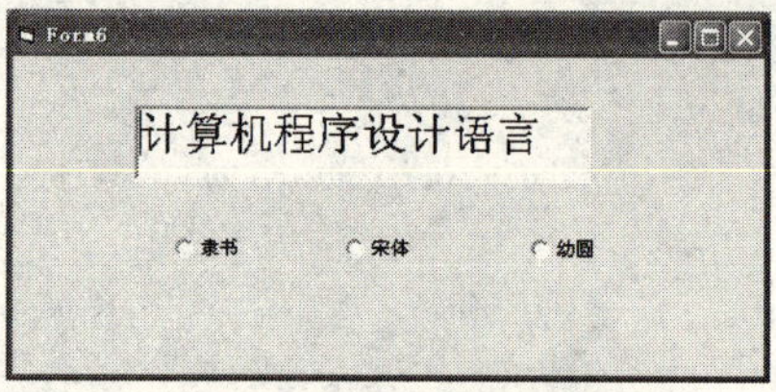

图 6.8　单选按钮应用

表 6.6　单选按钮的主要属性

属性	Option1	Option2	Option3
Caption	"隶书"	"宋体"	"幼圆"

该窗体上设计对象事件过程如下：

① 单选按钮 Option1 的 Click 事件过程：

```
Private Sub Option1_Click()
    Text1.FontName = "隶书"
End Sub
```

② 单选按钮 Option2 的 Click 事件过程：

```
Private Sub Option2_Click()
    Text1.FontName = "宋体"
End Sub
```

③ 单选按钮 Option3 的 Click 事件过程：

```
Private Sub Option3_Click()
    Text1.FontName = "幼圆"
End Sub
```

6.4.3 框架

框架控件（Frame）的作用主要是划分一个控件对象组，也就是让用户把多个单选按钮分成不同的组。框架在实际应用中往往和其他控件一起使用。

在框架中创建成员时，必须先在窗体中建立一个框架，然后在框架中建立其所属按钮。如果在框架外面建立好控件对象之后再将其移到框架内，则控件对象不会与所属框架中的成员成为一个组。

1. 框架常用属性

（1）Caption 属性

用于设置框架的标题。其语法格式如下（这里的 Frame1 为框架控件对象名）：

Frame1. Caption[=字符串]

（2）Enabled 属性

用于设置框架的可操作性，其语法格式如下：

Frame1.Enabled[=True 或 False]

True（默认）：表示对框架内的对象可以进行操作。

False：表示不允许对框架内的对象进行操作。

（3）Visible 属性

用于设置框架的可见性，其语法格式如下：

Frame1. Visible[= True 或 False]

True（默认）：框架及其中控件对象可见。

False：框架及其中控件对象被隐含起来。

2．框架常用事件和方法

框架的常用事件有 Click 和 DblClick。

Click 事件：当用户在一个框架（Form1）上单击鼠标按钮时发生。其过程结构如下：

Private Sub Frame1_Click()
End Sub

DblClick 事件：当用户在一个框架（Form1）上双击鼠标按钮时发生。其过程结构如下：

Private Sub Frame1_DblClick()
End Sub

3．框架应用例子

【例 6.10】 设计一个窗体，理解框架应用。

首先在工程中添加一个窗体（Form7），并将其设置为启动窗体。在其中放置一个文本框（Text1），两个框架（Frame1 和 Frame2），确定按钮（Command1）和结束按钮（Command2）。每个框架中分别加入两个单选按钮，框架 Frame1 中加入单选按钮 Option1 和 Option2，框架 Frame2 中加入单选按钮 Option3 和 Option4，界面示意如图 6.9 所示。对象属性如表 6.7 所示。运行结果形式如图 6.9 所示。

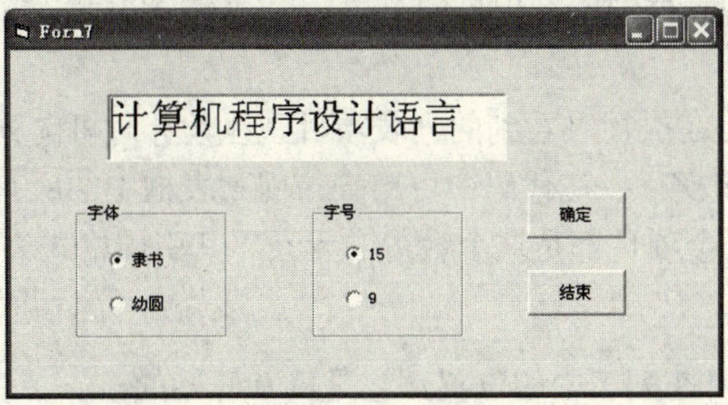

图 6.9　框架应用

表 6.7　对象属性

对　　象	Caption 属性	对象隶属关系
Frame1	字体	独立
Frame2	字号	独立
Option1	"隶书"	隶属 Frame1
Option2	"幼圆"	隶属 Frame1
Option3	15	隶属 Frame2
Option4	9	隶属 Frame2

在该窗体上设计如下事件过程：

① 确定按钮 Command1 事件过程如下：

```
Private Sub Command1_Click()
    If Option1.Value = True Then
        Text1.FontName = "隶书"
Else
        Text1.FontName = "幼圆"
```

```
        End If
        If Option3.Value = True Then
            Text1.FontSize = 15
    Else
            Text1.FontSize = 9
        End If
    End Sub
```

② 结束按钮 Command2 事件过程如下：

```
    Private Sub Command2_Click()
        End
    End Sub
```

6.5 列表框和组合框

6.5.1 列表框

列表框（ListBox）是为用户提供一个选择的列表，用户可从列表框列出的一组选项目中选取一个或多个项目，用户能清楚地看到列表中的选择结果。

1. 列表框常用属性

（1）MultiSelect 属性

设置该列表框是否具有多项选择功能（不能在代码中设置）。可能的取值如下：

0（默认值）：表示不允许多重选择，用户一次只能选择一个。

1：表示简单多重选定，用户用鼠标单击来选取多重列表项目，但一次只能增加一个项目。

2：表示高级多重选定，用户可利用 Ctrl 键与鼠标的配合来进行重复选取，或与 Shift 键的配合进行连续选取。

（2）ListCount 属性

这个属性只能在代码中使用，用于返回列表框中所有项目的总数。

（3）List 属性

它是一个一维数组，数组中元素的值就是在执行时看到的列表项目。在设计时可向列表框中添加新项目，输入时用 Ctrl+Enter 组合键换行；在代码中可用来访问列表框中的所有项目，它包含了一个字符串数组，列表框中的每个项目都是这个数组的元素。其引用格式为：

列表框控件对象名.List(索引值)

其中，“索引值”为数值表达式，指定项目在列表中的位置，它是从 0 开始的。

例如，s$=List1.List(4)将列表框 List1 的第五个项目内容取出。List1.List(3)="VB 程序设计"将列表框 List1 的第四个项目的内容设为“VB 程序设计”。注意，在程序中“索引值”不能大于列表框中项目的总数减 1。

（4）Selected 属性

它是一个与 List 数组中的各个元素相对应的一维数组，记录 List 数组中每个项目是否被选取。例如，如果 List(1)被选取，则 Selected(1)的值为 True，如果 List(1)未被选取，则 Selected(1)的值为 False。

（5）Sorted 属性

设置列表框中的项目是否按字母表顺序排序。可能的取值如下：

True：列表框中的项目按字母表顺序排序。

False：列表框中的项目不按字母表顺序排序。

注意，Sorted 属性只能在设计时设置，在运行时发挥作用。注意，在代码中不能对 Sorted 属性设置。

（6）SelCount 属性

如果 MultiSelect 属性设置为 1 或 2，则这个属性反映出列表框中被选择项目的个数。它通常与 Selected 数组一起使用，用以处理列表框中所选的项目。

2．列表框的常用方法

列表框中的项目，可以在设计时通过 List 属性设置，也可以在程序中用 AddItem 方法来添加，用 RemoveItem 方法或 Clear 方法删除列表项。

（1）AddItem 方法

语法格式：

列表框名.AddItem　项目字符串 [，索引值]

功能：AddItem 方法把“项目字符串”的文本插入到列表框中。

注意，“索引值”省略，则文本被放在列表框的尾部。可以用“索引值”指定插入在列表框中的位置，表中的项目是从 0 开始计数的，“索引值”不能大于项目总数（ListCount），该方法只能单个地向表中添加项目。

（2）RemoveItem 方法

语法格式：

列表框名.RemoveItem　索引值

功能：该方法用来删除列表框中指定索引值的项目。

注意，该方法从列表框中删除以“索引值”为序号的项目，它每次只删除一个项目。

例如，List1.RemoveItem 3　将列表框 List1 的第四个项目删除。“索引值”不能大于项目总数（ListCount）。

【例 6.11】在窗体上建立一个列表框 Listl，两个命令按钮 Commandl（添加）和 Command2（删除），然后向列表框添加或删除项目，如图 6.10 所示。

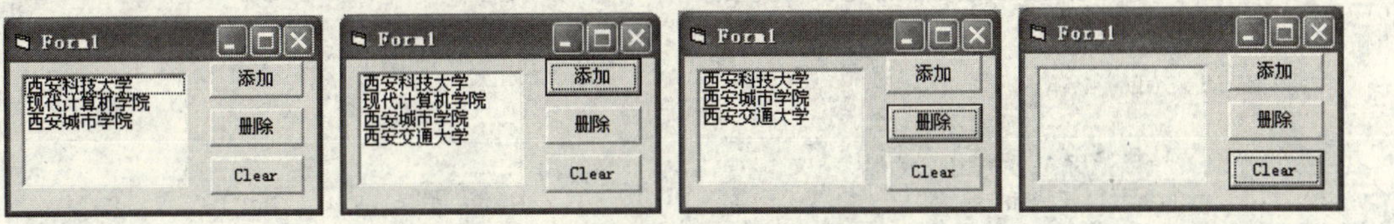

图 6.10　列表框中添加或删除项目

程序段如下：

```
Private Sub Command1_Click()
    List1.AddItem "西安交通大学"
End Sub
Private Sub Command2_Click()
    List1.RemoveItem 0
End Sub
```

程序分别向列表框中添加和删除项目。单击命令按钮 Commandl，可以把字符串“西安交通大学”加到列表框 Listl 的末尾项目；而单击命令按钮 Command2，则可删除列表框第 1 个项。

（3）Clear 方法

语法格式：

列表框名.Clear

功能：该方法用来删除列表框中的全部内容。

注意，执行了 Clear 方法后，ListCount 重新被设置为 0。

3. 列表框应用

【例 6.12】设计一个窗体，理解列表框应用。

首先在工程中添加一个窗体（Form8），并将其设置为启动窗体。在其中放置两个列表框（List1 和 List2）、一个文本框（Text1）和一个命令按钮（Commandl）。当在两个列表框中选择项目时，会在文本框中显示选择的结果。界面示意如图 6.11 所示，单击命令按钮可以给学校增加项目。

图 6.11　列表框应用

在该窗体上设计如下事件过程：

```
Dim i As Integer
Dim j As Integer
Dim ListItem As String
Private Sub Command1_Click()
    ListItem = InputBox("在列表中输入学校名称")  '向列表中加入新项目
    If Trim(ListItem) <> " " Then          'Trim()作用是清除ListItem字符串内的空格
        List1.AddItem ListItem
    End If
End Sub

Private Sub List1_Click()
    Text1.Text = ""
    For i = 0 To List1.ListCount - 1
        If List1.Selected(i) Then
            Text1.Text = List1.List(i) + "、" + List2.List(j)
        Exit For
        End If
    Next
End Sub
```

```
Private Sub List2_Click()
    Text1.Text = ""
    For j = 0 To List2.ListCount - 1
        If List2.Selected(j) Then
            Text1.Text = List1.List(i) + "、" + List2.List(j)
        Exit For
        End If
    Next
End Sub
```

6.5.2　组合框

组合框（ComboBox）控件其实是结合了文本框和列表框两者的功能，并具有文本框和列表框的大部分属性。它既可以像文本框那样允许用户输入新内容，又可以像列表框那样允许用户对列表中的项目进行选择。注意，与列表框不同，组合框不允许多项选择。

1．组合框的基本属性

（1）Style 属性

Style 属性设置组合框的类型，其值为 0（默认值）、1 或 2。

Style 为 0，设定组合框为下拉组合框，即由一个正文框和一个下拉列表框组成，允许用户输入和编辑正文框中的内容或从下拉列表中选择内容。

Style 为 1，设定组合框为简单组合框，即由一个正文框和一个列表框组成。上边是正文框，下边是列表框，它始终显示在屏幕上。用户可以在正文框中输入和编辑正文，也可以列表框中选择项目内容。

Style 为 2，设定组合框为下拉式列表框，即由一个正文框和一个下拉列表框组成，在运行时，用户可以从列表框中选择项目内容到正文框中，但不能输入和编辑正文框中的内容。这一点是与 Style=0 时的下拉组合框不同。

（2）Text 属性

存放用户正文框中的选项内容。

（3）Sorted 属性

用于设置列表框中的各个选项是否按字母顺序排列。设置为 True 时，列表时按字母顺序先后排列，设置为 False（默认）时，则不按字母顺序排列。

2．常用事件和方法

组合框的方法有 AddItem、RemoveItem 和 Clear。

语法格式：

组合框名.AddItem　项目字符串 [，索引值]

组合框名. RemoveItem 索引值

组合框名.Clear

组合框响应的事件依赖于其 Style 属性，如表 6.8 所示。

表 6.8　组合框响应的事件与 Style 属性的关系

事　　件	Style 属性值	Click	DblClick	Change	DropDown
下拉组合框	0（默认）	√		√	√
简单组合框	1	√	√	√	
下拉式列表框	2	√			√

说明：

① 所有组合框都具有 Click 事件。

② 可以在文本区输入文本，当输入文本时，可以接收 Change 事件。

③ 当用户单击组合框中向下的箭头时，将触发 DropDown 事件。

④ 简单组合框（Style 属性值为 1），才有接收 DblClick 事件。

3. 组合框应用例子

【例 6.13】 设计一个窗体，理解组合框应用。

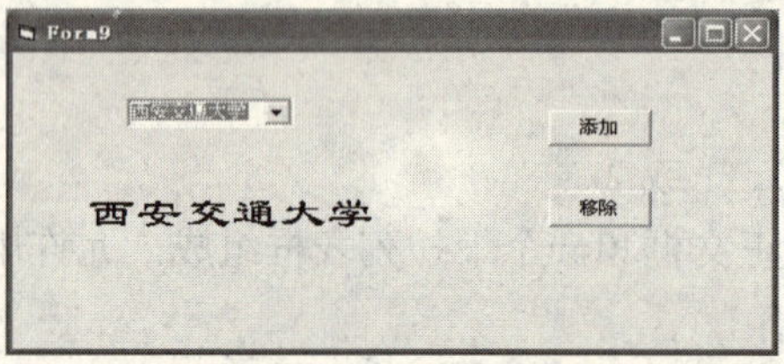

图 6.12　组合框应用

首先在工程中添加一个窗体（Form9），并将其设置为启动窗体。在其中放置一个组合框，一个标签，两个命令按钮。

当程序运行后显示若干学校名称，选择某个学校名称后，将其名称显示在标签中。程序运行中，可以向组合框中添加新的学校，也可以删除选中的学校。界面示意如图 6.12 所示。

在该窗体上设计如下事件过程：

```
Private Sub Combo1_Click()
    Label1.Caption = Combo1.Text
End Sub
Private Sub Command1_Click()
    flag = 0
    If Combo1.Text <> " " Then
        For i = 0 To Combo1.ListCount - 1
        If Combo1.Text = Combo1.List(i) Then flag = 1
        Next i
        If flag = 0 Then Combo1.AddItem Combo1.Text
    End If
End Sub
Private Sub Command2_Click()
    If Combo1.ListIndex <> -1 Then Combo1.RemoveItem Combo1.ListIndex
End Sub
```

【例 6.14】 三种组合框应用示例。

首先在工程中添加一个窗体（Form12）。在其中放置一个下拉组合框 Combo1，一个简单组合框 Combo2 和一个下拉式列表框 Combo3，五个标签，一个显示结果文本框 Text1，一个命令按钮 Command1。界面示意如图 6.13 所示。属性设置如表 6.9 所示。

当程序运行后，选择学校名称、学院名称、城市名称，然后单击“选择结果显示”命令按钮，在文本框中显示选中的城市、学校和学院，结果如图 6.13 所示。

表 6.9　组合框 Style 属性设置

属性	Combo1	Combo2	Combo3
Style	0	1	2

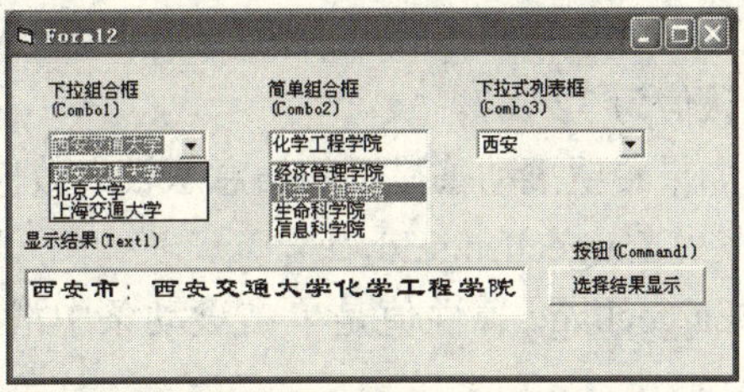

图 6.13　三种组合框应用

在该窗体上设计事件过程如下：

```
Private Sub Command1_Click()
    Text1.Text = Combo3.Text + "市：" + Combo1.Text + Combo2.Text
End Sub
Private Sub Form_Load()
    Combo1.AddItem "北京大学"
    Combo1.AddItem "上海交通大学"
    Combo1.AddItem "西安交通大学", 0
    Combo2.AddItem "经济管理学院"
    Combo2.AddItem "化学工程学院"
    Combo2.AddItem "生命科学院"
    Combo2.AddItem "信息科学院"
    Combo3.AddItem "北京"
    Combo3.AddItem "上海"
    Combo3.AddItem "西安"
End Sub
```

6.6　滚动条和进度条

6.6.1　滚动条

当应用程序或控件对象不能自动支持滚动时，用水平和垂直的滚动条控件，为它们提供这一功能。滚动条控件有两类：水平滚动条（HscrollBar）和垂直滚动条（VscrollBar）控件。

1．常用属性

（1）Value 属性

Value 属性值是滚动条上当前滑动块的位置。

在滚动条中，滚动块所处的位置可以代表一个输入值。Value 属性值即代表现滑动块在滚动条中位置的数值。对于水平滚动条，当滑动块位于最左边时，Value 取值最小；对于垂直滚动条，当滑动块位于最顶端时，Value 取值最小。反之，Value 值取最大值。

改变滚动条 Value 属性值的方法有四种，直接在属性窗口中设定 Value 值；鼠标单击两端箭头键改变 Value 值；拖动滑动块沿滚动条移动；用鼠标单击滚动条中滑动块两侧的部分，使滑动块以翻页的速度移动。

Value 属性的默认值为最小值。

（2）Max、Min 属性

滚动条的 Value 属性有取值范围的限制，取值范围由 Max 属性和 Min 属性设置，一般情况，Max 代表 Value 的最大值，Min 代表 Value 的最小值。Min 属性的默认值为 0，Max 属性的默认值为 32 767。

如果希望滚动条显示的信息从较大数值向较小数值变化，可将 Min 设置成大于 Max 的值。

（3）Largechange 属性

Largechage 属性值是单击滚动条中滑动块前面或后面的部位时，Value 增加或减小的增量值。

（4）Smallchang 属性

Smallchage 属性值是单击滚动条两端的箭头时，Value 属性增加或减小的增量值。

2．常用事件

Change 事件和 Scroll 事件

单击滚动条上箭头、滚动条中滑动块前面或后面的部位（滚动区域）时或滚动条的 Value 属性改变时，选中滚动条再按 PageUp 键或 PageDown 键，都可以引发 Change 事件和 Scroll 事件。

Change 事件和 Scroll 事件不同点在于，单击滚动条上箭头、滚动区域或拖动滚动块后，才能引发 Change 事件，而拖动滚动块时，就可引发 Scroll 事件。

3．滚动条应用例子

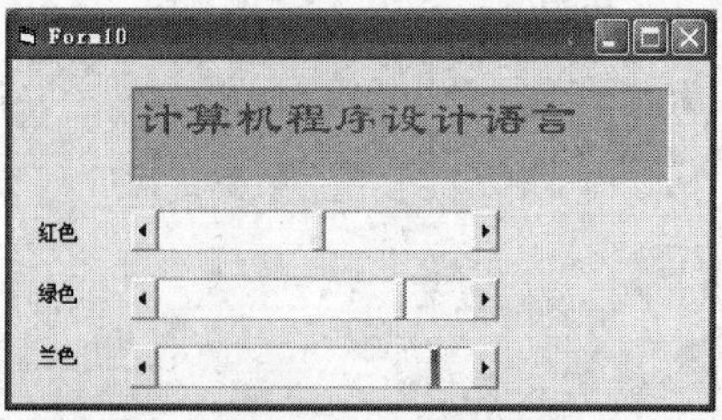

图 6.14　滚动条应用

【例 6.15】 设计一个窗体，理解滚动条的基本。

首先在工程中添加一个窗体（Form10），并将其设为启动窗体。然后，在其中放置一个文本框（Text1）、三个标签（Label1、Label2 和 Label3）和三个水平滚动条（HScroll1、HScroll2 和 HScroll3）。按如下要求设置属性值和对象事件，结果如图 6.14 所示。

① 属性如下：

Text1.text="计算机程序设计语言"

Label1.Caption="红色"、 Label2.Caption="绿色"、 Label3.Caption="兰色"

```
HScroll1.Min=0、HScroll1.Max=255
HScroll2.Min=0、HScroll2.Max=255
HScroll3.Min=0、HScroll3.Max=255
```

② 对象事件设计如下：

```
Private Sub HScroll1_Change()
    Text1.BackColor = RGB(HScroll1.Value, HScroll2.Value, HScroll3.Value)
End Sub
Private Sub HScroll1_Scroll()
    Text1.BackColor = RGB(HScroll1.Value, HScroll2.Value, HScroll3.Value)
End Sub
Private Sub HScroll2_Change()
    Text1.BackColor = RGB(HScroll1.Value, HScroll2.Value, HScroll3.Value)
End Sub
Private Sub HScroll2_Scroll()
    Text1.BackColor = RGB(HScroll1.Value, HScroll2.Value, HScroll3.Value)
```

```
End Sub
Private Sub HScroll3_Change()
    Text1.BackColor = RGB(HScroll1.Value, HScroll2.Value, HScroll3.Value)
End Sub
Private Sub HScroll3_Scroll()
    Text1.BackColor = RGB(HScroll1.Value, HScroll2.Value, HScroll3.Value)
End Sub
```

6.6.2　进度条

进度条（ProgressBar）控件有行程和当前位置指示。行程代表该操作的整个持续时间。当前位置则代表应用程序在完成该操作过程时的进度。Max 和 Min 属性设置了行程的界限。Value 属性则指明了在行程范围内的当前位置。由于使用方块来填充对象，因此所填充的数量只能是接近于 Value 属性的当前设置值。

通常工具箱中没有进度条控件，在工具箱中添加进度条控件的方法如下：

在工具箱中单击右键，在快捷菜单中选择“部件（0）”，弹出“部件”对话框，选择“控件”选项卡，在列表中选“Microsoft Windows Common Controls 6.0”前的复选按钮，单击确定。这时会在工具箱就出现进度条（ProgressBar）控件了。

Height 属性和 Width 属性决定所填充对象的方块数量和大小。方块数量越多，控件就越能精确地描述操作进度。为了增加显示方块的数量，需要减少对象的 Height 值或者增加其 Width 值。BorderStyle 属性的设置值同样影响方块的数量和大小。

1．进度条属性

用鼠标右键单击 ProgressBar 对象，在弹出快捷菜单中选择属性，进入属性设置对话框， ProgressBar 控件的属性设置对话框由 General、图片两个选项卡组成，如图 6.15 所示。

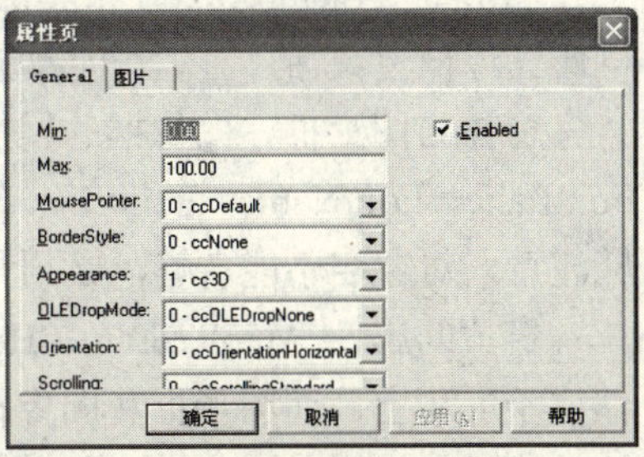

图 6.15　进程条控件属性设置

① 最大（Max）：Value 属性所能取的最大进度值；

② 最小（Min）：Value 属性所能取的最小进度值；

③ 鼠标指针（MousePointer）：用于选择鼠标的形状。

④ 边框样式（BorderStyle）：0-ccNone 表示无边框线，1-ccFixedSingle 表示单边框线。

⑤ 外观（Appearance）：0-ccFlat 表示平面效果，1-cc3D 表示立体效果。

⑥ 方向(Orientation)：选择进程条的方向，选择参数与对应方向如下。

0-ccOrientationHorizontal：选择进程条取水平方向；

1-ccOrientationVertical：选择进程条取垂直方向。

⑦ 滚动（Scrolling）：选择进程条滚动的方式，选择参数与对应滚动方式如下。

0-ccScrollingStardard：标准方式；

1-ccScrollingSmooth：平滑方式。

2．进度条应用例子

【例 6.16】 设计一个窗体，理解进度条的应用。

首先在工程中添加一个窗体（Form11），并将其设置为启动窗体。然后，在其中放置一个时钟控件（Timer1），将属性 interval 设置为 100；一个进度条（ProgressBar1）对象，进度条的 Min 设置为 1，Max 设置为 100。界面示意如图 6.16 所示。

对象事件设计如下：

```
Private Sub Timer1_Timer()
    If Progressbar1.Value < 100 Then
        Progressbar1.Value = Progressbar1.Value +1
Else
        Progressbar1.Value=1
    End If
End Sub
```

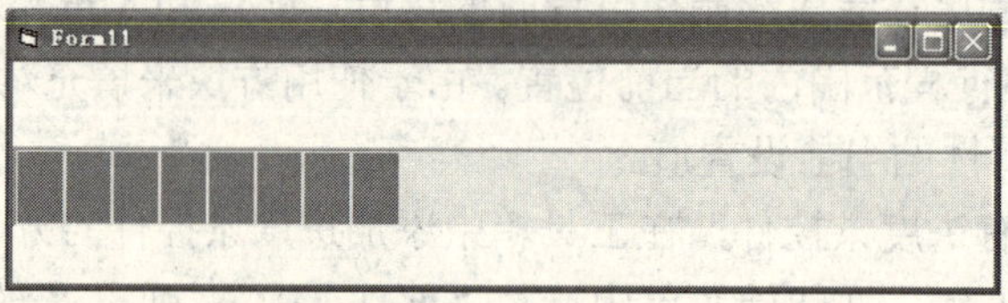

图 6.16　进度条应用

6.7　图形框和图像框

在 VB 中，与图形有关的标准控件分为 4 种：图片框、图像框、直线和形状。

图形框（PictureBox）和图像框（Image）是 VB 中用来显示图形的两种基本控件。图形框比图像框更灵活，且适用于动态环境，而图像框适用于静态环境。

窗体与图形框、图像框的属性有很多是相同的，如 Enabled，Name，Visible，FontBold，FontItalic，FontName，FontSize，FontUnderline 等，用法也相同。但在图形框和图像框使用时应注意，对象名不能省略，必须是具体的图形框或图像框名。

窗体的属性 AutoRedraw、Height、Left、Top、Width 等也可用于图形框和图像框，但窗体位于屏幕上，而图形框和图像框位于窗体上，其坐标的参考点是不一样的。窗体位置使用的是绝对坐标，以屏幕为参考点；而窗体上对象的位置使用的是相对坐标。

6.7.1　图形框（PictureBox）

1．常用属性

（1）Picture 属性

该属性设置要显示的图形，支持 bmp、jpg 等文件类型。在设计状态下，可以通过属性窗口中的 Picture 属性指定图形文件，用来把图形放入这些对象中。在运行时，Picture 属性和 LoadPicture 函数配合，将图形加载到对象上。LoadPicture 函数格式如下：

LoadPicture([文件名])

若省略文件名，则清除对象中的图形。

例如，若图形框控件对象的名称为 Picture1，则在程序中装载和清除图形的方法如下：

装入图形到控件：Picture1.Picture = LoadPicture("c:\image\aa.bmp")。

删除控件中图形：Picture1.Picture = Nothing　或 Picture1.Picture = LoadPicture( )

（2）Autosize 属性

该属性设置图形框大小是否自动调整，以适应装入的图形能显示，默认值为 False，表示图形框的大小不会自动改变，对于较大的图形，显示不全的部分被隐藏；当值为 True 时，表示自动改变图形框的尺寸，以适应图形的大小。

（3）CurrentX 和 CurrentY 属性

该属性设置内部光标（不显示）的位置，内部光标的位置相对于图形框的相对位置，以像素为单位。

2．主要方法和事件

（1）Print 和 Cls 方法

这两个方法的使用与窗体相同。在图形框中可以通过 Print 方法显示文本。

（2）绘图方法

绘图方法包括 Line、Pset 等方法。

① Line 方法用于在图形框中绘制直线或矩形，其语法格式如下：

图形框名.Line [Step] [(x1,y1)]-[Step] (x2,y2) [,[<颜色>][,B[F]]]

其中，参数的含义同窗体中的 Line 方法。

② Pset 方法用于画点，其语法格式如下：

图形框名.Pset（x,y）[,颜色]

其中，参数（x,y）为所画点的坐标。

图形框也支持常用的鼠标事件、键盘事件和焦点事件等。

3．图形框应用例子

【例 6.17】 在窗体上建立一个图形框（Picture1），两个命令按钮（Command1 和 Command2）。界面示意如图 6.17 所示。

窗体上对象过程如下：

```
Private Sub Command1_Click()
    Picture1.FontName = "隶书"
    Picture1.FontSize = 24
    Picture1.FontItalic = True
    Picture1.FontUnderline = True
    Picture1.CurrentX = 500
    Picture1.CurrentY = 100
    Picture1.Print "VB 程序设计"
End Sub
Private Sub Command2_Click()
    Picture1.Cls
End Sub
```

运行结果如图 6.17 所示。

【例 6.18】 在窗体上建立一个图形框（Picture1），单击图形框在其上画 y=Sin(x)的函数图形。界面示意如图 6.18 所示。

图 6.17 图形框应用

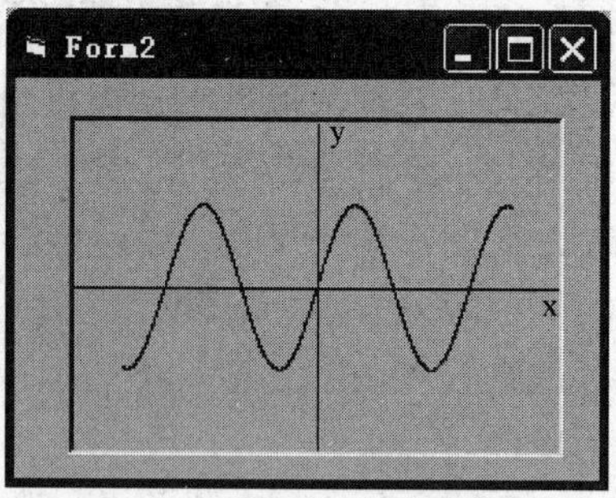

图 6.18 y=Sin(x)的函数图形应用

单击图形框程序过程如下：

```
Private Sub Picture1_Click()
    Picture1.Scale (-10, 10)-(10, -10)        '定义坐标系统
    Picture1.Line (-10, 0)-(10, 0)            '绘制 X 轴
    Picture1.Line (0, -10)-(0, 10)            '绘制 Y 轴
    Picture1.CurrentX = 0.5                   '设置坐标 X
    Picture1.CurrentY = 10                    '设置坐标 Y
    Picture1.Print "Y"                        '在设定的（X,Y)上显示“Y”
    Picture1.CurrentX = 9.5
    Picture1.CurrentY = -0.5
    Picture1.Print "X"
    For x = -8 To 8 Step 0.01
       y = 5 * Sin(x)                         '绘制正曲线
    Picture1.PSet (x, y)
    Next
End Sub
```

6.7.2 图像框

图像框控件（Image）的使用方法与图形框（PictureBox）类似，但它只能用来显示图像，不能完成复杂的图像操作。

1. 常用属性

图像框的属性主要是 Picture 属性和 Stretch 属性。

（1）Picture 属性

Picture 属性的含义和用法与 PictureBox 控件的 Picture 属性相同。

（2）Stretch 属性

Stretch 属性值是 False（默认值）或 True，该属性决定所加载的图形是否缩放，默认值为 False，表示图形不缩放，图像框的大小由图形决定，即图像框自动适应图形的大小；当 Stretch 属性为 True 时图像框的大小不变，图形自动伸缩（放大或缩小）以便适合图像框。

2. 图像框应用例子

在窗体上建立两个图像框 Image1 和 Image2，分别设置 Picture 属性加载同一图形文件，Stretch 属性设置不同的值，设置方式如表 6.10 所示，结果如图 6.19 所示。

图 6.19 Stretch 属性设置不同值的结果

表 6.10 图像框属性设置

属 性	Image1	Image2
Picture	C:\图片.jpg	C:\图片.jpg
Stretch	False	True

【例 6.19】 利用图像框 Stretch 属性的特点来实现对图形的压缩与拉伸。

在窗体中建立一个图像框 Image1 和两个命令按钮 Command1 和 Command2。属性设置如表 6.11 和表 6.12 所示。界面示意如图 6.20 所示。

图 6.20 图形的压缩与拉伸

表 6.11 用图像框 Stretch 属性

属 性	Picture	Height	Stretch
Image1	C:\图片.jpg	3000	True

表 6.12 命令按钮属性

属 性	Command1	Command2
Caption	压缩	拉伸
Enabled	True	False

程序过程如下：

```
Private Sub Command1_Click()
    If Image1.Height < 1000 Then
        Command1.Enabled = False
        Command2.Enabled = True
    Else
        Image1.Height = Image1.Height - 100
    End If
End Sub
Private Sub Command2_Click()
    If Image1.Height > 3000 Then
        Command2.Enabled = False
        Command1.Enabled = True
    Else
        Image1.Height = Image1.Height + 100
    End If
End Sub
```

该程序运行时，每单击一次“压缩”按钮，图片的高度就缩小一点，当缩小到一定程度时，“压缩”按钮变为无效，“拉伸”按钮变为有效。此时，单击“拉伸”按钮，图片被拉伸一点，当放大到一定程度时，“拉伸”按钮变为无效时，“压缩”按钮变为有效。

6.7.3 图像框与图形框的比较

图像框（Image）控件与图形框（PictureBox）控件有以下几方面的异同。

① 两者都可加载图片，都支持相同的图形格式，加载图形的方法也一样。但 PictureBox 控件的图形功能更强，而 Image 控件由于属性少，使用的系统资源比 PictureBox 控件少，装载图形的速度快。

② Image 控件中，通过设置 Stretch 属性为 True 可以实现图形缩放，以适应控件对象的大小，但图形可能变形失真；在 PictureBox 控件对象中，仅可通过 Autosize 属性调整对象的大小达到适合的图形，图形本身并不缩放。

③ PictureBox 控件可以作为其他控件对象的容器，起到类似于框架的作用，还支持各种绘图方法，如 Print 方法；而 Image 控件则不具有这些功能。

6.8 键盘与鼠标事件

6.8.1 键盘事件

键盘事件是按下或释放键盘上某个键时所执行的操作。键盘事件主要包括 KeyPress 事件、KeyDown 和 KeyUp 事件等。

1. KeyPess 事件

KeyPree 事件是发生在键盘被按下后和字符被显示出来之前所发生的事件。该事件可用于窗体、复选框、组合框、命令按钮、列表框、图形框、文本框、滚动条及与文件有关的控件中。

严格地说，当按下某个键时，所触发的是具有输入焦点（Focus）的那个控件对象。对于 KeyPress 事件，在某一时刻，输入焦点只能位于某一个控件对象上，如果窗体上没有活动的或可见的控件对象，则输入焦点位于窗体上。当一个控件对象或窗体拥有输入焦点时，该控件对象或窗体将接收从键盘上输入的信息。例如，一个文本框拥有输入焦点，则从键盘上输入的任何字符都将在该文本框中显示。

在窗体上建立一个文本框，并双击该文本框，进入程序代码窗口后，从“过程”下拉列表框中选取 KeyPress，即可定义 KeyPress 事件过程。一般格式为：

Private Sub Text1_KeyPress(KeyAscii As Integer)
End Sub

KeyPress 事件带有一个参数，这个参数有两种形式。第一种形式是 Index As Integer，只用于控件对象数组；第二种形式是 KeyAscii As Integer，用于单个控件对象。在第二种形式中，KeyPress 事件用来识别按键的 ASCII 码。参数 KeyAscii 是一个预定义的变量，执行 KeyPress 事件过程时，KeyAscii 是所按键的 ASCII 码。例如，按下“A”键，KeyAscii 的值为 65；如果按下“a”键，则 KeyAscii 的值为 97 等。

利用 KeyPress 事件可以对输入的值进行限制。假定在窗体上建立了一个文本框(Textl)，编写如下事件过程：

```
Private Sub Textl_KeyPress(KeyAscii As Integer)
    If KeyAscii<48 Or KeyAscii>57 Then
        Beep
        KeyAscii=0
     End If
End Sub
```

该过程用来控制输入值，它只允许输入 0～9 的阿拉伯数字。如果输入其他字符，则响铃（Beep），并消除该字符。

在 KeyPress 过程中可以修改 KeyAscii 变量的值。如果进行了修改，则 VB 在控件对象中输入修改后的字符，而不是用户输入的字符。例如：

```
Private Sub Text1_KeyPress(KeyAscii As Integer)
  If KeyAscii >= 65 And KeyAseii <= 122 Then        '表示输入的是 A～Z,a～z
     KeyAscii = 42                                   '42 为*号的 ASCII 编码
  End If
End Sub
```

上述过程对输入的字符进行判断，如果其 ASCII 码大于等于 65（字母“A”），并小于等于 122（字母“z”）则用“*”号（ASCII 码为 42）代替。运行上面的过程，如果从键盘上输入“Admi”，则在文本框中显示“****”。利用这种思想，可以编写密码输入程序。

2．KeyDown 事件

当键盘上某一键被按下去时发生 KeyDown 事件。

3．KeyUp 事件

当键盘上某一按下的键被释放时发生 KeyUp 事件。

6.8.2　鼠标事件

鼠标事件是 VB 编程中最常用的事件，多数控件对象都支持鼠标操作，因此对鼠标事件的了解是非常重要的。

1．常用的鼠标事件

常用的鼠标事件主要有以下几种：

① Click：单击事件，即单击鼠标时发生的事件。

② DblClick：双击事件，即双击鼠标时发生的事件。

③ MouseDown：鼠标键按下时发生的事件。

④ MouseUp：按下的鼠标键被释放时发生的事件。

⑤ MouseMove：鼠标移动时发生的事件，例如，当鼠标移过某一控件对象时就会触发此事件，执行其相应代码。

2. 鼠标事件的发生顺序

鼠标事件的发生顺序如下：

① 首先发生的是 MouseMove 事件，当鼠标移动时，将会连续触发 MouseMove 事件。

② 当鼠标按下时发生 MouseDown 事件。

③ 鼠标松开时发生 MouseUp 事件。

④ 如果按住的是鼠标左键，则 Click 事件在 MouseUp 之后发生。

3．鼠标事件应用例子

【例 6.20】 在窗体上建立一个图形框 Picture1，并在其 Picture 属性上加载一张图片文件；

再建立 4 个文本框 Text1、Text2、Text3 和 Text4，用其分别显示鼠标的 X 坐标、Y 坐标、鼠标按键和键盘 Shift 按键，如图 6.21 所示。

程序代码如下：

```
Private Sub Picture1_MouseMove(Button As Integer, Shift As Integer,
        X As Single, Y As Single)
    Text1.Text = X
    Text2.Text = Y
    Text3.Text = Button
    Text4.Text = Shift
End Sub
```

在上面过程的参数中，Button As Integer 定义了参数 Button，该参数是用于确定按下的是鼠标的左键、右键、还是中键，其取值如表 6.13 所示。Shift As Integer 定义整型参数 Shift，该参数用于确定键盘上 Shift 键、Ctrl 键、Alt 键是否被按下，其取值如表 6.14 所示。

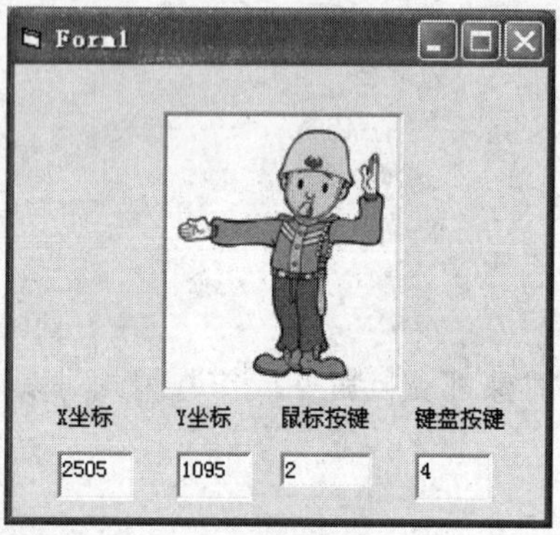

图 6.21　鼠标事件应用

表 6.13　Button 数值的含义

Button 常量	数　值	说　明
VbleftButton	1	按下鼠标左键
VbRightButton	2	按下鼠标右键
VbMiddleButton	4	按下鼠标中键

表 6.14　Shift 数值的含义

Shift 常量	数　值	说　明
VbShiftMask	1	按下 Shift 键
VbCtrlMask	2	按下 Ctrl 键
VbAltMask	4	按下 Alt 键

习　题　6

一、填空题

1. 将控件添加到工具箱中，应先在工具箱的空白处__________，在弹出的快捷菜单中选择__________选项，然后在弹出的对话框中选择所需的控件。

2. 在 VB 中设置大部分属性的方法有两种，这两种方法是__________和__________。

3. 要使窗体不能移动，应设置的属性是__________。

4. 向列表框中添加项目应使用__________方法。

5. 所有控件都具有的共同属性是__________属性。

6. Caption 属性用来设置控件对象的__________。

7. 在程序运行期间，使用代码把图形文件装入图形框或图像框中所用的函数是__________。

8. 设置控件背景颜色的属性名称是__________。

9. 因修改文本框中的数据而触发的事件是__________事件。

10. 从列表框删除项目使用的语句的格式为__________。

11. 滚动条控件的 Value 属性值表示__________的当前位置。

二、选择题

1．使用 Visual Basic 编程时，工具箱中的工具称为（　　）。

A．事件　　B．工具　　C．控件　　D．窗体

2．改变窗体的标题时，应当在属性窗口中改变（　　）的属性。

A．Caption　　B．Name　　C．Text　　D．Label

3．窗体能响应的事件是（　　）。

A．ActiveForm　　B．Drive　　C．Load　　D．Change

4．若要求从文本框中输入密码时在文本框中只显示"*"号，则应在此文本框的属性窗口中设置（　　）。

A．Text 属性值为 *　　B．Caption 属性值为 *

C．Password 属性值为空　　D．Passwordchar 属性值为 *

5．（　　）控件可自动设置滚动条。

A．复选框　　B．框架　　C．文本框　　D．标签框

6．能够改变复选框中背景颜色的属性是（　　）。

A．Value　　B．FontColor　　C．BackColor　　D．Font

7．往列表框中添加一个条目，应使用列表框的（　　）方法。

A．InserItem　　B．AddItem　　C．AppendItem　　D．RemoveItem

8．下面（　　）控件不支持 Change 事件。

A．Text Box　　B．Label　　C．Picture Box　　D．List Box

9．不属于单选按钮的属性是（　　）。

A．Enabled　　B．Caption　　C．Name　　D．Min

10．VB 提供的选择框（Check Box ）具有（　　）功能。

A．多重选择　　B．单一选择　　C．多项选择　　D．选择一次

11．VB 为命令按钮提供的 Cancel 属性是（　　）。

A．用来指定命令按钮是否为窗体的取消按钮

B．用来指定命令按钮的功能是停止一个程序的运行

C．用来指定命令按钮的功能是关闭一个运行程序

D．用来指定命令按钮的功能是中断一个程序的运行

12．以下叙述正确的是（　　）。

A．组合框包含了列表框的功能　　B．列表框包含了组合框的功能

C．列表框和组合框的功能无相近之处　　D．列表框和组合框的功能完全相同

13．组合框中的 Style 属性值确定了组合框中的类型和显示方式，以下选项中不属于 Style 属性值的是（　　）。

A．下拉式组合框　　B．弹出式组合框　　C．简单组合框　　D．下拉式列表框

14．改变窗体的图标，需要设置（　　）属性。

A．Caption　　B．Icon　　C．Picture　　D．Visible

15．要调节锁定控件的位置，按住（　　）键，再用相应地键可微调已获得焦点的控件的位置。

A．Ctrl　　B．Alt　　C．Shift　　D．Insert

16．下列哪一种方法不能改变窗体的大小（　　）。

A．设计时在窗体布局窗口中进行调整　　B．设计时在属性窗口中设置相应的属性

C. 运行时设置相应属性的值　　D. 运行时调用窗体的 MOVE 方法

17. 下面哪种对象没有 Caption 属性（　　）。

A. Form　　B. TextBox　　C. Command Button　　D. Label

18. 下面哪种类型的对象不能作为控件的容器（　　）。

A. Form　　B. PictureBox　　C. Shape　　D. Frame

19. 在窗体上按下鼠标左键后释放，不会触发窗体的哪个事件（　　）。

A. Click　　B. Dblclick　　C. MouseUp　　D. MouseDown

20. 能显示窗体的方法是（　　）。

A. Visible　　B. Show　　C. New　　D. Open

21. 删除列表框中所有项目的方法是（　　）。

A. Delete　　B. Clear　　C. Cls　　D. Hide

22. 双击窗体中的对象后，VB 将显示的窗口是（　　）。

A. 工程窗口　　B. 工具箱　　C. 属性窗口　　D. 代码窗口

23. 确定复选框是否选中，可访问的属性是（　　）。

A. Value　　B. Checked　　C. Select　　D. Caption

24. 能够将文本框控件隐藏起来的属性是（　　）。

A. Visible　　B. Clear　　C. Cls　　D. Hide

25. 下列关于添加"控件"的方法正确的是（　　）。

A. 单击控件图标，将指针移到窗体上，双击鼠标

B. 双击工具箱中的控件，即在窗体上出现该控件

C. 单击工具箱中的控件，将指针移到窗体上，再单击

D. 用鼠标左键拖动工具箱中的某控件到窗体的适当位置

26. 以下选项中，不是 VB 控件的是（　　）。

A. 文本框　　B. 定时器　　C. 窗体　　D. 命令按钮

27. 在 VB 中最基本的对象是（ ），它是应用程序的基石，是其他控件的容器。

A. 文本框　　B. 命令按钮　　C. 窗体　　D. 标签

28. 下列控件中没有 Caption 属性的是（　　）。

A. 框架　　B. 列表框　　C. 复选框　　D. 单选按钮

29. 将数据项“China”添加到列表框 List1 中成为第二项应使用（　　）语句。

A. List1.AddItem "China",1　　B. List1.AddItem "China", 2

C. List1.AddItem 1, "China"　　D. List1.AddItem 2, "China"

30. 引用列表框 List1 最后一个数据项，应使用（　　）语句。

A. List1.List(List1.ListCount)　　B. List1.List(ListCount)

C. List1.List(List1.ListCount-1)　　D. List1.List(ListCount-1)

31. 执行了下面的程序后，列表框中的数据项有（　　）。

```
Private Sub Form_Click()
  For i = 1 to 6
     List1.AddItem i
  Next i
  For i = 1 to 3
```

```
        List1.RemoveItem i
    Next i
  End Sub
```

A. 1，5，6　　B. 2，4， 6　　C. 4，5，6　　D. 1，3，5

32. 如果列表框 List1 中没有选定的项目，则执行 List1.RemoveItem List1.ListIndex 语句的结果是（　　）。

A. 移去第一项　　B. 移去最后一项

C. 移去最后加入列表中的一项　　D. 以上都不对

33. 在窗体上画一个名称为 List1 的列表框，一个名称为 Label1 的标签，列表框中显示若干城市的名称。但单击列表框中的某个城市名时，该城市名从列表框中消失，并在标签中显示出来。下列能正确实现上述操作的程序是（　　）。

A. Private Sub List1_Click()
    Label1.Caption=List1.ListIndex
    List1.RemoveItem List1.Text
  End Sub

B. Private Sub List1_Click()
    Label1.Name=List1.ListIndex
    List1.RemoveItem List1.Text
  End Sub

C. Private Sub List1_Click()
    Label1.Caption=List1.Text
    List1.RemoveItem List1.ListIndex
  End Sub

D. Private Sub List1_Click()
    Label1.Name=List1.Text
    List1.RemoveItem List1.ListIndex
  End Sub

34. 滚动条产生 Change 事件是因为（　　）值改变了。

A. SmallChange　　B. Value　　C. Max　　D. LargeChange

35. 列表框的（　　）属性是数组。

A. List 和 ListIndex　　B. List 和 ListCount

C. List 和 Selected　　D. List 和 Sorted

36. 在窗体上画一个列表框和一个文本框，然后编写如下两个事件过程：

```
Private Sub Form_Load ()
        List1.AddItem"357"
        List1.AddItem"246"
        List1.AddItem"123"
        List1.AddItem"456"
        Text1.Text=""
End Sub
Private Sub List1_ Click ( )
             a =List1.Text
             Print a+Text1.Text
End Sub
```

程序运行后，在文本框中输入"789"，然后双击列表框中的"456"，则输出结果为（　　）。

A. 1245　　B. 456789　　C. 789456　　D. 0

37. 假定在图片框 Picture1 中装入了一个图形，为了清除该图形（不删除图片框），应采用的正确方法是（　　）。

A. 选择图片框，然后按 Del 键

B. 执行语句 Picture1.Picture=LoadPicture(" ")

C．执行语句 Picture1.Picture=" "

D．选择图片框，在属性窗口中选择 Picture 属性，然后按回车键

38．在窗体上画一个名称为 Text1 的文本框，然后画一个名称为 HScroll1 的滚动条，其 Min 和 Max 属性分别为 0 和 100，程序运行后，如果移动滚动块，则在文本框中显示滚动条的当前值。以下能实现上述操作的程序段是（　　）。

A．
```
Private Sub HScroll1_Change( )
    Text1.Text = HScroll1.Value
End Sub
```
B．
```
Private Sub HScroll1_Click( )
    Text1.Text = HScroll1.Value
End Sub
```
C．
```
Private Sub HScroll1_Change( )
    Text1.Text = HScroll1.Caption
End Sub
```
D．
```
Private Sub HScroll1_ DbClick ( )
    Text1.Text = HScroll1.Value
End Sub
```

三、简答题

1．单选按钮和复选框在使用上有什么区别？

2．列表框和组合框在使用上有什么区别？

3．滚动条的 Change 事件和 Scroll 事件有什么不同？

4. 在 KeyPress 事件中，如何取消用户刚输入的字符？

5. 组合框有哪几种类型？

四、程序设计

1．按照要求编写程序：新建一个 VB 工程，在窗体中添加三个文本框，名称分别为“Text1”、“Text2”、“Text3”。在适当的事件过程中编写代码，使得程序运行时，每当在第一个文本框中输入一个英文字母，程序就在第二个文本框中显示出这个字母的小写形式，在第三个文本框中显示出这个字母的大写形式。

2．设计加法运算器。在窗体中设计三个文本框，名称分别是 Text1、Text2 和 Text3。参考界面如图 6.22 所示：

3．编程序，由键盘输入时、分、秒后，转换成共有多少秒？三个文本框的名称分别是：Text1、Text2 和 Text3 。转换结果显示在标签名称为 label1 中。参考界面如图 6.23 所示。

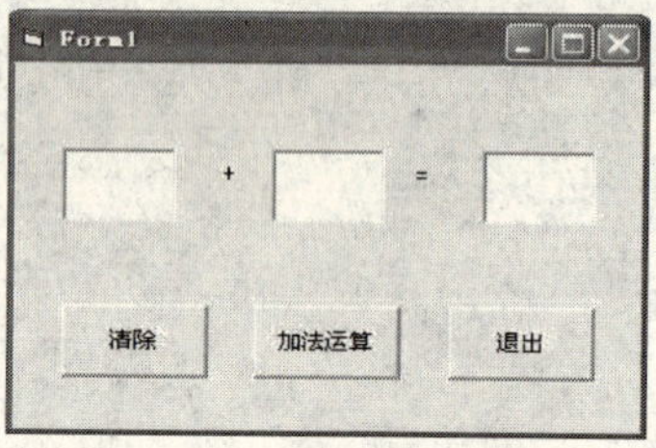

图 6.22　加法运算器参考界面

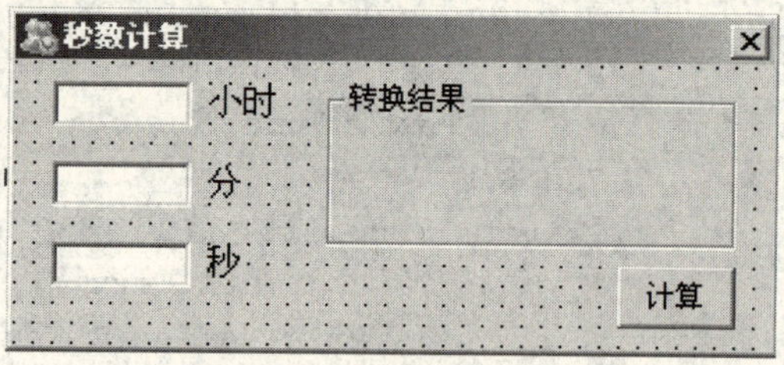

图 6.23　时间转换参考界面

第7章 界面设计

有友好的用户界面是一款软件成功的重要基础，因此在界面设计方面设计人员往往要花费很多时间去完成。本章我们将介绍 VB 界面设计的原则和方法。

7.1 用户界面样式

用户界面样式主要有单窗体界面（SDI）、多窗体界面（MDI）和资源管理器界面。

7.1.1 单文档界面

单文档界面是指在应用程序中每次只能打开一个文档，若需要再打开另一个文档，则必须先关闭已打开的文档。单文档界面时，不能将一个窗体包含在另一个窗体中。

7.1.2 多文档界面

多文档界面是在应用程序中可以同时操作多个文档。每个文档都有自己的窗口，子窗口被包含在父窗口中，父窗口为应用程序中所有的子窗口提供工作空间。当父窗口被最小化时，所有的子窗口也被最小化，只有父窗口的图标显示在任务栏中。Microsoft Word 和 Microsoft Excel 应用程序就是多文档界面的例子。

创建 MDI 应用程序的步骤如下：

① 从“工程”菜单中选择“添加 MDI 窗体”命令，窗体的默认名为“MDIForm1”，一个应用程序只能有一个 MDI 窗体。

② 创建一个新窗体 Form1（或者打开一个存在的窗体），然后把它的 MDIChild 属性设为 True，将启动对象设置为该窗体。

例如，在 MDIForm1 窗体中添加一个 Form1 子窗体，子窗体的 Caption 属性为“你好”，运行后的结果显示如图 7.1 所示。

图 7.1 多文档界面

7.2 界面设计原则

程序界面设计是软件开发中的一个重要环节，友好的界面不仅能提升程序界面的可观赏性，还能提高应用程序的可操作性。而且良好的界面能够引导用户自己完成相应的操作，起到向导的作用。

目前流行的界面风格有三种方式：多窗体、单窗体及资源管理器风格，无论哪种风格，都应该具有以下设计原则。

1. 易操作性

按钮名称应该易懂，用词准确，要与同一界面上的其他按钮易于区分，达到见名知意的效果。理想的情况是，用户不用查阅说明书或帮助，就能知道该界面的功能并进行相应的正确操作。

2. 规范性

通常界面设计都按 Windows 界面的规范来设计，即包含菜单条、工具栏、状态栏、滚动条、快捷菜单等标准项目。也就是说，界面遵循规范化的程度越高，易用性就越好。

3. 合理性

屏幕对角线相交的位置是用户直视的地方，正上方四分之一处是易吸引用户注意力的位置，在放置窗体时要注意利用这两个位置。使界面布局合理、清晰。

4. 美观与协调性

界面布局和大小应该适应美学观点，感觉协调舒适，能在有效的范围内吸引用户的注意力。

5. 必要的帮助和提示

系统应该提供帮助文档和提示，以帮助用户自己寻求解决方法。

7.3 菜单设计

菜单的基本类型有两种，即下拉式菜单和弹出式菜单。

7.3.1 下拉式菜单

1. 下拉式菜单的组成

下拉式菜单组成如图 7.2 所示，应该包含主菜单栏、主菜单项、子菜单、菜单项、子菜单提示符、热键、快捷键、分隔条等。其中分隔条是用来划分不同的功能区，每个功能区包含同类功能的菜单项。菜单项通常有快捷键，而主菜单项可设置热键。子菜单可分为一级子菜单、二级子菜单、最多五级子菜单。

2. 菜单编辑器

使用菜单编辑器可以为应用程序创建菜单，利用这个编辑器，可以建立下拉式菜单，最多可达 5 级子菜单。

启动菜单编辑器的方法有以下 4 种：

① 使用菜单栏中“工具”→“菜单编辑器”命令；② 单击工具栏中的“菜单编辑器”按钮；③ 使用键盘快捷键 Ctrl+E；④ 在要建立菜单的窗体上单击右键，在弹出菜单中选择“菜单编辑器”命令。

启动后，弹出“菜单编辑器”对话框，如图7.3所示，菜单编辑器对话框分为三个部分：属性区、编辑区和菜单项显示区。利用这个菜单编辑器，可以建立各种菜单，并对它们的属性进行设置。

（1）属性区

属性区用来输入或修改菜单项、设置属性，其中各项意义如下：

“标题”项：在文本输入框中可以输入菜单项，这些菜单项出现在菜单栏或子菜单中。输入的内容同时也显示在设计窗口下方的显示区中（相当于控件对象的 Caption 属性）。如果在该栏中输入一个减号（–），则可在菜单中加入一条分隔条。

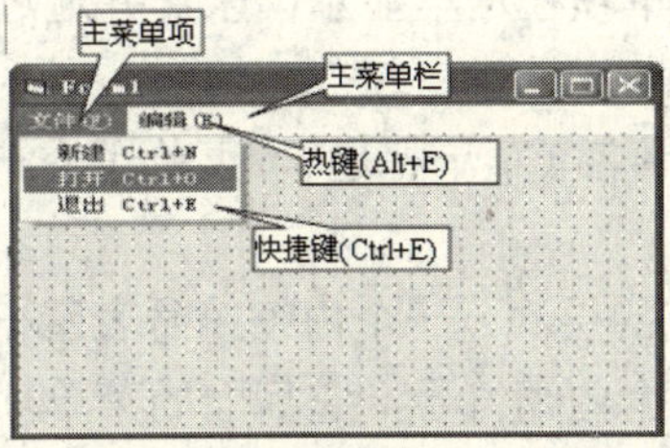

图 7.2　下拉式菜单的组成

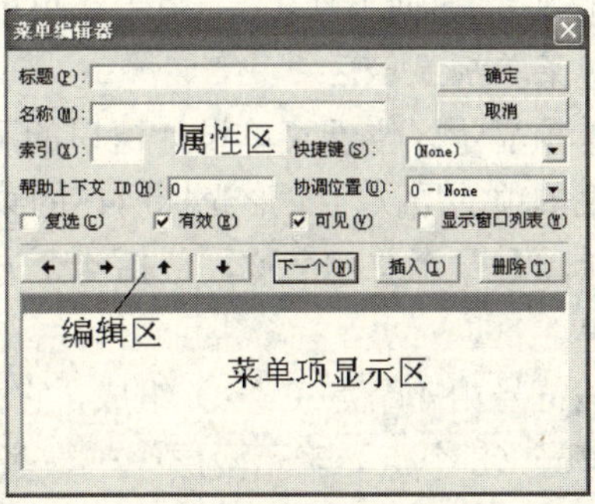

图 7.3 “菜单编辑器”对话框

“名称”项：在文本输入框中可以为主菜单项及各菜单项输入控制名。控制名是标识符（相当于控件对象的 Name 属性），仅用于访问代码中的菜单项，它不会在菜单中出现。每个菜单项都是一个控件对象，都要为其取一个控制名。

“索引”项：当几个菜单项使用相同的名称时，把它们组成控件数组，可指定一个数字值来确定每一个菜单项在控件数组中的位置，该位置与控件的屏幕位置无关。

“快捷键”项：允许为每个菜单项选择快捷键。

“帮助上下文 ID”项：可在该文本框中输入数值，这个值用来在帮助文件中查找相应的帮助主题。

“协调位置”项：用来确定菜单或菜单项是否出现或在什么位置出现。该列表有 4 个选项：

0-None	表示菜单项不显示；
1-Left	表示菜单项靠左显示；
2-Middle	表示菜单项居中显示；
3-Right	表示菜单项靠右显示。

“复选”项：允许在菜单项的左边设置复选标记。它不改变菜单项的作用，也不影响事件过程对任何对象的执行结果，只是设置或重新设置菜单项旁的符号。利用这个属性，可以指明某个菜单项当前是否处于活动状态。

“有效”项：决定菜单的有效状态，由此选项可决定是否让菜单对事件有响应，而如果希望该项失效，也可清除事件。默认状态为 True。

“可见”项：决定菜单的可见状态，即是否将菜单项显示在菜单上。默认状态为 True。

“显示窗口列表”项：当该选项被设置为 On（框内有“ √”）时，将显示当前打开的一系列子窗口。用于多文档应用程序。

“确定”按钮：关闭菜单编辑器，设置的内容起作用。

“取消”按钮：关闭菜单编辑器，取消所有修改。

（2）编辑区

编辑区共有如下 7 个按钮。

“下一个”按钮：将选定移动到下一行，开始一个新的菜单项（与回车键作用相同）。

“插入”按钮：在当前选定行菜单项上方插入一行，即插入一个新的菜单项。

“删除”按钮：删除当前选定行（条形光标所在行），即删除当前菜单项。

向左（←）、向右（→）按钮：每次单击都把选定的菜单项向左、或向右移一个等级（用内缩符号显示），一共可以创建五个子菜单等级。

向上（↑）、向下（↓）：用于在菜单项显示区中上下移动菜单项的位置。

（3）菜单项显示区

菜单项显示区位于菜单设计窗口的下部，输入的菜单项在这里显示出来，并通过内缩符号表明菜单项的层次。条形光标所在的菜单项是“当前菜单项”。

菜单项是一个总的名称，包括 4 个方面的内容：菜单名（菜单标题）、菜单命令、分隔线和子菜单。

内缩符号由 4 个点（····）组成，它表明菜单项所在的层次，一个内缩符号表示一层，两个内缩符号（8 个点）表示两层……最多 20 个点，即 5 个内缩符号，它后面的菜单项为第六层。如果一个菜单项前面没有内缩符号，则该菜单为主菜单项，即菜单的第一层。

除分隔线外，所有的菜单项都可以接收 Click 事件。

在输入菜单项时，如果在字母前加上“&”，则显示菜单时在该字母下加上一条下划线，可以通过 Alt 加带下划线的字母打开菜单或执行相应的菜单命令。

3. 下拉菜单应用

在工程中添加一个窗体，并在其中创建菜单，界面示意如图 7.4 所示。

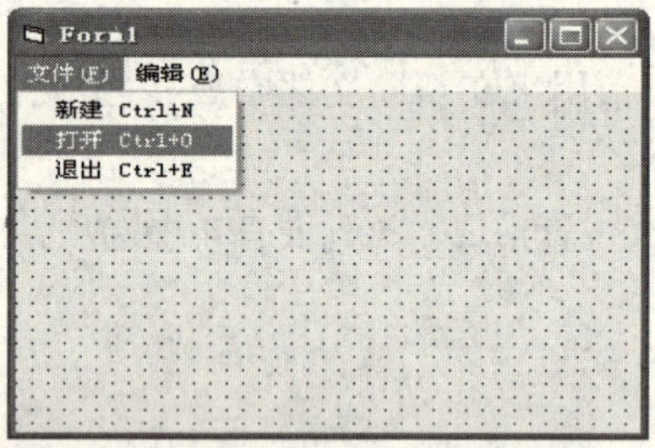

图 7.4 下拉菜单应用

（1）创建主菜单项

标题栏中输入“文件（&F）”（F 键成为热键），名称栏中输入“File”。按“下一个”按钮将产生新的菜单项。

若不需给“文件”主菜单项设置热键，只要取消标题栏中的“（&F）”即可。

（2）创建子菜单项

标题栏中输入“新建”，名称栏中输入“New”，在快捷键栏中选择“Ctrl+N”，则“Ctrl+N”成为“新建”菜单项的快捷键。单击“→”按钮，使“新建”菜单项向右缩进 4 个点。单击“下一个”按钮产生新的菜单项。与此类似，继续创建“打开”、“退出”子菜单项。

注意，若再单击“→”按钮，使菜单项向右再缩进 4 个点（共 8 个点），表示该菜单项为二级子菜单项。单击 n 次“→”按钮，使菜单项向右再缩进 $4*n$ 个点，该菜单项成为 n 级子菜单项。若要使 n 级子菜单项升级为 $n-1$ 级子菜单项，只需单击“←”按钮即可。当菜单项向左移动到左边框线时便成为主菜单项。

若不给“新建”菜单项设置快捷键“Ctrl+N”，只需在快捷键栏中选择“None”即可。

7.3.2 弹出式菜单

弹出式菜单又称为快捷菜单，是浮动菜单，它在窗体上的显示位置由鼠标指针位置决定。弹出式菜单的设计方法和下拉菜单的设计方法基本相同，仍然使用 VB 提供的菜单编辑器，不同的是弹出菜单只建一个菜单，同时把这个菜单设置成隐藏属性。

弹出菜单是通过 PopupMenu 方法来显示的，其语法格式为：

[对象]. PopupMenu 菜单名，flags，X，Y

其中，对象：为可选项，默认为带有焦点的 Form 对象。

菜单名：是必须有的，是要显示的弹出式菜单名，指定的菜单必须有至少有一个菜单项。

X，Y：指显示弹出菜单的位置，如果省略 X，Y 则弹出式菜单将显示在当前鼠标点位置。

flags：用于定义弹出式菜单的位置和行为，其相应属性值如表 7.1 和表 7.2 所示。

表 7.1 “flags”表示位置的属性设置

位置常数	常 数 值	含 义
0	VbPopupMenuLeftAlign	默认。指定 x 位置定义了该弹出式菜单的左边界
4	VbPopupMenuCenterAlign	弹出式菜单以指定的 x 位置为中心
8	VbPopupMenuRightAlign	指定的 x 位置定义了弹出式菜单的右边界

表 7.2 “flags”表示行为的属性设置

行为常数	常 数 值	含 义
0	VbPopupMenuLeftButton	默认。弹出式菜单仅识别鼠标左键对菜单项的选择
2	VbPopupMenuRightButton	弹出式菜单识别鼠标右键和左键对菜单项的选择

习惯上，都是右键单击某个对象，弹出快捷菜单，所以上述 PopupMenu 方法的代码往往是放在某个对象的鼠标响应的事件过程中。例如，当用鼠标右击窗体时，弹出快捷菜单。则可以用 Form_MouseUp 事件过程编写相应代码表示释放鼠标按钮时，表示按下鼠标右键这一动作（使用 Button=2），然后用 PopupMenu 方法显示弹出式菜单。

程序运行时，每次只能显示一个弹出式菜单。若已经显示了一个弹出式菜单，则不再执行其他 PopupMenu 方法。

菜单编辑好后，就能在程序中引用并控制它，如果希望在文本框上点击鼠标右键时弹出这个右键菜单，则需要在文本框的 MouseDown 事件中加入控制语句：

```
Private Sub Text1_MouseDown(Button As Integer, Shift As Integer,
            x As Single, y As Single)
If Button = 2 Then                          '如果是鼠标右键按下时
   Form1.PopupMenu  tch, 0, x, y            '弹出快捷菜单
  End If
End Sub
```

其中，MouseDown 事件各个参数意义如下：

Button：返回一个整数，用来标识该事件的产生是按下哪个按键，其中左键为 0，右键为 2，中间键为 4。

Shift：返回一个整数，标示是否同时有 Shift,Ctrl,Alt 键按下。

x, y：返回一个指定鼠标指针当前位置的数。

PopupMenu：是弹出菜单的方法，其语法是：Object.PopupMenu menuname, flags, X, Y。

tch：是我们在菜单编辑器中设计好的菜单的名称。

这样就能调出快捷菜单，然后我们根据自己的需要，为每个菜单项的 Click 事件编写代码，完成一些特定的操作，快捷菜单就可以使用了，菜单设置如图 7.5 所示，最后效果如下图 7.6 所示。

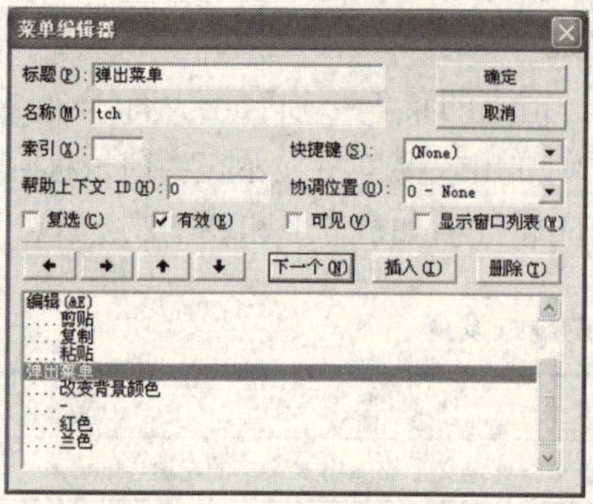

图 7.5　菜单设置

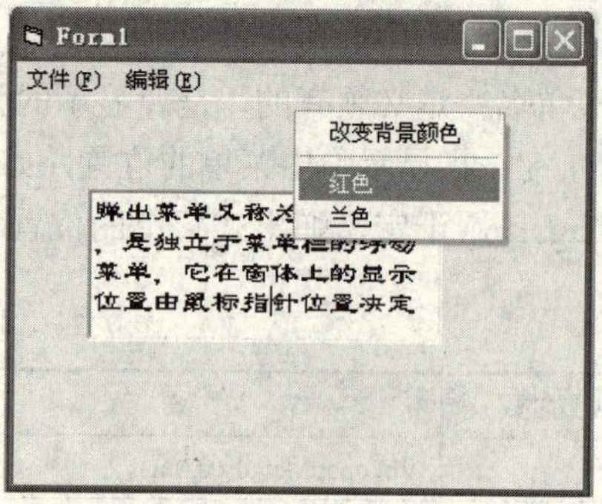

图 7.6　弹出菜单应用

图 7.6 中“红色”和“兰色”菜单项选对应的事件过程如下：

```
Private Sub blue_Click()
    Form1.Text1.BackColor = &HFF0000
End Sub
Private Sub red_Click()
    Form1.Text1.BackColor = &HFF&
End Sub
```

7.3.3　动态增删菜单项

动态增删菜单项是指可以根据程序的需要自动地增加或删除菜单项。在 Word 的“窗口”菜单中，其子菜单可以根据当前打开文件的多少而动态变化。也就是说，每打开一个文档，在“窗口”菜单中就增加一个子菜单项。每关闭一个文档，“窗口”菜单中就减少一个子菜单项。在实际应用中，有时候需要这种自动增减菜单项的操作。

菜单项的增减通过控件数组来实现。一个控件数组含有若干个控件对象，这些控件的名称相同，所使用的事件过程相同，但其中的每个元素可以有自己的属性。和普通数组一样，通过下标（Index）访问控件数组中的元素。控件数组可以在设计阶段建立，也可以在运行时建立。

下面通过实例介绍如何利用控件数组实现菜单项的增减。

【例 7.1】 编写程序，实现菜单项的增减操作。

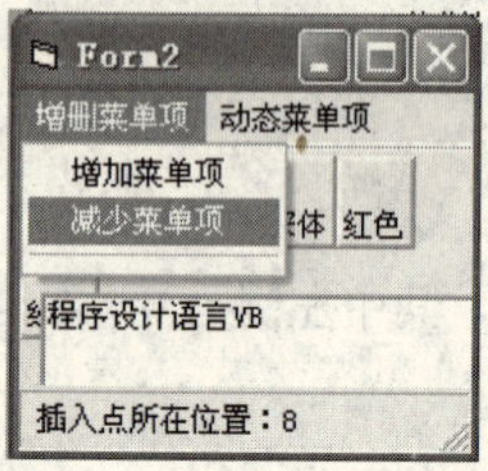

图 7.7　菜单项的增减操作

假定有一个刚刚建立尚未执行的菜单，如图7.7所示。它有一个主菜单项“增删菜单项”，在该主菜单项下有两个子菜单项“增加菜单项”和“减少菜单项”及分隔线。要求：单击“增加菜单项”时在分隔线下面增加一个新的菜单项，单击“减少菜单项”时删除分隔线下面一个指定的菜单项。如果单击新增加的菜单项，则可以执行指定相应的程序。

按以下步骤操作：

① 执行“工具”菜单中的“菜单编辑器”命令，打开菜单编辑器窗口。

② 设置各菜单项的属性，如表 7.3 所示。表7.3 中最后一项的“标题”是空白；“可见性”是 False，其下标为 0，它是一个子菜单项，暂时看不到；TName（0）是控件数组的一个元素。

③ 在窗体层定义如下变量，该变量用作控件数组的下标。

```
Dim Mcounter As Integer
```

表 7.3　菜单属性设置

标题	名称	内缩符号	可见性	下标
增删菜单项	AddDel	无	True	无
增加菜单项	Add	1	True	无
减少菜单项	Del	1	True	无
-	SepBar	1	True	无
动态菜单项	AuMe	无	True	无
（空白）	TName	1	False	0

④ 编写增加新菜单项的程序代码。根据题意，当单击图 7.7 中“增加菜单项”命令时可以增加新的菜单项，编写相应的事件过程如下：

```
Private Sub Add_Click()
    temp = InputBox("增加新菜单项名称")
    Mcounter = Mcounter + 1
    Load TName(Mcounter)
    TName(Mcounter).Caption = temp
    TName(Mcounter).Visible = True
End Sub
```

上述过程是单击子菜单项“增加菜单项”命令时产生的操作。它首先显示一个输入对话框，让用户输入新菜单项名称，接着下标值增加 1，用 Load 语句建立控件数组的新元素，并把输入的菜单项名称设置为该元素的 Caption 属性（即菜单项），用“Visible=True”设置该菜单可见。

⑤ 编写删除菜单项过程。用 Load 语句建立的控件数组元素，可以用 Unload 语句删除。单击子菜单项“减少菜单项”命令，产生的事件过程如下：

```
Private Sub Del_Click()
    Dim N As Integer, I As Integer
    N = InputBox("删除菜单项的序号")
    If N > Mcounter Or N < 1 Then
        MsgBox "超出范围！"
        Exit Sub
    End If
    For I = N To Mcounter - 1
        TName(I).Caption = TName(I + 1).Caption
    Next I
    Unload TName(Mcounter)
    Mcounter = Mcounter - 1
End Sub
```

7.4　工具栏和状态栏

7.4.1　工具栏

工具栏是窗口界面中的重要组成部分，它提供了最常用的菜单命令功能的快捷操作方式，工具栏上每个工具按钮，代表一个操作功能。

1．在工具箱中添加工具栏（Toolbar）控件

工具栏控件不是 VB 标准控件，需将工具栏控件加入到工具箱才能使用。加入到工具箱的方法如下：选择“工程”菜单中的“部件”命令，打开“部件”对话框，在“控件”选项卡中选中“Microsoft Windows Common Control 6.0”选项，单击“确定”按钮即能将工具栏（Toolbar）控件、图像列表（Imagelist）控件和状态栏（Status）控件添加到工具箱中。

2．文字按钮工具栏的制作方法

工具栏按钮有文字按钮和图形按钮两种，在这里介绍文字按钮工具栏的制作方法。

具体的制作文字按钮的步骤如下：

（1）在窗体上添加工具栏（Toolbar）控件

可以双击工具箱中的工具栏控件，建立一个名为 Toolbar1 的工具栏，该工具栏默认显示在窗体的顶部。可以通过改变工具栏的 Align 属性来改变工具栏在窗体上放置的位置。工具栏 Align 属性值及其含义如表 7.4 所示。这里将 Toolbar1 的 Align 属性值设置为 1（默认值），工具栏显示在窗体的顶部，宽度和窗体的宽度相同。

表 7.4　Align 属性值及其含义

Align 属性值	含　义
0-VbAlignNone	表示在设计时可以自己设定工具栏的大小和位置
1-VbAlignTop	工具栏显示在窗体的顶部，宽度和窗体的宽度相同
2-VbAlignBotton	工具栏显示在窗体的底部，宽度和窗体的宽度相同
3-VbAlignLeft	工具栏和窗体左边对齐，高度和窗体的高度相同
4-VbAlignRight	工具栏和窗体右边对齐，高度和窗体的高度相同

（2）设置工具栏的属性

右键单击 Toolbar1，显示快捷菜单，选择“属性”命令，弹出如图7.8所示的“属性页”对话框，在对话框中设置工具栏的一些常规属性，其说明如表 7.5 所示。

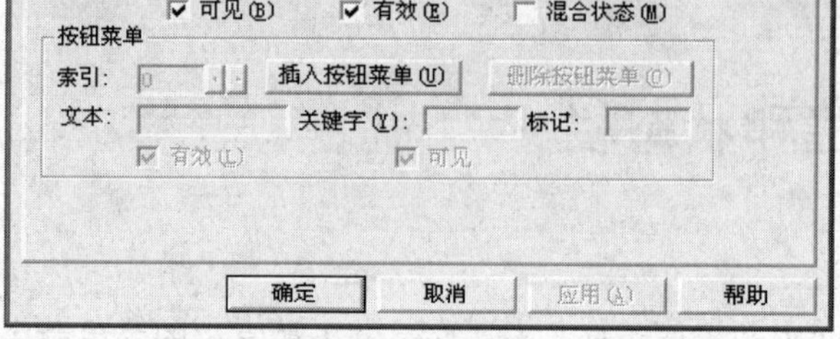

图 7.8　工具栏的“属性页”对话框

表 7.5　工具栏文字按钮常规属性说明

按钮属性	功　能
索引	按钮的编号，该项不可缺少，其值从“1”开始。单击文本框右侧的箭头按钮，可以依次将按钮集合中的某个按钮作为当前按钮
标题	用来设置按钮显示的标题
关键字	该属性是可选项，是按钮的名称，在编写代码时使用关键字代表按钮
工具提示文本	设置按钮的提示信息。如果在该项后面输入了提示信息，那么程序运行时，将鼠标指针移动到按钮上时，就会显示提示的文字信息
样式	用来设置按钮样式，值为整型，不同值表示不同的风格的按钮
值	用于设置按钮的两个工作状态。0-tbrUnpressed 表示释放状态，1-tbrPressed 表示按下状态
插入按钮	可以在工具栏中添加一个新按钮
删除按钮	可以删除当前按钮

（3）编写代码。

给工具栏的单击事件过程添加代码，代码如下：

```
Private Sub Toolbar1_ButtonClick(ByVal Button As MSComctlLib.Button)
Select Case Button.Index '单击工具栏上某个按钮，Button.Index 可获取该按钮的编号
  Case 1
    Text1.FontSize = 42          '粗号字
  Case 2
    Text1.FontSize = 10.5        '五号字
  Case 3
    Text1.FontName = "隶书"
  Case 4
   Text1.FontName = "宋体"
  Case 5
    Text1.ForeColor = &HFF&      '红色
  Case 6
    Text1.ForeColor = &HFF00&   '绿色
  End Select
End Sub
```

（4）得到文字按钮工具栏应用界面结果如图 7.9 所示。

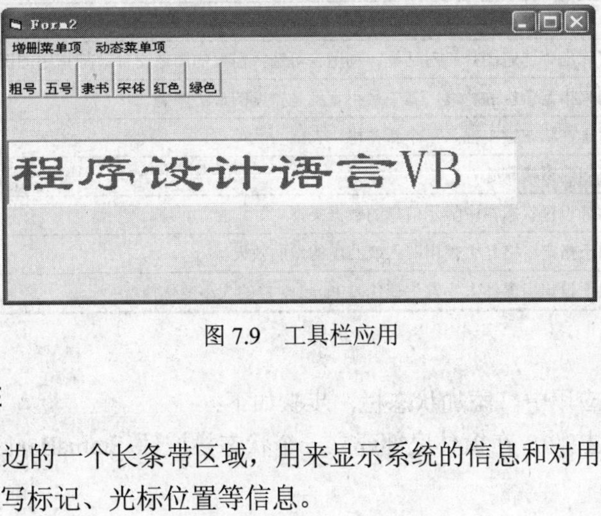

图 7.9　工具栏应用

7.4.2　状态栏

状态栏是窗口下边的一个长条带区域，用来显示系统的信息和对用户的提示，如系统日期和时间、插入或改写标记、光标位置等信息。

1. 在窗体上添加状态栏（StatusBar）控件

添加“Micrsoft Windows Common Controls 6.0”部件后，状态栏（StatusBar）控件被添加到工具箱中。双击工具箱中的状态栏控件，即可在窗体底部建立一个状态栏控件对象。当然可通过设置属性 Align 改变状态栏的显示位置。

2. 设置状态栏控件的“属性页”对话框

单击窗体上的状态栏（StatusBar）控件对象，选择快捷菜单中的“属性”命令，打开属性对话框，如图 7.10 所示。

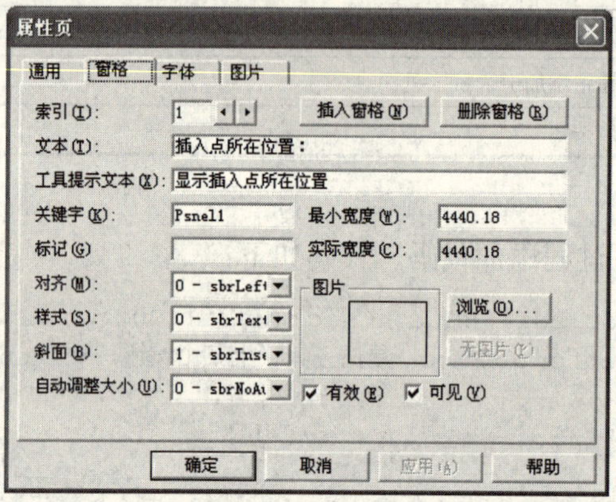

图 7.10　状态栏“属性页”对话框

状态栏控件主要是由多个窗格（Panel）组成，窗格对象不仅可显示文本和图片，还可以显示其他数据，如系统日期、时间、键盘状态等。状态栏控件的窗格选项卡中主要属性及功能说明如表 7.6 所示。

表 7.6　状态栏控件的窗格选项卡属性说明

属　性	功　能
索引	窗格的索引号
文本	在窗格上显示的文本内容
工具提示文本	鼠标指向该窗格时出现的提示信息
关键字	窗格的名字
浏览按钮	可弹出“选定图片”对话框，利用它可选择需要的图像文件并把指定的图像文件添加到当前窗格中
最小宽度/实际宽度	用来指定窗格的宽度，其中最小宽度是宽度的最小限制
插入窗格按钮	用于在状态栏中插入一个新窗格
删除窗格按钮	将当前窗格删除
样式	用来设置状态栏中显示信息的数据类型
斜面	用于指定窗格是否使用凹入或凸出的斜面效果
自动调整大小	用于设定当窗体大小发生变化时 Panel 对象的大小变化情况

3. 状态栏应用

在图 7.9 所示的应用中，添加状态栏，步骤如下：

（1）添加状态栏控件。在窗体底部建立一个状态栏控件 StatusBar1 对象，用鼠标拖动边界可调整状态栏大小。

（2）状态栏上单击右键，在快捷菜单中选择“属性”命令，弹出状态栏控件的“属性页”对话框。选择“窗格”选项卡，插入并设置 3 个窗格，分别是插入点所在位置、系统日期和系统时间。

（3）添加事件过程代码如下：

```
Private Sub Form_Load()
    StatusBar1.Panels(2).Text = Date          '取系统日期
    StatusBar1.Panels(3).Text = Time          '取系统时间
    End Sub
    Private Sub Text1_MouseMove(Button As Integer, Shift As Integer,
            X As Single, Y As Single)
    StatusBar1.Panels(1).Text = "插入点所在位置: " & Text1.SelStart
End Sub
```

（4）得到添加状态栏应用的结果如图 7.11 所示。

图 7.11　状态栏应用

7.5　对话框设计

在 Windows 系统中，对话框是的一种很重要的界面，和一般窗口不同，对话框的大小不能改变，没有最大化按钮和最小化按钮，没有控制菜单。VB 中有预定义对话框、自定义对话框和通用对话框 3 种类型。

预定义对话框是在程序中用 MsgBox 和 InputBox 函数建立简单的信息输入和输出对话框。如果需要设计信息输入或输出功能更复杂的对话框，则只能由用户自己建立，我们称这样的对话框为自定义对话框。如果使用一般界面的建立方法制作自定义对话框，将会花费较多的时间和精力。为此，Visual Basic 6.0 提供了通用对话框控件，用它可以快速地制作较为通用的对话框。通用对话框包含文件对话框、选择颜色对话框、选择字体对话框和打印对话框等。这里主要介绍通用对话框的设计。

7.5.1　通用对话框

通用对话框是采用通用对话框控件（CommonDialog）制作的。通用对话框控件不是标准控件，默认情况下，工具箱中无该控件，和前面介绍的工具栏控件一样，需要先添加该控件才能使用。添加该控件的方法是通过“工程”菜单中的“部件”命令，在对话框中添加“Microsoft Common Dialog Control 6.0”部件即可。

通用对话框控件可以创建六种形式的对话框。在程序代码中可通过设置 Action 属性或调用该控件的 Show 方法来产生不同的对话框，具体设置如表 7.7 所示。

表 7.7　通用对话框的属性及其设置

Action 属性值	对话框类型	方　法
1	打开文件（open）	ShowOpen
2	保存文件(save as)	ShowSave
3	选择颜色(color)	ShowColor
4	选择字体(font)	ShowFont
5	打印(print)	ShowPrinter
6	帮助	ShowHelp

例如，“CommonDialog1.Action = 1”或“CommonDialog1.ShowOpen”表示将对话框 CommonDialog1 指定为“打开文件”类型的对话框。

7.5.2　文件对话框

文件对话框包括打开（Open）文件对话框和保存文件（Save As）对话框，文件通用对话框属性如图 7.12 所示。

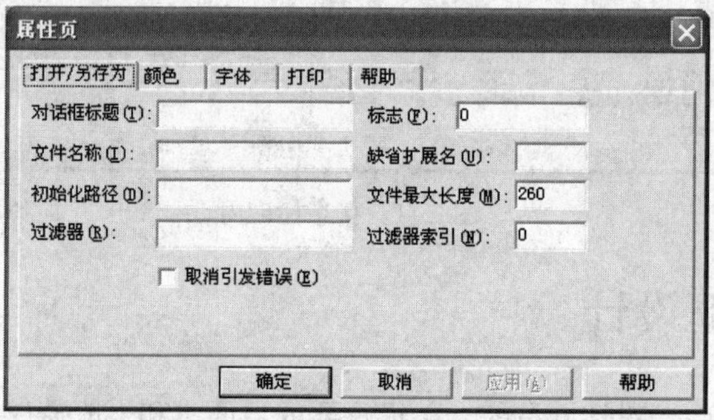

图 7.12　文件通用对话框属性

文件对话框主要用来获取用户指定的文件信息并供程序使用，但是需注意的是对话框本身并不提供打开文件和另存为功能，这些功能需另外编写代码。

使用通用对话框控件建立“打开”和“保存文件”对话框时，可对通用对话框控件进行设置的主要属性及其含义如表 7.8 和表 7.9 所示。

表 7.8　通用对话框控件建立文件对话框的常用属性及含义

属　性	含　义
对话框标题	设置对话框的标题。在默认情况下，打开对话框的标题是“打开”；保存对话框的标题是“另存为”
文件名称	设置或返回要打开或保存文件的路径及文件名。可以设置默认打开或保存的文件名和返回用户在对话框中所选文件的路径和文件名
默认扩展名	设置对话框默认的文件扩展名
过滤器	设置对话框的文件列表框中显示的文件的类型，Filter 属性由一对或多对字符串组成，每对字符串包括文字说明和过滤器两部分。格式为：通用对话框控件名称.Filter =“文字说明|过滤器 1|文字说明|过滤器 2……”例如： CommonDialog1.Filter = "All Files|*.*|(*.doc)|*.doc|(*.txt)|*.txt"
过滤器索引	设置默认的过滤器。用 Filter 属性设置好过滤器后，每个过滤器都有一个值，第一个过滤器的值为 1，第二个过滤器的值为 2，以此类推
初始化路径	用来指定对话框中的初始目录，如果未指定该属性的值，则是当前目录

表 7.9　文件对话框中常用的“标志(F)”属性值及其含义

值	功　能
1	显示“以只读方式打开”复选框
2	如果用已有的文件名保存文件，则显示一个保存文件对话框，询问是否覆盖已有的文件
4	不显示“以只读方式打开”复选框
16	显示一个 Help 按钮
512	允许用户通过 shift 键与光标移动键组合或鼠标组合选择多个文件

【例 7.2】 编一个能打开和保存文件的程序，打开时要求能将文件的内容在文本框中显示，保存时能将文本框中的内容存为.doc 或.txt 类型的文件，并且具有清空文本框的功能。界面设计如图 7.13 所示。

图 7.13　打开文件和保存文件界面设计

操作步骤：

①在当前窗体上添加工具栏控件对象（Toolbar1），在工具栏上设置三个文字按钮（打开、保存和清空）；在窗体上再添加通用对话框控件（CommonDialog1）和一个文本框（Text1）。具体属性设置如表 7.10 和表 7.11 所示。

表 7.10　界面中各对象属性设置

控　件	属　性	值	属　性	值
工具栏	Toolbar1			
文本框	Name	Text1		
窗体	Name	Form3	Caption	文件对话框
通用对话框	Name	CommonDialog1		

表 7.11　工具栏控件对象（Toolbar1）文字按钮属性的设置

索　引（Index）	标　题（Caption）	关　键　字（Key）
1	打开	Open
2	保存	Save
3	清空	Clear
4	颜色	Color

② 为“打开”、“保存”、“清空”和“颜色”按钮编写的程序代码：

```
Private Sub Toolbar1_ButtonClick(ByVal Button As MSComctlLib.Button)
   Select Case Button.Index  '单击工具栏上某个按钮，Button.Index 可获取该按钮的编号
    Case 1              '文件打开
     CommonDialog1.FileName = ""
     CommonDialog1.InitDir = "d:\"
     CommonDialog1.Flags = 1
     CommonDialog1.Flags = vbOFNAllowMultiselect
     CommonDialog1.Filter = "All Files|*.*|(*.doc)|*.doc|(*.txt)|*.txt"
     CommonDialog1.FilterIndex = 3
     CommonDialog1.DialogTitle = "打开文件"
     CommonDialog1.Action = 1
     If CommonDialog1.FileName = "" Then
```

```
      MsgBox "您没选择文件", 37, "错误"
      Else
     Open CommonDialog1.FileName For Input As #1
      Do While Not EOF(1)
      Input #1, a$
      Text1.Text = Text1.Text & Chr(13) + Chr(10) & a$
     Loop
      End If
     Close #1
    Case 2              '保存文件
     CommonDialog1.CancelError = False
     CommonDialog1.InitDir = "d:\"
     CommonDialog1.DefaultExt = "txt"
     CommonDialog1.FileName = "my.txt"
     CommonDialog1.Flags = 2
     CommonDialog1.Filter = "Document Files(*.doc)|*.doc|All Files(*.*)
                            |*.*|Text Files(*.txt)|*.txt"
     CommonDialog1.FilterIndex = 1
     CommonDialog1.DialogTitle = "保存文件"
     CommonDialog1.Flags = 2050
     CommonDialog1.Action = 2
     If CommonDialog1.FileName = "" Then
     MsgBox "您没输入文件名", 37, "错误"
     Else
      Open CommonDialog1.FileName For Output As #1
      a$ = Text1.Text
      Write #1, a$
      End If
      Close #1
    Case 3  '清空
     Text1.Text = ""
    Case 4  '颜色
    CommonDialog1.Flags = 2
    CommonDialog1.ShowColor  '颜色对话框
    Text1.ForeColor = CommonDialog1.Color
                            '将在颜色对话框中选定的颜色应用于文本框的前景色
    End Select
End Sub
```

③ 运行结果如图 7.14 所示。

图 7.14 打开文件和保存文件界面

7.5.3 颜色对话框

颜色对话框用来设置颜色。通过使用通用对话框的 ShowColor 方法或将其 Action 属性值设为 3 时可显示颜色对话框。

颜色（Color）属性用来设置或返回指定的颜色，每一个“颜色”值对应一个颜色，例如，红色为 255，黄色为 65535 等。再如，Text1.ForeColor = CommonDialog1.Color 可将在颜色对话框中选定的颜色应用于文本框的前景色。

标志（Flags）属性用来定义对话框的类型，具体功能如表 7.12 所示。

表 7.12　颜色对话框中的 Flags 属性

Flags 值	功　　能
1	使 Color 属性定义的颜色在首次显示对话框时显示出来
2	能显示自定义颜色窗口
4	不显示自定义颜色按钮

7.6　多重窗体设计

一个简单的应用程序只有一窗体，应用程序的所有功能全都在这一个窗体中体现出来。而复杂程序往往需要多个窗体和多个对话框，根据完成的任务，将它们相互关联在一起。

7.6.1　多窗体的建立

多窗体是指应用中有多个窗体，它们之间没有绝对的从属关系。每个窗体的界面设计与单窗体完全一样，只是在设计之前应先建立窗体，建立窗体方法是通过菜单“工程”→“添加窗体”命令实现，也可以用鼠标右键单击“工程资源管理器”，在弹出快捷菜单中选取“添加”→“添加窗体”命令实现。在多窗体的情况下，程序代码是针对每个窗体编写的。然而，应注意窗体之间相互调用的关系。多重窗体实际上是单一窗体的集合，而单一窗体是多重窗体程序设计的基础。

7.6.2　多窗体程序设计常用的方法

在单窗体程序设计中，所有的操作都在一个窗体中完成，不需要在多个窗体中切换。而在多窗体程序中，需要打开、关闭、隐藏或显示指定的窗体，这可以通过相应的语句和方法来实现。在有多个窗体的工程中，只能设置其中一个窗体为启动窗体。方法为单击菜单“工程”→“工程属性”，弹出“工程属性”对话框，如图7.15所示，在“通用”选项卡中设置“启动对象”为所要的窗体。

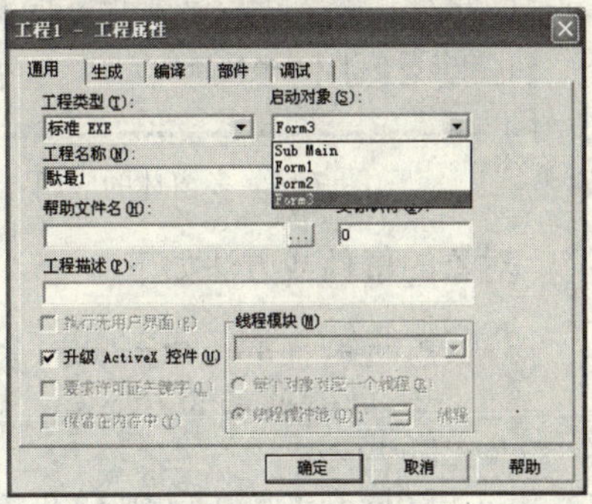

图 7.15　设置启动窗体

在多窗体程序设计经常使用四种方法：Load，Show，Hide 和 Unload。

（1）Load 方法

语法结构为：

Load　窗体名称

功能：使用 Load 方法调用的窗体被存入内存，并不显示出来，同时会产生一个 Form_Load()事件。

例如：Load Form3　　' 将 Form3 窗体存入内存

（2）Show 方法

语法结构为：

窗体名称.Show

功能：Show 方法用来显示被调用的窗体。Show 方法兼有装入和显示两种功能，也就是说，在执行 Show 方法时，如果窗体不在内存中，则 Show 方法会自动的把窗体调入内存，然后再显示出来。

例如：Load Form3　　'将 Form3 窗体存入内存，但不显示

　　　Form3.Show　　'将 Form3 存于内存，并显示 Form3 窗体

（3）Hide 方法

语法结构为：

窗体名称.Hide

功能：使用 Hide 方法会隐藏被调用的窗体。虽然不在屏幕上显示，但仍在内存中（与 Unload 方法不同），且被调用的窗体中的属性等已经处于无效的状态。

例如：Form2.Hide　　' 隐藏 Form2 窗体

　　　Form3.Show　　' 显示 Form3 窗体

（4）Unload 方法

语法结构为：

Unload　窗体名称

功能：使用 Unload 方法会清除内存中指定的窗体，与此同时，窗体中的变量和属性值等都会在内存中清除，在清除窗体的同时会产生一个 Form_QueryUnload()事件。

例如：Form1.Show　　'显示 Form1 窗体

　　　Unload Form2　　'从内存中清除 Form2 窗体

7.6.3　多窗体的应用

【例7.3】 设计一个如图 7.16 所示的多窗体应用界面，并完成相应功能，例如，单击主控制窗体中的“密码转换”按钮（Command1），会显示一个密码转换窗体（Form2）；单击主控制窗体中的“字符转换”按钮（Command2），会显示相应地字符转换窗体（Form3）。

（1）设计多窗体界面控制模块

多窗体应用界面中各对象的属性设置如表 7.13 所示。

图 7.16　多窗体的应用

表 7.13　对象名称、属性及属性值

对　象	属　性	属 性 值
Form1	Caption	多窗体界面
Command1	Caption	密码转换
Command2	Caption	字符转换
Command3	Caption	退出

对象的事件或方法如下：

```
Private Sub Command1_Click()
    Form2.Show
End Sub
Private Sub Command2_Click()
    Form3.Show
End Sub
Private Sub Command3_Click()
    End
End Sub
```

（2）设计密码转换窗体

密码转换窗体如图 7.17 所示，其中对象名称、属性及属性值如表 7.14 所示。

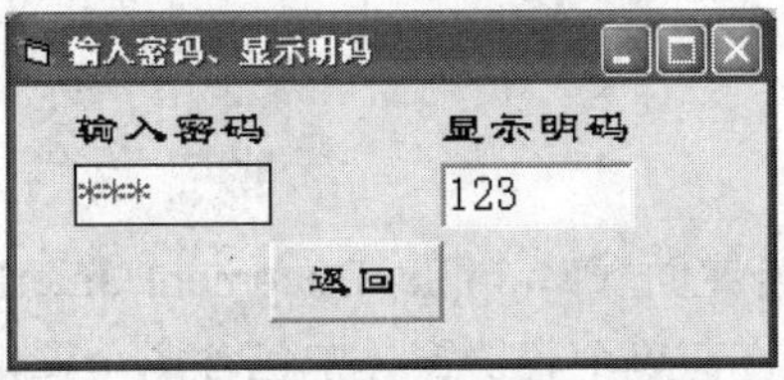

图 7.17 “输入密码、显示明码”窗口

表 7.14　对象名称、属性及属性值

对　象	属　性	属 性 值
Form2	Caption	输入密码、显示明码
Text1	Text	
Text1	PasswordChar	*
Text2	Text	
Command1	Caption	返回

对象的事件或方法：

```
Private Sub Command1_Click()
    Form2.Hide
    Form1.Show
End Sub
Private Sub Form2_Load()
    Form2.Text1.SetFocus
End Sub
Private Sub Text1_Change()
    Text2.Text = Text1.Text
End Sub
```

（3）字符转换界面设计

字符转换窗体如图 7.18 所示，其中对象名称、属性及属性值如表 7.15 所示。

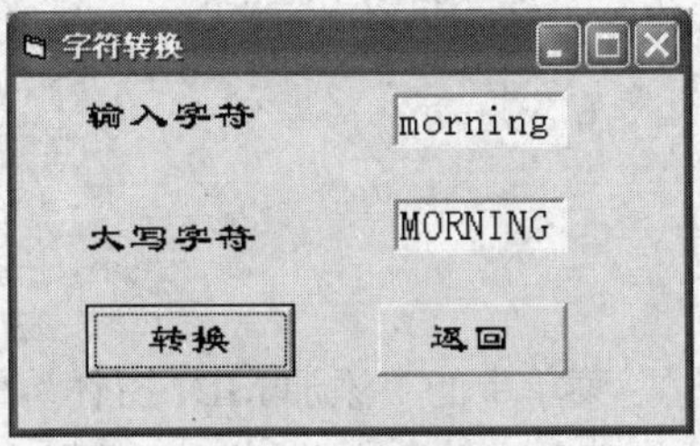

图 7.18　字符转换界面

表 7.15　对象名称、属性及属性值

对　象	属　性	属 性 值
Form3	Caption	字符转换
Label1	Caption	输入字符
Label2	Caption	大写字符
Text1	Text	
Text2	Text	
Command1	Caption	转换
Command2	Caption	返回

对象的事件或方法如下：

```
Private Sub Command1_Click()
    Text2.Text = UCase$(Text1.Text)
End Sub
Private Sub Command2_Click()
    Form3.Hide
    Form1.Show
End Sub
Private Sub Form3_Load()
    Form3.Text1.SetFocus
End Sub
```

7.7 多文档界面设计

7.7.1 多文档界面概述

大多数基于窗口界面的大型应用程序都是多文档界面（Multiple Document Interface，MDI），多文档界面由父窗体和子窗体组成，是一种允许在单个容器窗体中包含多个窗体的应用程序，这种程序允许同时打开多个文档，如 Micrsoft Word 软件允许同时建立多个文档，每个文档有各自的窗体。单文档界面（Single Document Interface，SDI）只能够打开一个文档，打开另一个文档时就会关闭原来打开的文档。如 Windows 系统中的计算器、记事本和画图等都属于单文档界面。

在 VB 中，可以创建三种窗体，即普通窗体、MDI 父窗体和 MDI 子窗体。普通窗体是指独立的窗体，它和其他窗体之间没有从属关系。MDI 子窗体是指 MDIChild 属性为 True 的普通窗体。MDI 父窗体是由菜单、工具栏、子窗口区和状态条组成，是所有 MDI 子窗体的容器，MDI 父窗体在一个工程中只有一个。

在运行时，子窗体显示在 MDI 父窗体工作空间之内（其区域在父窗体边框以内及标题与菜单栏之下）。当子窗体最小化时，它的图标显示在 MDI 父窗体的工作空间之内，而不是在任务栏中。

多文档界面具有以下特点：

① 多文档界面与多窗体不同，多窗体中的各窗体是相对独立的。MDI 虽然也可以含有多个窗体，但它只有一个父窗体，其余窗体（称子窗体）都在父窗体内。

② 一个标准的多文档界面应用程序至少应含有两类窗体：MDI 父窗体和 MDI 子窗体。

③ 父窗体为子窗体提供操作空间，即子窗体只能在其工作空间之内活动。

7.7.2 多文档界面的建立

建立多文档界面的步骤和方法如下：

（1）添加 MDI 父窗体

新建一个工程，添加 MDI 窗体。方法：单击“工程”菜单中的“添加 MDI 窗体”命令，或在工程资源管理器中，右键单击“窗体”文件夹，在快捷菜单中单击“添加 MDI 窗体”命令。

（2）创建子窗体

创建子窗体有两种方法。

① 在设计中创建一个 MDI 子窗体

先创建一个新的窗体或者打开一个已经存在的窗体，选中它，并在属性对话框中把 MDIChild 属性设为 True，即可将该窗体改为 MDI 子窗体。反复此操作，可在工程中创建多个子窗体。如图7.19 所示，Form1、Form2 窗体为灰色，表示已经成为了 MDI Form1 的子窗体。

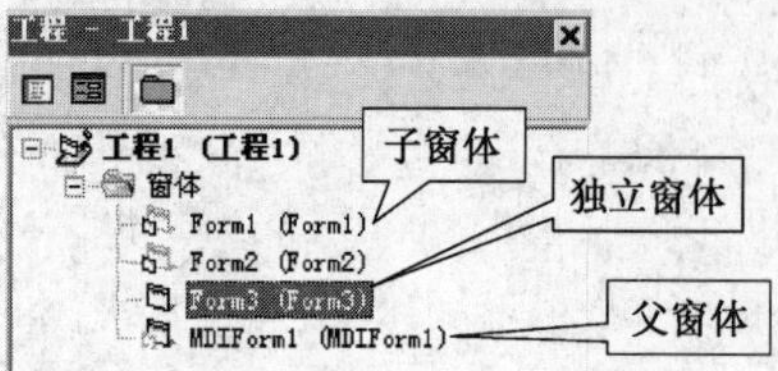

图 7.19 三种图标的区别

通过查看窗体的 MDIChild 属性或者检查工程资源管理器，可以确定窗体是否是一个 MDI 子窗体。如果该窗体的 MDIChild 属性设置为 True，则它是一个子窗体。另外在“工程资源管理器”中，MDI 父窗体与 MDI 子窗体显示的图标也不一样。

② 通过创建类的方法创建子窗体

在 VB 中，还可以通过对象变量为 MDI 窗体生成子窗体。声明窗体的对象变量的格式如下：

Dim 变量 As new 窗体名

其中，“窗体名”是一个已存在的子窗体的名称，在声明了对象变量后，通过下面语句：

变量.Show

就可以显示出一个新的窗体。

例如，在设计中创建了一个名为 Fmchild 的子窗体，通过下面语句：

Dim Cctv AS New Fmchild

可创建 Fmchild 的一个对象 Cctv 子窗体。这时就可以给子窗体 Cctv 的属性赋值了。

例如，Cctv.Caption="CCtv"显示子窗体 Cctv 的语法结构为：Cctv.Show

7.7.3　窗体常用的属性

MDI 父窗体、MDI 子窗体作为窗体具有普通窗体所具有的属性、方法和语句。同时增加了处理多文档界面相关的属性、方法和语句。其中常用的属性有以下几种。

（1）MDIChild 属性

在 MDI 应用程序中，如果一个普通窗体的 MDIChild 属性的值为 True，那么该窗体就是 MDI 窗体的一个子窗体。

（2）AutoShowChildren 属性

MDI 父窗体的 AutoShowChildren 属性，决定是否自动显示子窗体。如果它被设置为 True，则当改变子窗体的属性后，会自动显示该子窗体；如果 AutoShowChildren 设置为 False，则改变子窗体的属性值后，必须用 Show 方法把该子窗体显示出来。

（3）BorderStyle 属性

子窗体的 BorderStyle 属性，如果 MDI 窗体具有大小可变的边框，即 BorderStyle = 2，则其初始化大小与位置取决于 MDI 窗体的大小，而不是设计时子窗体的大小。当 MDI 子窗体的边框大小不可变（即 BorderStyle = 0、1 或 3）时，则它的大小由设计时的 Height 和 Width 属性决定。

（4）WindowState 属性

当 WindowState 属性值为 0（默认值）时，表示窗体正常显示；当其值为 1 时，表示窗体为最小化；当其值为 2 时，表示窗体为最大化。在窗体被显示之前，WindowState 属性常常被设置为 0，即按窗体的 Height、Left、ScaleHeight、ScaleWidth、Top 和 Width 属性设置值来显示。

【例 7.4】 子窗体交互应用示例。窗体 Form1 和 Form2 都是子窗体，编程使一个窗体最小化则另外一个窗体则还原。

Form1 窗体代码如下：

```
Private Sub Form_Resize()
    If Form1.WindowState = 1 Then
        Form2.WindowState = 0    '如果 Form1 窗体被最小化，Form2 正常显示
    Else
        Form2.WindowState = 1    '如果 Form1 窗体不再是最小化，Form2 被最小化
    End If
End Sub
```

Form2 窗体代码如下：

```
Private Sub Form_Resize()
    If Form2.WindowState = 1 Then
        Form1.WindowState = 0   '如果 Form2 窗体被最小化，Form1 正常显示
    Else
        Form1.WindowState = 1   '如果 Form2 窗体不再是最小化，Form1 被最小化
    End If
End Sub
```

7.7.4 屏幕对象的属性

在 VB 中有一个屏幕对象（Screen），Screen 对象包含了屏幕的相关信息，引用该对象的 Width 和 Height 属性即可得到当前屏幕的宽和高（分辨率）。Screen 对象可在程序的任何地方进行调用，而无须任何说明。

（1）Width 属性

语法结构为：

Screen.Width

该属性返回屏幕的宽度（单位："Twips" 缇数）。

（2）Height 属性

语法结构为：

Screen.Height

该属性返回屏幕的高度（单位："Twips" 缇数）。

例如，假设窗体名为 Form1，打开该窗口的宽和高分别为屏幕的宽和高的一半，且位置在屏幕的正中间，可编写如下代码来实现：

```
Private Sub Form_Load()
    Form1.Width = Screen.Width / 2
    Form1.Height = Screen.Height / 2
    Form1.Top = (Screen.Height - Form1.Height) / 2
    Form1.Left = (Screen.Width - Form1.Width) / 2
End Sub
```

（3）TwipsPerPixelX 属性

语法结构为：

Screen.TwipsPerPixelX

该属性返回屏幕横向(X)像素的宽度（单位："Twips" 缇数）。

（4）TwipsPerPixelY 属性

语法结构为：

Screen.TwipsPerPixelY

该属性返回屏幕纵向(Y) 像素的宽度（单位："Twips" 缇数）。

【例 7.5】 求屏幕的宽度和高度，以像素为单位。

程序代码如下：

```
Private Sub Command1_Click()
    MsgBox Screen.Width / Screen.TwipsPerPixelX & "x" & _
    Screen.Height / Screen.TwipsPerPixelY & "y"
End Sub
```

7.7.5　常用方法和事件

1. Arrange 方法

MDI 应用程序中可以包含多个子窗体。当打开多个子窗体时，用 MDIForm 的 Arrange 方法能够使子窗体或其图标按一定的规律排列。其语法格式为：

主窗体名.Arrange　排列方式

其中，"排列方式"是一个整数，表示所使用的排列方式，其含义如表 7.16 所示。

表 7.16　Arrange 方法排列方式的含义

符号常量	值	说　明
VbCascade	0	所有子窗体按层叠方式排列
VbHorizontal	1	所有子窗体按水平平铺方式排列
VbVertical	2	所有子窗体按垂直平铺方式排列
VbArrangeIcons	3	当子窗体被最小化图标后，该方式将使图标在父窗体的底部重新排列

例如：MDIFrmTest . Arrange　VbHorizontal
　　　MDIFrmTest . Arrange　VbVertical
　　　MDIFrmTest . Arrange　VbCascade

2. QueryUnload 事件

QueryUnload 事件在一个窗体或应用程序关闭之前发生，此事件的典型用法是，在关闭一个应用程序之前，确认包含在该应用程序中的窗体中没有未完成的任务。

所有 MDI 子窗体中的 QueryUnload 事件，优先于 MDI 窗体的 QueryUnload 事件。即对于主窗体的 QueryUnload 事件，首先在所有子窗体中发生，最后在主窗体中发生。

当一个子窗体或非 MDI 窗体关闭时，该窗体的 QueryUnload 事件在其 Unload 事件之前发生。

7.7.6　应用

【例 7.6】 建立一个简单的多文档界面，实现文本书写器的功能。

这里要建立的文本书写器类似于 Windows 中的 Notepad 应用程序，但文本书写器程序使用的是 MDI，而 Notepad 使用的是 SDI。在该程序中，菜单栏上有一个"文件"菜单，菜单中有"新建"命令，用来创建新的子窗体。下面逐步来实现该功能。

① 运行 Visual Basic 6.0，新建一个工程，单击"工程"菜单中的"添加 MDI 窗体"命令，添加一个 MDI 窗体，将其 Name 属性设置为 MDIFrm。这时工程中有两个窗体 Form1 和 MDIFrm。

② 将 Form1 窗体的 MDIChild 属性设置为"True"，Name 属性设置为"MDIChildFrm"。

③ 在 MDIChildFrm 窗体上创建一个文本框（Text1），任意大小。具体设置如表 7.17 所示。设置好的界面效果图如图 7.20 所示。

④ 调用"工具"菜单下的"菜单编辑器"，在 MDI 窗体 MDIFrm 上建立"文件"菜单，"文件"菜单下有"新建"命令。属性设置如表 7.18 所示，菜单编辑器的界面如图 7.21 所示，设置完毕后 MDIFrm 窗体的效果如图 7.22 所示。

表 7.17　MDI 窗体、MDIChild 窗体和文本框的属性设置

对　　象	属　　性	设　置　值
MDIFrm	Caption	文档书写器
MDIChildFrm	Caption	[无标题文档 1]
Text1	Multiline	True
	Text	（空）

表 7.18　文件菜单属性设置

标　　题	名　　称	类　　别
文件(&F)	MnuFile	主菜单
新建(&N)	MnuFileNew	子菜单

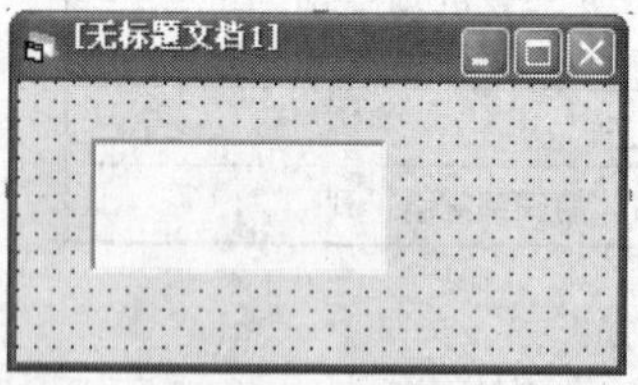

图 7.20　MDIChildFrm 窗体

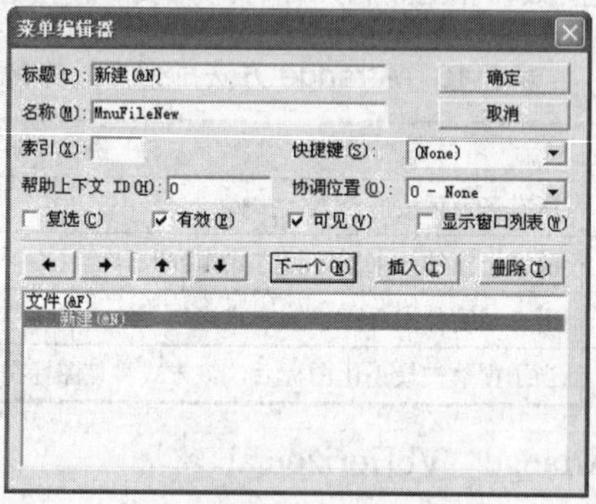

图 7.21　菜单编辑器

图 7.22　MDIFrm 窗体效果图

⑤ 将 Dim no As Integer 加入到 MDIFrm 的通用过程中，再将下列代码加入到 Private Sub MnuFileNew_click()事件过程中：

```
Private Sub MnuFileNew_Click()  '建立 MDIChildFrm 的一个新实例，名为 NewDoc
    Dim NewDoc As New MDIChildFrm
    If no = 0 Then no = 1
    no = no + 1
    NewDoc.Caption = "[无标题文档" & Trim(Str(no)) & "]" '显示 NewDoc 窗体
    NewDoc.Show
End Sub
```

这段代码的作用是当鼠标单击“文件”菜单的“新建”命令时，将通过 Dim 语句建立一个 MDIChildFrm 的新实例，名为 NewDoc，并且把它显示出来。

在本例中，MDIChildFrm 是一个窗体类，增加的 NewDoc 则是属于此类的一个子窗体，它具有一切 MDIChildFrm 窗体的控件以及属性。创建的 NewDoc 开始并不会被加载、显示，只有在执行了 Load NewDoc 或 NewDoc.show 指令后才会被加载、显示。

⑥ 将下列代码加入到 MDIChildFrm 的 Private Sub Form_Resize()过程中：

```
Private Sub Form_Resize()
    Text1.Top = 0
    Text1.Left = 0
    Text1.Height = ScaleHeight
    Text1.Width = ScaleWidth
End Sub
```

这段代码的作用是使程序运行时，MDIChildFrm 上的 Text1 控件充满子窗体的内部区域。这样，整个的程序就建立完毕，运行效果如图 7.23 所示。

【例 7.7】 在例 7.6 的菜单栏上，添加“窗口”菜单，此菜单具有对文档窗口进行“层叠式”、“水平平铺”、“垂直平铺”排列的功能。

具体步骤如下：

① 使用“菜单编辑器”添加“窗口”菜单，并且添加“层叠式”、“水平平铺”、“垂直平铺”命令。它们的属性设置如表 7.19 所示。

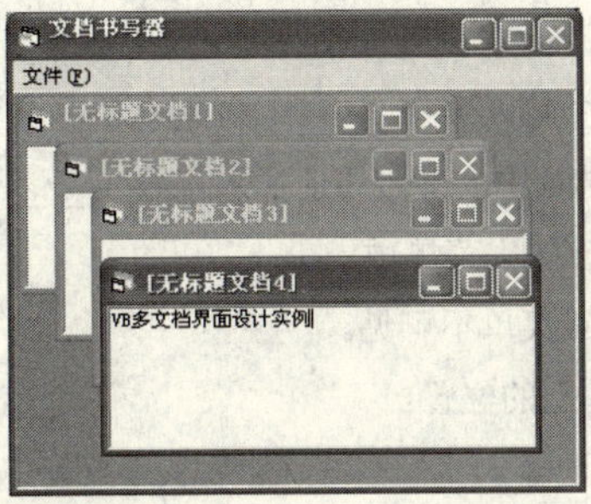

图 7.23　MDI 文档书写器效果图

表 7.19　“窗口”菜单的属性设置

标　题	名　称	类　别
窗口(&W)	MnuWindows	主菜单
层叠式	MnuWindowsA1	子菜单
水平平铺	MnuWindowsA2	子菜单
垂直平铺	MnuWindowsA3	子菜单

② 在 MDIFrm 窗体中添加以下代码：

```
Private Sub MnuWindowsA1_Click()
    MDIFrm.Arrange 0
End Sub
Private Sub MnuWindowsA2_Click()
    MDIFrm.Arrange 1
End Sub
Private Sub MnuWindowsA3_Click()
    MDIFrm.Arrange 2
End Sub
```

这样就可以实现窗口的各种排列效果了。层叠式的效果如图 7.24 所示。

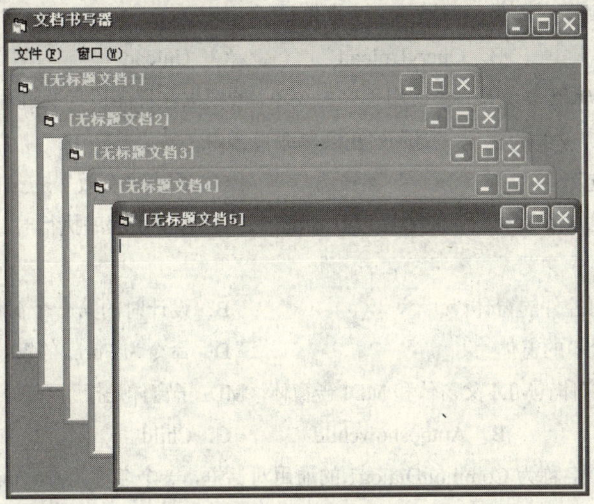

图 7.24　层叠式窗口

习 题 7

一、填空题

1. 菜单分为_________菜单和_________菜单，设计菜单需要在_________中设计。

2. 菜单控件只包含一个_________事件。

3. 要在菜单中建立分隔条，应在菜单编辑器的_________选项中输入一个_________符号。

4. 为了能够通过键盘访问主菜单项，可在菜单编辑器的“标题”选项中的某字母前插入符号_________。运行时，该字母会带有下划线，同时按 Alt 键和该字母就可以访问相应的主菜单项。

5. 弹出式菜单在_________中设计，且一定要使其_________级菜单不可见。

6. 设置工具栏控件的_________属性可以改变工具栏在在窗体上的位置。

7. 要使用状态栏控件设计状态栏，应首先在“部件”对话框中选择_________，然后从工具箱中选择_________控件。

8. _________只能在 MDI 父窗体的工作区中打开，最小化后将以图标形式出现在父窗体中，而不会出现在 Windows 的任务栏中。

9. MDI 窗体的 AutoShowChildren 属性，如果它被设置为_________，则当改变子窗体的属性后，会自动显示该子窗体。

10. _________事件在一个窗体或应用程序关闭之前发生，此事件的典型用法是，在关闭一个应用程序之前，确认包含在该应用程序中的窗体中没有未完成的任务。

二、选择题

1. 菜单控件中没有下面哪一个属性（　　）。

A．Caption　　B．Checked　　C．Enabled　　D．Value

2. VB 窗体的子菜单最多有（　　）级。

A．3　B．4　C．5　D．6

3. 当一个窗体被卸载时，最后引发的一个事件是（　　）。

A．Deactivate　　B．QueryUnload　　C．Unload　　D．Terminate

4. VB 通过菜单编辑器来设置一个应用程序的菜单，若要求在程序运行的过程中，选中菜单中的“清除”命令时，在该命令前有“√”的标记，则应该在菜单编辑器内（　　）。

A．选中“复选”　　B．“复选”不被选中　　C．选中“有效”　　D．“有效”不被选中

5. 多窗体程序是由多个窗体组成的。在默认情况下，VB 在应用程序执行时，总是把（　　）制定为启动窗体。

A．不包含任何控件的窗体　　B．设计时的第一个窗体

C．包含控件最多的窗体　　D．命令为 Form 的窗体

6. 窗体包含普通窗体、MDI 父窗体和 MDI 子窗体，MDI 子窗体是指（　　）属性为 True 的普通窗体。

A．MDIChild　　B．Authoshowchild　　C．Child　　D．MDI

7. 在窗体上画一个名称为 CommonDialog1 的通用对话框，一个名称为 Command1 的命令按钮。要求单击命令按钮时，打开一个保存文件的通用对话框。该窗口在“文件类型”栏中显示“*.txt”。则能够满足上述要求的程序是（　　）。

A. Private Sub Command1_Click()
```
      Commondialog1.filter="All _Files|*.*|(*.txt)|*.txt|(*.doc). |*.doc"
      CommonDialog1. Filterindex=2
      CommonDialog1. Action=2
   End Sub
```
B. Private Sub Command1_Click()
```
      CommonDiaLog1. Filter="All _Files|*.*|(*.txt)|*.txt|*. doc|*. doc"
      CommonDialog1. FilterIndex=1
      CommonDialog1. Action=2
   End Sub
```
C. Private Sub Cmmand1_Click()
```
      CommonDialog1. FileName="Save"
      CommonDialog1. Action=2
   End Sub
```
D. Private Sub Command1_Click()
```
      CommonDialog1. FileName=" myFile "
      CommonDialog1. DialogTitle="Save"
      CommonDialog1. Action=1
   End Sub
```

8. 当打开多个子窗体时，用 MDIform 的（　　）方法能够使子窗体或其图标按一定的规律排列。

A. Arrange　　B. row　　C. col　　D. drawmode

9. 在下列关于菜单的说法中，正确的是（　　）。

A. 每个菜单项都有自己的属性和事件

B. 菜单项只能响应 Click 等事件

C. 菜单项的快捷键不能任意设置

D. 菜单项的 Enabled 属性为 False，则该菜单项不显示

10. 在用菜单编辑器设计菜单时，必须输入的项有（　　）。

A. 快捷键　　B. 标题　　C. 热键　　D. 名称

三、程序设计

在 Form1 窗体上放置一个图片框，并添加一个通用对话框控件，在窗体中建立可通过鼠标右键弹出的菜单，含有“打开”和“结束”两个菜单项。选择快捷菜单的“打开”菜单项时，显示一个打开文件对话框，选择一个图形文件，单击“打开”按钮，则会在图像框中显示该图片，选择“结束”按钮则中止程序运行。

第 8 章　文件处理技术

大量的信息（如文本、声音、图像等）都是以文件的形式存放在计算机的外部存储器（如磁盘）上，而操作系统也以文件为单位对外部存储器中的信息进行管理。当读取外部存储器上存储的数据时，必须先按文件名找到所需要的文件并打开，再按一定的方式读取相关的数据；要将处理后的数据长期保存，就必须在外部存储器上建立一个文件，然后才能按一定的格式将数据写入文件中。

VB 提供了与文件处理有关的控件，以及大量与文件管理有关的语句、函数。本章主要讲解 VB 提供的对文件和目录进行处理的语句和函数，以及对文件进行操作的方法。

8.1　文件的基本概念

文件是相关信息存储在外部存储器中的一个集合。计算机中主要有程序和数据两类文件，程序文件是供计算机执行的代码序列文件，而数据文件相当于一个容器，用于存放大量要加工处理的数据和处理完的结果（信息）。数据文件中的数据都以某种特定格式来存放（其中的格式是指在文件内部对数据加以组织的特定方式），目的是便于读取文件中的数据。

8.1.1　文件的结构

向文件中写入数据时，数据要以某种特定的格式存储到文件中，这种特定的格式就是文件的结构。

不同的软件，对存放数据的文件结构所规定的格式是不一样的，VB 支持顺序、随机和二进制三种文件存储结构，其中，随机文件的结构由记录组成，记录由数据项组成，而数据项又由字符组成。

1．字符

字符是构成文件的最小单位。字符可以是数字、字母、文字、特殊符号或单一字节。这里所说的“字符”一般为西文字符，一个西文字符用一字节存放，如果为汉字字符，则通常用两字节存放。也就是说，一个汉字字符的存储大小相当于两个西文字符的存储大小。

注意：VB 6.0 支持双字节字符，在计算字符串长度时，一个西文字符和一个汉字都作为一个字符计算，但它们所占的存储空间是不一样的。例如，字符串“Windows 操作系统”的长度为 11 字节，而所占的存储空间为 9 字节。

2．数据项

数据项是文件可使用的基本单位，数据项也称为域（或字段）。数据项由若干个字符组成，用来表示一项数据，即一个对象的某个属性。例如，学号“2006115255”就是一个数据项，它由 10 个数字字符组成；而院系“信息科学”也是一个数据项，它由 4 个汉字字符组成。

3．记录

记录是文件中存取的基本单位，由一组相关的数据项组成，用来描述一个对象，相当于一个登记表表格中的一行。例如，在学生登记表中，每个学生的学号、姓名、性别、院系、班级、电话、家庭住址等数据项构成一条记录。

4．文件

文件由具有相同记录结构的一组记录构成，是记录的序列，相当于一张二维表。例如，表 8.1 所示为信息学院 2010 级学生成绩登记表，表中的一行是一条记录，它由学号、姓名、英语、VB 程序设计、高等数学和数字逻辑 6 个数据项构成。若干条这样的记录（行）集合就构成了一个文件。当然，在文件中并不存储表格中的表头信息（第一行）和表格线，它们是隐含的。

表 8.1　信息学院 2010 级学生成绩登记表

学　号	姓　名	英　语	VB 程序设计	高等数学	数字逻辑
2010100101	刘超	93	75	85	87
2010100102	魏鹏飞	86	82	79	81
2010100103	和巧玲	88	90	82	78
2010100104	曾小爱	98	91	100	96
2010100105	王颖	90	85	77	80

8.1.2　文件的分类

VB 提供三类文件：顺序文件、随机文件和二进制文件。存取一个文件时，可根据文件所含数据类型的不同，采用不同的存取方式，对应的文件存取类型有顺序存取、随机存取和二进制存取。

1．顺序文件

顺序文件就是普通的文本文件，它是依序把每个字符存储到文件中的。顺序文件的结构简单，没有数据项结构，每一行字符相当于一条记录，每条记录可长可短，记录与记录之间用换行符来分隔，整个文件由字符串组成。读取顺序文件的数据时，必须从文件的头部开始，按文件写入的顺序，一次全部读出，而不能只读取它中间的一部分数据。

顺序文件适合以整个文件为单位进行存取的场合，主要应用于文本文件。这类文件的内容主要由字符串组成，如文章、使用说明书等，一般都是整篇文章调出来修改，然后再整篇文章重新保存。Windows 的“记事本”软件就采用顺序文件存取的方式。

2．随机文件

随机文件由一组固定长度的记录组成，每条记录由若干个数据项组成，每个数据项又由若干个字符组成，且属于某种数据类型。

随机文件中每条记录有一个记录号，可通过记录号读取指定的记录，不像顺序文件那样必须按顺序存取。随机文件主要用于二维表格（如表 8.1 所示）这类数据文件的存放。

3．二进制文件

二进制文件没有记录长度的限制，即各行的记录不要求具有相同的长度。对于二进制文件，在存储数据项时，首先计算数据项中的字符串长度，并用 2 字节保存这个长度；读取数据时，先读取长度，再读取数据项。因而在记录长度变动较大的情况时，用二进制存取方式可节约存储空间。但是，另一方面，因为二进制文件没有固定长度的记录，所以不能像随机文件那样任意读取中间的记录，必须建立一个索引表指示每条记录的起始地址，才能读取，这就使编程变得复杂了，同时执行也要付出更多的代价。

8.2 常用的文件操作函数、方法和语句

在进行文件的处理时，首先要和文件系统打交道，例如，在读/写文件之前，要先判断文件或目录是否存在，若不存在就不能进行操作，有时可能要进行复制、删除、重命名文件或目录等操作。VB 提供许多文件操作的函数、方法和语句，这里介绍一些常用的文件操作函数、方法和语句。

8.2.1 常用函数

1. CurDir( )

语法格式：

CurDir("驱动器")

功能：获取一个驱动器的当前目录。

括号中的驱动器表示要获取当前目录的驱动器，如果为空，返回当前驱动器的当前目录路径。

例如：CurDir("D")获取 D 盘上的当前目录。

2. Lof( )

语法格式：

Lof(#文件号)

功能：获取指定文件的字节数。

VB 应用程序每打开一个文件，都要指定一个唯一的文件号（范围是 1～511 的整数），打开文件后，指定的文件号就与该文件相关联，之后对该文件的访问都是通过文件号来进行读、写操作，直到关闭文件。

例如：x= Lof(#2)的作用是求 2 号文件的字节数，并把值赋给 x 变量。

3. Loc( )

语法格式：

Loc(文件号)

功能：获取打开文件中的当前读取指针（位置）。

表 8.2 是 Loc( )函数对三类文件访问模式的返回值的说明。

表 8.2　Loc( )函数的返回值说明

模　式	Loc( )函数返回值
顺序文件	文件中的当前字节位置除以 128 所得的值。不过，对于顺序文件，不使用也不需要使用 Loc 返回的信息
随机文件	上一次对文件进行读取或写入的记录编号
二进制文件	上一次读取或写入的字节位置

4. Eof( )

语法格式：

Eof(文件号)

功能：检测是否读取到文件的尾部。

当文件号所指定的文件的当前读取指针位置没有到达文件结尾处时，该函数返回 False 值，否则返回 True 值。

使用 Eof( )函数主要是为了避免在文件结尾处还进行读取数据而产生错误。

5．Seek( )

语法格式：

Seek(文件号)

功能：获取指定文件的下一个读/写位置（对于顺序文件位置以字节为单位，对随机文件位置以记录为单位）。

6．FreeFile( )

语法格式：

FreeFile( )

功能：获取尚未被占用的文件号中的最小的文件号。

例如：x= FreeFile()的作用是获取一个文件号，并赋给 x 变量。

7．Len( )

语法格式：

Len(记录变量)

功能：获取记录变量的存储空间长度。

8.2.2　FileSystemObject 对象常用方法

VB 为了方便进行文件的操作，增加了一个 FileSystemObject（文件系统对象）对象，该对象提供了许多进行文件系统操作的方法，但要应用该对象，须引用一个名为 Scripting 的类型库，否则不能使用该对象。

引用 Scripting 类型库的方法是：选择 VB 6.0 的菜单项“工程→引用”命令，然后在引用列表框中添加“Microsoft Scripting Runtime”一项。添加之后就可以使用 Scripting 类型库下的众多对象及其方法、属性。

下面介绍 FileSystemObject 中常用的 3 个方法。

1．FileExists( )

语法格式：

FileExists("文件名")

功能：判断文件是否存在。

括号中的文件名是要判断的文件名。若文件存在，返回布尔值 True，否则返回 False。

例如，判断 D:\lxvb\中是否存在 text1.txt 文件的方法如下：

```
Dim Fso As New FileSystemObject
If  Fso.FileExists("d:\lxvb\text1.txt") = False Then
   MsgBox("文件不存在!")
Else
   MsgBox("文件存在!")
End If
```

注：要引用 FileSystemObject 中的方法，必须先声明一个 FileSystemObject 的实例对象，然后用该实例对象（如例中的 Fso）来引用。

2．FolderExists( )

语法格式：

FolderExists("目录名")

功能：判断目录是否存在。

括号中的目录名是要判断的目录名，若目录存在，函数返回布尔值 True，否则返回 False。

3．GetDrive( )

语法格式：

GetDrive("驱动器")

功能：求驱动器可用空间大小。

括号中的驱动器表示要获取可用空间大小的驱动器。该方法返回驱动器可用空间大小（单位：MB）。

例如，获取 D 盘可用空间大小的方法如下：

```
Dim Fso As New FileSystemObject, Drv As Drive
Set Drv = Fso.GetDrive("D")
MsgBox (Drv.FreeSpace)
```

8.2.3 常用语句

1．FileCopy

语法格式：

FileCopy "源文件名" "目标文件名"

功能：将源文件复制到指定的目标文件。

例如：FileCopy "D:\lxvb\text1.txt" "F:\user\lx01.txt"

说明：①不能复制一个已打开的文件。②如果复制的文件名不变，则目标文件名可以省略，但路径不能省。

2．Kill

语法格式：

Kill "文件名"

功能：删除指定的目标文件。

例如：Kill "D:\lxvb\text1.txt"表示删除 D 盘 lxvb 目录内的 text1.txt 文件。

3．Name

语法格式：

Name "旧文件名" "新文件名"

功能：重命名一个文件。当新、旧文件名不在同一个目录中时，则功能是移动文件。

说明：不能对已打开的文件进行重命名操作。

4．ChDrive

语法格式：

ChDrive "驱动器"

功能：改变当前驱动器。

例如：ChDrive "D" 表示将 D 盘设置为当前工作盘。

说明：如果驱动器为空，则不改变；如果驱动器中有多个字符，则只使用首字母。

5．MkDir

语法格式：

MkDir "目录名"

功能：创建一个新的目录。

例如：MkDir "D:\lxvb\sqlx"表示在 D 盘的 lxvb 目录中创建一个 sqlx 子目录，其中，lxvb 目录必须存在。

6．ChDir

语法格式：

ChDir "目录名"

功能：改变当前目录。

例如：ChDir　"F:\user"表示将 F 盘的 user 目录设置为当前目录。

7．RmDir

语法格式：

RmDir　"目录名"

功能：删除一个指定的空目录。

说明：如果删除的目录内含有文件，则该语句无法删除该目录。

8.3　文件基本操作

8.3.1　文件的打开和关闭

无论用哪种存取方式对数据文件进行操作，都必须在对文件进行访问前先打开文件，然后才能向文件中写入或读出数据，最后还要关闭文件。

1．打开文件

VB 提供 Open 语句，用来打开一个指定的文件。

语法格式：

Open　"文件名"　For　[打开方式]　[Lock]　As　#文件号　[Len=值]

其中：① Open、For、lock、As、Len 等是该语句的关键字。

② 文件名：要打开的文件名，包括驱动器符、路径。

③ 打开方式：指定文件的打开方式，打开文件后，只能按指定的方式进行操作。若省略该项，按随机文件的 Random 方式打开。

顺序文件有 Input、Output 和 Append 三种方式可选，含义如下：

◆ Input：打开文件后，只能从文件中读取数据。若指定文件不存，则会产生一个错误。

◆ Output：若文件存在，则先删除原文件，然后建立新文件写入数据，即重写一个顺序文件。若要打开的文件不存在，则建立该文件。

◆ Append：打开文件后，向文件末尾添加数据。若要打开的文件不存在，则建立该文件。

随机文件用 Random 方式打开，并可进行读或写操作。若指定的文件名不存在，则建立该文件；若存在，则打开该文件。

二进制文件用 Binary 方式来打开。

对同一文件用一种方式打开后，在关闭之前，不能再以另一种方式打开。

④ 文件号：VB 应用程序在打开一个文件时，要指定一个文件号，文件号的范围是 1～511 的整数，且不能与其他打开的文件占用的文件号重复。打开文件后，指定的文件号就与该

文件相关联，之后程序就通过文件号来对文件进行读、写操作，直到关闭文件。关闭文件后，该文件号被释放，可供打开其他文件时使用。

如果在程序中已打开多个文件，再要打开其他文件时，为了避免文件号重复，可使用 FreeFile( )函数获得一个未使用的文件号。

⑤ Lock：只在网络或多任务环境中使用，加该选项用来限定其他计算机或用户也打开该文件。

⑥ Len：对顺序文件，Len 用于指定缓冲区的字节数，其范围为 1～32767，若省略该项，则取默认值 512 字节。

对随机文件，Len 用于指定记录长度，以便根据指定的长度计算指定记录的位置。若省略该项，则值取 128 字节。当指定长度小于记录实际长度（即声明的记录结构长度）时将产生错误；大于实际长度时，可以写入，但浪费空间。为了确保指定长度与实际长度相等，可用 Len()函数获取记录变量的长度。

对二进制文件，不用 Len 参数。如果给了 Len 参数，系统也会将其忽略。

例如：

```
Open  "D:\lxvb\text1.txt"  For  Input  As  #1  len=1024
```

该 Open 语句以顺序文件的 Input 方式打开 D 盘 lxvb 目录内的 text1.txt 文件，用文件号 1 与之关联，读写缓冲区设置为 1024 字节。

再如：

```
Open  "D:\lxvb\date1.dat"  For  Binary  As  #5
```

该 Open 语句以二进制文件方式打开 D 盘 lxvb 目录内的 date1.dat 文件，并用文件号 5 与之关联。

2．关闭文件

不论以什么方式打开的文件，都用 VB 提供的 Close 语句关闭。

语法格式：

Close [#文件号] [, #文件号] …

该语句的功能是关闭指定的文件，释放缓冲区。若不指定文件号，则关闭所有打开的文件。

VB 程序运行结束时，会自动关闭所有打开的文件。同时，在对打开的文件完成操作后，用户也应及时关闭该文件，以避免意外情况下丢失数据。

8.3.2 顺序文件读/写

访问一个顺序文件时，应先用 Input 或 Output 或 Append 方式打开，之后进行读写文件的操作。

1．顺序文件的读操作

对于用 Input 方式打开的顺序文件，可以用下面的语句或函数从文件中读取数据。

（1）Line Input 语句

语法格式：

Line Input #文件号,字符串变量

功能：把文件中的一行读到一个字符串变量中。

该语句将从文件号指定的文件中的当前指针指向的那一行头开始，逐个字符地将字符读到指定的字符串变量中，遇到回车符或换行符时结束，但字符串变量中不包括回车符或换行符。读完后，文件指针指向下一行的第一个字符。

对于没有划分记录的文本文件，一行指从文件开头或回车换行符到下一个回车换行符之间的部分；对于划分了数据项的表（如表8.1 所示），一行即一条记录，包括分隔符和定界符，如空格、逗号、双引号等均作为有效字符读到字符串变量中。

例如，若 D:\lxvb 中有 lxtext.txt 文件，则下面程序代码段的作用是将整个文件内容输出到一个名为 Text1 的文本框中：

```
Dim Fso As New FileSystemObject    '定义一个 Fso 文件系统对象
If  Fso.FileExists("d:\lxvb\text1.txt") = False Then
  MsgBox("文件不存在!")
Else
Dim lstr As String
Open "d:\vblx\lxtext.txt" For Input As #1
    While Not EOF(1)
        Line Input #1, lstr  '读入 1 号文件当前指针指向的一行字符放入 lstr 变量中
        Text1.Text = Text1.Text + lstr + Chr(13) + Chr(10)
    Wend
Close #1
End If
```

注意：①Chr(13)、Chr(10)分别是回车和换行。②要用 Fso 对象，须引用 Scripting 的类型库，详见 8.2.2 节。

（2）Input 函数

语法格式：

Input(字节数，#文件号)

功能：从以 Input 或 Binary 方式打开的文件中读出若干个字符，包括逗号、回车符、空白列、换行符、引号和前导空格等。

调用该函数后，文件指针移动到下一个读取位置。

例如，TextVar = Input(3, #6)表示把 6 号文件当前文件指针指向的连续三个字符读出，并存放到变量 TextVar 中。注意，此时文件指针已经移动到了下一个读取位置。

（3）Input 语句

语法格式：

Input #文件号，变量表

功能：用于从打开的顺序文件中读取数据并赋值给指定的变量。

该语句用于读取文件中的一条记录，以数据项为单位，读取后依次赋值给变量表中的变量。变量表中有多个变量时以逗号分隔。

使用该语句时，变量表中的变量个数应和文件中的每条记录划分的数据项数相同，类型应匹配，即一次应读出一整条记录。读出的数据不包括数据项的定界符和之间的分隔符。

为了正确地从打开的文件将数据读取到变量中，文件中的数据应该用Write #语句写入（而不用 Print #语句），这样可保证每个数据项被正确分界。

2. 顺序文件的写操作

要将程序中的数据写到一个顺序文件中，应用 Output 或 Append 方式打开文件（注意，Output 删除原来的文件，Append 在原来的文件的尾部添加数据），然后用 Print #或 Write #语句写入数据。

（1）Print 语句

语法格式：

Print #文件号 [,表达式列表]

功能：向打开的顺序文件写入数据。

其中，“表达式列表”是要输出的一个表达式或多个表达式。若为多个表达式，则表达式之间用分号分隔。省略表达式列表时写入一个空行。

例如，下面程序代码段的作用是在 D 盘 vblx 目录中建立 lxtext.txt 文件，并向文件中写入数据，最后关闭文件：

```
Open "d:\vblx\lxtext.txt" For Output As #1'以 Output 方式打开 lxtext.txt 文件
Print #1,"顺序文件写入练习"                 '向文件中写入"顺序文件写入练习"字符串
Print #1,                                   '插入一空行
Print #1,1;Tab;2"                           '在写入 1 后跳到下一个输出区写入 2
Print #1,Spc(5);"5 leading spaces"          '先写入 5 个空格，再写入字符串
Print #1,Tab(10);"Hello"                    '在第 10 列上写入字符串
Close #1                                    '关闭文件
```

（2）Write 语句

语法格式：

Write #文件号[,表达式列表]

功能：将记录写入打开的文件中。

该语句适用于将划分了数据项的记录表写入文件中。“表达式列表”中的每个表达式是记录中的一项数据项，一个 Write 语句一次写入一条记录。表达式表中包含多个表达式时以逗号分隔。省略表达式时写入一个空行。

用 Write 语句写入记录的各个数据项间自动加逗号分隔符，字符型数据自动加双引号定界符，记录尾自动加回车换行符。

【例 8.1】 建立图 8.1 所示的学生成绩登记表窗体 1，然后用 Write 语句将表 8.1 中的学生成绩写入一个顺序文件中。

① 建立窗体及窗体中的各个控件元素。其中窗体的 Caption 值设置为“Write 写入顺序文件练习”；学号录入文本框的 Name 属性设置为 NoText；姓名录入文本框的 Name 属性设置为 NameText；英语录入文本框的 Name 属性设置为 EnglishText；VB 程序设计录入文本框的 Name 属性设置为 VBText；高等数学录入文本框的 Name 属性设置为 MathText；数字逻辑录入文本框的 Name 属性设置为 LogicText；写入成绩按钮的 Name 属性设置为 Save；退出按钮的 Name 属性设置为 Return，标签、按钮的 Caption 值按图 8.1 显示的文字赋值即可。

② 给窗体添加如下事件处理代码：

```
Private Sub Form_Load()
    Open "D:\lxvb\date1.dat" For Append As #1  '以 Append 方式打开 date1.dat 文件
End Sub
```

③ 给“写入成绩”按钮添加如下事件处理代码：

```
Private Sub Save_Click()
    If NoText.Text="" Or NameText.Text="" Or EnglishText.Text="" Or
          VBText.Text="" Or MathText.Text="" Or LogicText.Text="" Then
       MsgBox ("有未输入的数据项，请输入！")
    Else
       Write #1, NoText.Text, NameText.Text, Val(EnglishText.Text),
            Val(VBText.Text), Val(MathText.Text), Val(LogicText.Text)
                                        '写入记录
       NoText.Text = ""
       NameText.Text = ""
```

```
        EnglishText.Text = ""
        VBText.Text = ""
        MathText.Text = ""
        LogicText.Text = ""
    End If
End Sub
```

④ 给“退出”按钮添加如下事件处理代码：

```
Private Sub Return_Click()
    Close #1
    End
End Sub
```

⑤ 运行程序，将表 8.1 的内容录入。

⑥ 用记事本打开 date1.dat 文件，可以看到建立的文件格式如图 8.2 所示。

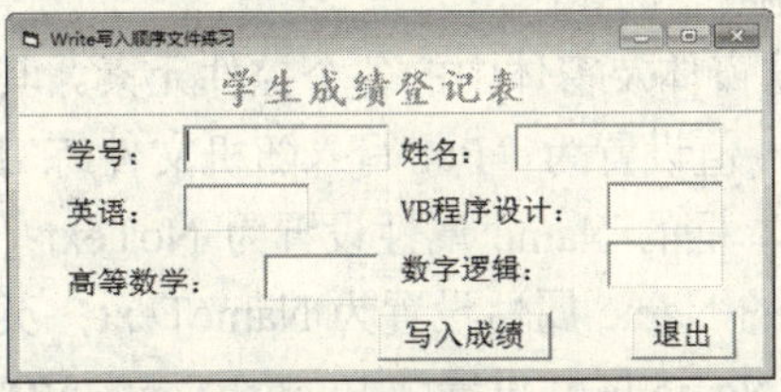

图 8.1　学生成绩登记表窗体 1

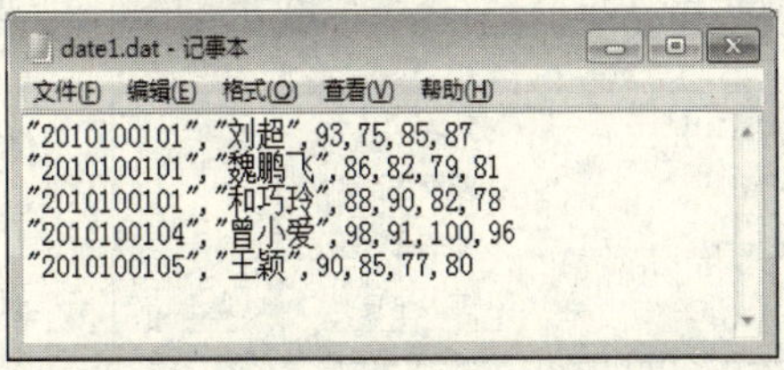

图 8.2　date1.dat 文件

8.3.3　随机文件读/写

随机文件以记录为单位，每条记录包含若干数据项，记录和数据项都有固定的长度。所有记录都具有相同的结构和数据类型。

随机文件在建立和使用前，必须先声明记录结构和处理数据所需的变量。声明记录结构和数据类型一般用自定义数据类型。

例如，为了将表 8.1 中学生成绩登记表中登记的数据建立为一个随机数据文件，则应定义数据类型如下：

```
Public Type student
    stuNo as string *10
    stuName As String * 8
    stuEnglish As Integer
    stuVB As Integer
    stumath As Integer
    stuLogic As Integer
End Type
```

这种数据类型是根据表 8.1 一行中的数据自行定义的，定义了 student 数据类型后，就可以声明记录类型的变量。student 数据类型的使用方法同常用数据类型，如 Integer、String 等类型的使用。

例如：

```
Dim stu As student
```

这定义了一个 student 类型的变量 stu，从而可以用 stu 变量存储表 8.1 中的一行（记录）数据。

1. put 语句

语法格式：

Put　#文件号, [记录号], 记录变量

功能：将数据写入随机文件。

其中，“记录号”指定写入的记录用的记录号。若指定记录号已存在，则新写入的记录覆盖原记录内容；若不指定记录号，则默认为（当前记录指针指向的下一条记录）上一次使用 Put 或 Get 语句操作的记录的下一条记录，若还没执行过 Put 或 Get 语句，则默认为第一条记录。

“记录变量”是要写入文件的数据。

若不知已有多少条记录，可用 Lof 函数（它返回打开文件的长度）除以记录长度计算，计算公式为：Lof（文件号）/ 记录长度。如果要向文件末尾添加记录，则添加的记录的记录号为：Lof（文件号）/ 记录长度 +1。

【例 8.2】 建立图 8.3 所示的学生成绩登记表窗体 2，然后用 Put 语句将表 8.1 中的学生成绩写入一个随机文件中。

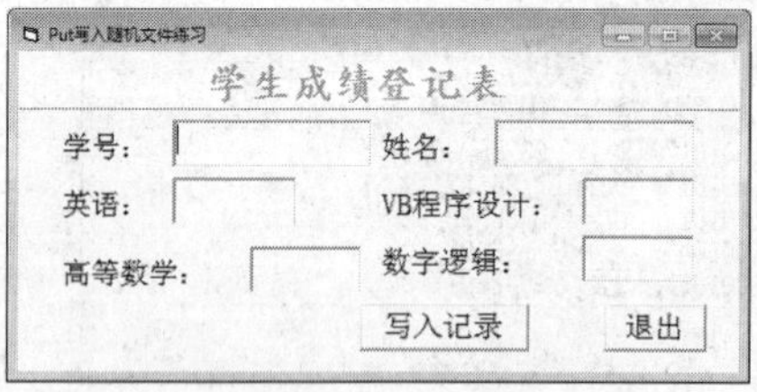

图 8.3　学生成绩登记表窗体 2

① 建立窗体及窗体中的各个控件元素。其中窗体的 Caption 值设置为“Put 写入随机文件练习”；学号录入文本框的 Name 属性设置为 NoText；姓名录入文本框的 Name 属性设置为 NameText；英语录入文本框的 Name 属性设置为 EnglishText；VB 程序设计录入文本框的 Name 属性设置为 VBText；高等数学录入文本框的 Name 属性设置为 MathText；数字逻辑录入文本框的 Name 属性设置为 LogicText；写入记录按钮的 Name 属性设置为 Save；退出按钮的 Name 属性设置为 Return，标签、按钮的 Caption 值按图 8.3 显示的文字赋值即可。

② 在通用模块中添加如下记录类型定义及变量定义代码：

```
Private Type student          '定义用户自定义的 student 数据类型
   stuNo As String * 10
   stuName As String * 8
   stuEnglish As Integer
   stuVB As Integer
   stumath As Integer
   stuLogic As Integer
End Type
Private stu As student        '声明变量
```

③ 给窗体添加如下事件处理代码：

```
Private Sub Form_Load()
  Open"H:\lxvb\date2.dat"For Random As #1 '以 Random 方式打开 date2.dat 文件
End Sub
```

④ 给“写入记录”按钮添加如下事件处理代码：

```
Private Sub Save_Click()
   If NoText.Text = "" Or NameText.Text = "" Or EnglishText.Text = "" Or
       VBText.Text = "" Or MathText.Text = "" Or LogicText.Text = "" Then
      MsgBox ("有未输入的数据项，请输入！")
   Else
      stu.stuNo = NoText.Text
      stu.stuName = NameText.Text
      stu.stuEnglish = Val(EnglishText.Text)
```

```
        stu.stuVB = Val(VBText.Text)
        stu.stumath = Val(MathText.Text)
        stu.stuLogic = Val(LogicText.Text)
        Put #1, , stu    ' 写入记录
        NoText.Text = ""
        NameText.Text = ""
        EnglishText.Text = ""
        VBText.Text = ""
        MathText.Text = ""
        LogicText.Text = ""
    End If
End Sub
```

⑤ 给“退出”按钮添加如下事件处理代码：

```
Private Sub Return_Click()
    Close #1
    End
End Sub
```

⑥ 运行程序，将表 8.1 的内容录入，最后按“退出”按钮退出程序的执行。

2. Get 语句

语法格式：

Get　#文件号, [记录号],记录变量

功能：从随机文件中读取一条记录。

该语句是从文件号指定的文件中读取记录号指定的记录，并将记录的值赋给记录变量。省略“记录号”时，读取当前记录。

注：对于 Binary 方式的文件（二进制文件），“记录号”是指字节数。

【例 8.3】 建立图 8.4 所示的学生成绩表窗体，然后用 Get 语句将例 8.2 建立的 date2.dat 文件中的学生成绩读出，并显示在窗体的文本框内。

① 建立窗体及窗体中的各个控件元素。

其中，窗体的 Caption 值设置为“用 Get 读取随机文件练习”。用于显示成绩的文本框的 Name 属性设置为 displayText；Text 属性值置为空；Multiline 属性值置为 True。显示按钮的 Name 属性设置为 read；退出按钮的 Name 属性设置为 Return。窗体中各标签、按钮的 Caption 值按图 8.4 显示的文字赋值即可。

② 在通用模块中添加如下记录类型定义及变量定义代码：

```
Private Type student  ' 定义用户自定义的 student 数据类型
    stuNo As String * 10
    stuName As String * 8
    stuEnglish As Integer
    stuVB As Integer
    stumath As Integer
    stuLogic As Integer
End Type
Dim stu As student     ' 声明变量
```

③ 给窗体添加如下事件处理代码：

```
Private Sub Form_Load()
   Open"H:\lxvb\date2.dat" For Random As #1 '以Random方式打开date2.dat文件
End Sub
```

④ 给“显示”按钮添加如下事件处理代码：

```
Private Sub read_Click()
    Dim l(5) As Byte
    While Not EOF(1)
        Get #1, , stu    '读记录
        l(0) = LenB(StrConv(Mid$(stu.stuNo, 1, 10), vbFromUnicode))
        l(1) = LenB(StrConv(Mid$(stu.stuName, 1, 4), vbFromUnicode))
        l(2) = Len(Str$(stu.stuEnglish))
        l(3) = Len(Str$(stu.stuVB))
        l(4) = Len(Str$(stu.stumath))
        displayText.Text = displayText.Text & stu.stuNo & Space(11 - l(0))
          & Mid$(stu.stuName, 1, 4) & Space(8 - l(1)) & Str$(stu.stuEnglish)
          & Space(7 - l(2)) + Str$(stu.stuVB) + Space(9 - l(3)) +
          Str$(stu.stumath) + Space(10 - l(4)) + Str$(stu.stuLogic) + Chr(13)
          + Chr(10)
    Wend
End Sub
```

⑤ 给“退出”按钮添加如下事件处理代码：

```
Private Sub Return_Click()
    Close #1
    End
End Sub
```

⑥ 运行程序，读出 date2.dat 文件内容，显示结果如图 8.5 所示。

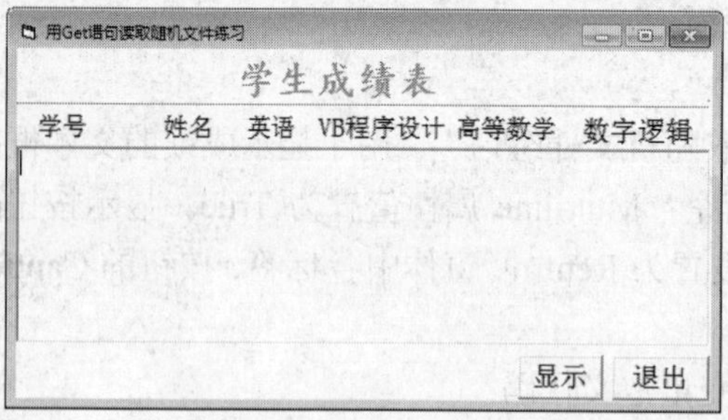

图 8.4 学生成绩表窗体

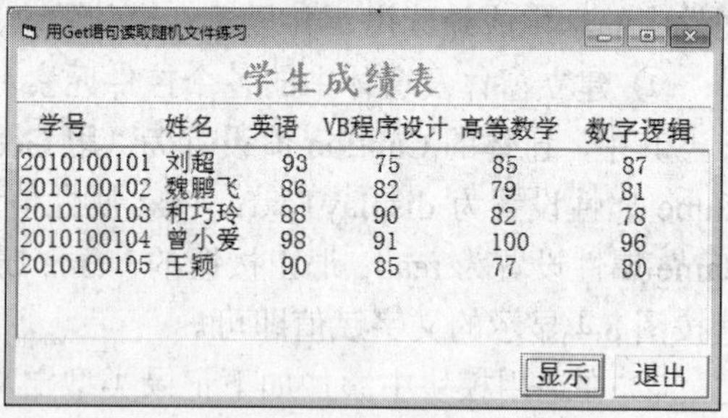

图 8.5 date2.dat 文件内容显示结果

8.3.4 二进制文件读/写

二进制文件保存的数据是无格式的字节序列，文件中没有记录或数据项这样的结构。二进制访问能提供对文件的完全控制，因为文件中的字节可以代表任何内容。当要使文件保存的尺寸尽量小时，应使用二进制文件存储形式。

二进制文件读/写操作需要知道当前文件指针的位置，所以在程序中应实时跟踪文件指针的位置。

需要注意的是，当把二进制数据写入文件中时，使用变量是 Byte 数据类型的数组，而不是 String 数据类型的变量。String 被认为包含的是字符，而二进制型数据可能无法正确地存储在 String 变量中。

1．文件指针

每个打开的二进制文件都有自己的文件指针，文件指针是一个数字值，指向下一次读/写操作在文件中的位置。二进制文件中的每一个“位置”对应一个数据字节。

对二进制文件进行一次读写操作，就会自动将文件指针的位置移动到下一个位置，也可用 Seek( )函数或 Loc( )函数获得指针的值。一般 Loc( )的返回值总比 Seek( )的返回值小 1，除非用 Seek 语句移动了指针。

Seek 语句可将文件指针设置到文件中的任意位置，其语法格式如下：

Seek　#文件号,新位置值

例如，Seek #1,88 表示将 1 号文件的文件指针移动到 88 字节或记录（对二进制文件是字节，对顺序文件是记录）。

2．二进制文件的读/写操作

二进制文件的读/写操作与随机文件的读/写操作类似。从二进制文件中读用 Get 语句，写用 Put 语句。

语法格式：

Get　#文件号,[读取位置],变量名
Put　#文件号,[写入位置],变量名

打开一个二进制文件时，文件指针指向首字节，使用 Get 或 Put 语句后，将使文件指针移动到读取或写入数据的下一个位置。

【例 8.4】 编写一个能对文本文件进行加密和解密的软件。加密方法为：把输入的数字密码每位相加，得到一个数值，在文件中的每一个字节上加上该数值（如果加后的结果值超出 255，则取减去 255 后的值），得到加密后的数据。解密用相反的算法即可。程序运行界面如图 8.6 所示。

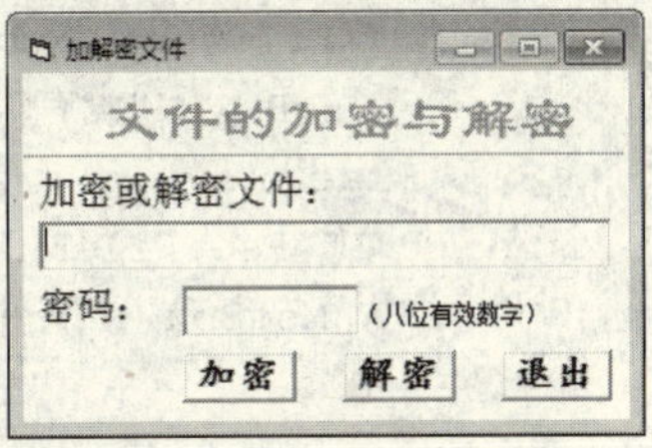

图 8.6　加/解密程序运行界面

① 建立窗体及窗体中的各个控件元素。其中窗体的 Caption 值设置为“加解密文件”；加解密文件名输入文本框的 Name 属性设置为 FileText，Text 属性值置为空；密码输入文本框的Name属性设置为DCodeTex，Text属性值置为空；加密按钮的 Name 属性设置为 Encrypt；解密按钮的 Name 属性设置为 Decrypt；退出按钮的 Name 属性设置为 Exit，窗体中各标签、按钮的 Caption 值按图 8.6 显示的文字赋值即可。

② 给“加密”按钮添加如下事件处理代码：

```
Private Sub Encrypt_Click()
  Dim Fso As New FileSystemObject           '定义一个 Fso 文件系统对象
  If FileText.Text = "" Or DCodeText.Text = "" Then
    MsgBox ("没有输入加密文件名或密码，请输入！注意文件名前加上路径名。")
  Else
```

```
    If Fso.FileExists(FileText.Text) = False Then
      MsgBox ("文件不存在！注意文件名前加上路径名。")
    Else
      Dim x As Byte, i&, n&, DCode As String, y As Byte
      DCode = DCodeText.Text
      n = Len(DCode)
      For i = 1 To n
        x = x + Val(Mid(DCode, i, 1))
      Next i
      Open FileText.Text For Binary As #1     '以二进制方式打开待加密文件
      n = LOF(1)                              'LOF 函数是求文件长度的内部函数
      For i = 1 To n
        Get #1, i, y                          '读出第 i 个字节
        If ((255 - y) >= x) Then
          y = y + x
        Else
            y = x - (255 - y)
          End If
          Put #1, i, y                        '将加密后的这个字节写回到文件原位
        Next i
        Put #1, i, x                          '将 x 的值写到文件的最后
        Close #1
        MsgBox ("完成加密！")
        FileText.Text = ""
        DCodeText.Text = ""
      End If
    End If
End Sub
```

③ 给“解密”按钮添加如下事件处理代码：

```
Private Sub Decrypt_Click()
  Dim Fso As New FileSystemObject             '定义一个 Fso 文件系统对象
  If FileText.Text = "" Or DCodeText.Text = "" Then
    MsgBox ("没有输入解密文件名或密码，请输入！注意文件名前加上路径名。")
  Else
    If Fso.FileExists(FileText.Text) = False Then
      MsgBox ("文件不存在！注意文件名前加上路径名。")
    Else
      Dim x As Byte, i&, n&, DCode As String, y As Byte
      DCode = DCodeText.Text
      n = Len(DCode)
      For i = 1 To n
         x = x + Val(Mid(DCode, i, 1))
      Next i
      Open FileText.Text For Binary As #1     '以二进制方式打开待解密文件
      n = LOF(1) - 1
      Get #1, LOF(1), y                       '取出最后一个字节
      If (x = y) Then
```

```
        For i = 1 To n
          Get #1, i, y                                     '读出第 i 个字节
          If (y >= x) Then
            y = y - x
          Else
            y = 255 - x + y
          End If
          Put #1, i, y                                     '将解密后的内容写回到文件原位
        Next i
        Close #1
        MsgBox ("完成解密！")
        FileText.Text = ""
        DCodeText.Text = ""
      Else
        Close #1
         MsgBox ("密码不对，请重新输入！")
         DCodeText.Text = ""
       End If
     End If
   End If
End Sub
```

④ 给“退出”按钮添加如下事件处理代码：

```
Private Sub Exit_Click()
    Close #1
    End
End Sub
```

8.4　文件系统控件

VB 6.0 提供了目录列表框、驱动器列表框和文件列表框 3 个文件系统控件，用它们可以很方便地实现对文件系统的操作，如查看文件、目录及驱动器。

8.4.1　目录列表框

DirListBox（目录列表框控件）用于显示当前驱动器或指定驱动器上的目录结构。图8.7 所示就是用该控件列出 C 盘目录的列表。目录列表框控件在运行时，以当前驱动器的根目录开始列出各子目录，且各子目录按其层次结构依次缩进。

目录列表框有许多属性，通过设置其属性，可以改变其显示的特征及内容等，表8.3 列出了目录列表框的常用属性。

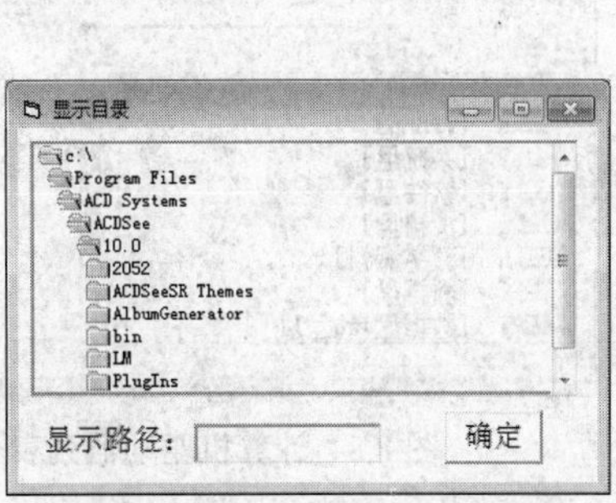

图 8.7　目录列表框控件

【例 8.5】 编写一个界面如图 8.7 所示的显示目录列表的程序。

① 建立窗体，将窗体的 Caption 值设置为“显示目录”；插入一个 DirListBox 控件，把

Name 属性设置为 Dirlx；插入一个路径输入文本框，将 Name 属性设置为 Drive，Text 属性值置为空；“确定”按钮的 Name 属性设置为 DEnter；窗体中各标签、按钮的 Caption 值按图 8.7 显示的文字赋值即可。

② 给“确定”按钮添加如下事件处理代码：

```
Private Sub DEnter_Click()
    Dirlx.Path = Drive.Text
End Sub
```

运行该程序，在路径文本框中输入要显示的目录，然后按“确定”按钮，就可在目录列表框中看到要显示的目录。用鼠标双击某个目录，就能打开其下的子目录。

表 8.3　目录列表框的常用属性

属　性	作　用
Path	设置当前显示的工作目录的路径，包括驱动器名
List	返回当前列表框中指定列表项的路径
ListIndex	返回驱动器列表框中的驱动器在列表框中的位置，包括目录的层次关系
ListCount	返回当前目录的下一级含有的子目录项数

8.4.2　驱动器列表框

DriveListBox（驱动器列表框控件）用于设置或显示当前驱动器的名称，该控件是一个下拉列表框，单击列表框中的下拉箭头，会显示用户系统中所有有效驱动器的列表。图 8.8 为用驱动器列表框控件显示的一台计算机中的驱动器列表情况。

该控件的使用非常简单，只要在窗体上将该控件放上，运行时，即可在下拉列表中显示所在系统的驱动器。

8.4.3　文件列表框

FileListBox（文件列表框控件）用来显示指定目录下的文件列表。该控件一般与驱动器和目录列表框控件配合使用。图 8.9 右侧是一个用文件列表框显示的文件列表，它显示的是 f 盘“图像图形”目录内的文件。

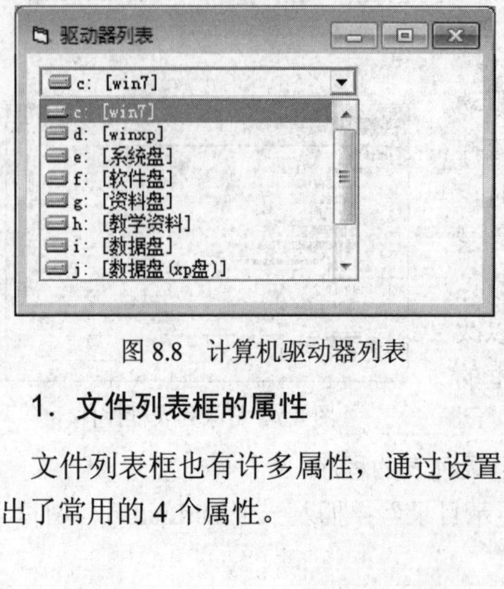

图 8.8　计算机驱动器列表

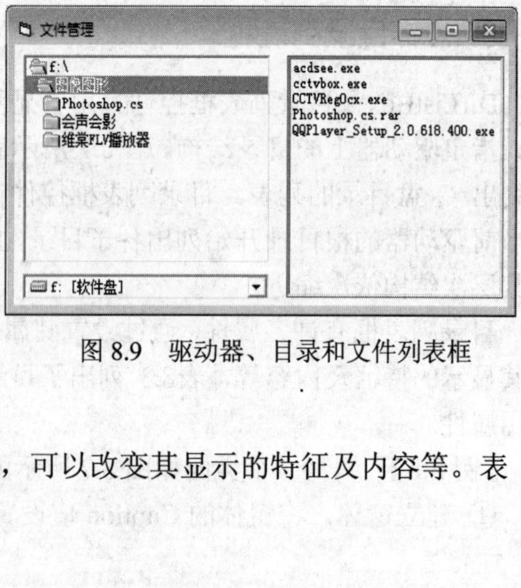

图 8.9　驱动器、目录和文件列表框

1. 文件列表框的属性

文件列表框也有许多属性，通过设置其属性，可以改变其显示的特征及内容等。表 8.4 列出了常用的 4 个属性。

表 8.4　文件列表框的常用属性

属　性	作　用	说　明
Path	设置或返回文件列表框所显示的路径全称	与目录列表框配合使用，当目录列表框中的目录发生改变时，可设置文件列表框的 Path 属性，使文件列表框显示对应目录中的文件。一般可在目录列表框的 Change 事件中设置。
Pattern	设置在文件列表框中要显示的文件类型	该属性可对所显示的文件起到过滤作用。如将 Pattern 属性设置为“*.avi”，则只显示.avi 类型文件。若要表达的文件类型有多种，各组类型表之间用分号(;)进行分隔。
FileName	设置或返回文件列表框中被选中的文件名	可利用 MsgBox 函数来显示被选中的文件名， 例如：MsgBox "选中的文件是：" + File1.FileName
MultiSelect	设定是否允许用户进行多重选择	它的值若为 0 表示只允许单选；若为 1 则表示可直接通过鼠标进行多选；若为 2 则表示可通过鼠标与 Shift 或 Ctrl 键配合进行多选。

2 .文件列表框事件

文件列表框有多个事件，表 8.5 列出了常用的 4 个事件。

表 8.5　文件列表框的常用事件

事　件	发 生 条 件
Click	用鼠标单击时触发
DblClick	用鼠标双击时触发
PathChange	当文件列表框的 Path 属性值发生变化时触发
PatternChange	当文件列表框的 Pattern 属性值发生变化时触发

【例 8.6】 对例 8.4 程序修改，提供一个“浏览”按钮，当单击该按钮时，显示选择文件的文件管理器，如图 8.10 所示；当用户在文件列表框中单击选择的文件名时，则该文件被放入加密或解密文本框中，并隐藏文件管理器，结果如图 8.11 所示。

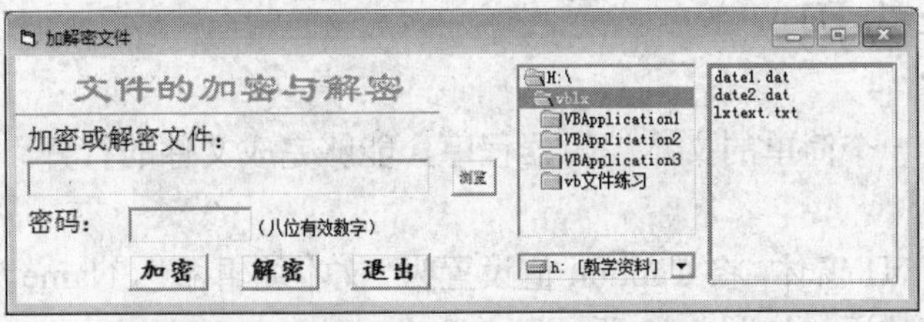

图 8.10　浏览文件列表选择框

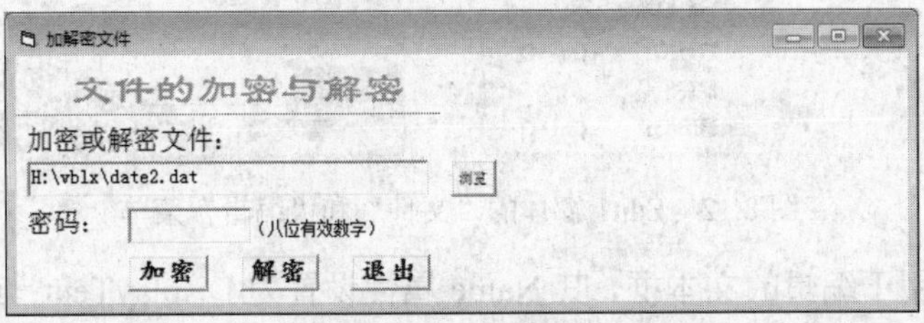

图 8.11　选择 date2.dat 文件后隐藏文件管理器的窗体

① 打开例 8.4 工程，在窗体内增加“浏览”按钮，将 Caption 值设置为“浏览”，Name 属性设置为 Browse；在窗体的右边插入一个 DirListBox（目录列表框控件），把 Name 属性设置为 Dirlx，Visible 属性设置为 False；插入一个 DriveListBox（驱动器列表框控件），将

Name 属性设置为 Drive1，Visible 属性设置为 False；再插入一个 FileListBox（文件列表框控件），将 name 属性设置为 file1，Visible 属性设置为 False。

② 给“浏览”按钮添加如下事件处理代码：

```
Private Sub Browse_Click()
    Drive1.Visible = True
    Dirlx.Visible = True
    File1.Visible = True
End Sub
```

③ 给 DriveListBox 控件添加如下事件处理代码：

```
Private Sub Drive1_Change()
  Dirlx.Path = Drive1.Drive
End Sub
```

④ 给 DirListBox 控件添加如下事件处理代码：

```
Private Sub Dirlx_Change()
  File1.Path = Dirlx.Path
End Sub
```

⑤ 给 FileListBox 控件添加如下事件处理代码：

```
Private Sub File1_Click()
    Drive1.Visible = False
    Dirlx.Visible = False
    File1.Visible = False
    FileText.Text = Dirlx.Path + "\" + File1.FileName
End Sub
```

8.5 文件应用

【例 8.7】 设计一个简单的文本编辑器程序，能够完成文件的打开、编辑和保存。

具体步骤如下：

（1）建立一个 Edit1 窗体，将 Caption 值设置为“文本编辑器”，Name 属性设置为“Edit1”。

（2）给 Edit1 窗体添加如图 8.12 所示菜单命令。

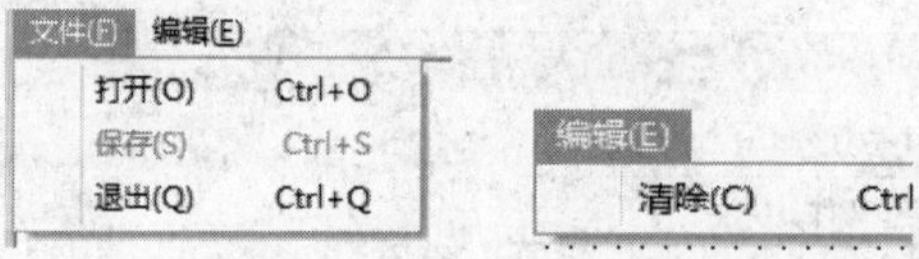

图 8.12 Edit1 窗体的“文件”和“编辑”菜单

（3）建立一个用于编辑的文本框，其 Name 属性设置为 DisplayText；Text 属性值置为空；Multiline 属性值置为 True。

（4）插入一个 DirListBox（目录列表框控件），把 Name 属性设置为 Dirlx，Visible 属性设置为 False；插入一个 DriveListBox（驱动器列表框控件），将 Name 属性设置为 Drive1，Visible 属性设置为 False；再插入一个 FileListBox（文件列表框控件），将 Name 属性设置为 file1，Visible 属性设置为 False。

（5）定义全程变量：

```
Dim FName As String     'FName 用于存放打开的文件名
Dim Fso As New FileSystemObject
```

（6）给 DriveListBox 控件添加如下事件处理代码：

```
Private Sub Drive1_Change()
  Dirlx.Path = Drive1.Drive
End Sub
```

（7）给 DirListBox 控件添加如下事件处理代码：

```
Private Sub Dirlx_Change()
  File1.Path = Dirlx.Path
End Sub
```

（8）给 FileListBox 控件添加如下事件处理代码：

```
Private Sub File1_Click()
    Drive1.Visible = False
    Dirlx.Visible = False
    File1.Visible = False
    FName = Dirlx.Path + "\" + File1.FileName
    Open FName For Input As #1
    While Not EOF(1)
        Line Input #1, lstr '读入 1 号文件当前指针指向的那一行放入 lstr 变量中
        Text1.Text = Text1.Text + lstr + Chr(13) + Chr(10)
    Wend
    Close #1
    MeunFile1.Enabled = False
    MeunFile2.Enabled = True
    MeunEdit1.Enabled = True
End Sub
```

（9）给菜单命令添加事件处理代码：

① 给“打开”命令添加如下事件处理代码：

```
Private Sub MeunFile1_Click()
    Drive1.Visible = True
    Dirlx.Visible = True
    File1.Visible = True
End Sub
```

② 给“保存”命令添加如下事件处理代码：

```
Private Sub MeunFile2_Click()
    If Fso.FileExists(FName) = False Then
        FName = InputBox$("请输入文件名（包括存放的路径和盘）!")
    End If
      Open FName For Output As #1
    End If
    Print #1, Text1.Text
    Close #1
End Sub
```

③ 给“清除”命令添加如下事件处理代码：

```
Private Sub MeunEdit1_Click()
    Text1.Text = ""
    MeunFile1.Enabled = True
    MeunFile2.Enabled = True
End Sub
```

④ 给“退出”命令添加如下事件处理代码：

```
Private Sub MeunFile3_Click()
    If Fso.FileExists(FName) = False Then
        FName = InputBox$("请输入文件名（包括存放的路径和盘）!")
    End If
    Open FName For Output As #1
    Print #1, Text1.Text
    Close #1
    End
End Sub
```

通过上述 9 步即可完成一个简单的文本编辑器的设计。

习　题　8

一、填空题

1. 数据项由若干个__________组成，用来表示一项数据，即一个对象的某个属性。

2. 记录是文件中存取的__________，由一组相关的数据项组成，用来描述一个对象，相当于一个登记表表格中的一行。

3. 文件由具有相同__________结构的一组__________构成，相当于一张二维表。

4. 顺序文件就是普通的文本文件，它依序把每个__________存储到文件中。

5. VB 为了方便进行文件的操作，增加了一个__________对象，该对象提供了许多进行文件系统操作的方法，但要应用该对象，须引用一个名为 Scripting 的类型库，否则不能使用该对象。

6. 顺序文件的打开方式有__________三种方式。

7. 随机文件以记录为单位，每条记录包含若干数据项，记录和数据项都有__________的长度。所有记录都具有相同的__________类型。

8. VB 6.0 提供了__________3 个文件系统控件，用它们可以很方便地实现对文件系统的操作，如查看文件、目录及驱动器的功能。

二、选择题

1. 数据文件中的数据都以（　　）来存放，目的是便于读取文件中的数据。

A. 顺序　　B. 交叉　　C. 某种特定格式　　D. 反序

2. VB 提供（　　）类文件。

A. 1　　B. 2　　C. 3　　D. 4

3. 要在文件中查找某个数据，必须严格按照从头到尾的顺序搜索，才能定位到要找的数据，这种文件是（　　）类型的文件。

A．二进制　　B．随机　　C．数据库　　D．顺序

4．获取一个驱动器的当前目录的函数是（　　）。

A．Loc( )　　B．FreeFile( )　　C．Seek( )　　D．CurDir( )

5．（　　）是用来显示指定目录下的文件列表控件。

A．DirListBox　　B．DriveListBox　　C．FileListBox　　D．TextBox

6．文件列表框有多个事件，其中（　　）是当文件列表框的 Path 属性值发生变化时触发。

A．Click　　B．DblClick　　C．PathChange　　D．PatternChange

7．（　　）文件保存的数据是无格式的字节序列，文件中没有记录或数据项这样的结构。

A．顺序　　B．二进制　　C．随机　　D．数据库

8．如果在程序中已打开多个文件，再打开文件时，为了避免文件号重复，可使用（　　）函数取得这个文件号。

A．FileExists( )　　B．Seek( )　　C．Lof( )　　D．FreeFile( )

三、简答题

1．根据文件的访问方式，文件分为几类？

2．简述 VB 提供的 Open 语句的使用。

3．简述目录、驱动器和文件列表框之间的关系，以及如何联动使用。

4．什么是随机文件？

5．简述二进制文件指针的作用。

四、操作题

对 8.5 节设计的简单文本编辑器增加如下两个功能。

（1）在“文件”菜单中增加“新建”和“另存为”两个子菜单命令，并实现相应的事件处理功能。

（2）增加“帮助”菜单命令，并添加一个“简介”子菜单命令，其事件处理程序为打开一个磁盘的简介文件并显示。

第 9 章　Visual Basic 数据库操作

数据库技术是计算机应用技术中的一个重要组成部分，对于大量的数据，使用数据库来存储管理比通过文件来存储管理效率高得多。VB 提供了强有力的数据库存取功能，可以便捷地访问 Access、SQL Server、Oracle 等各种数据库系统。本章介绍用 VB 进行数据库访问的技术。

9.1　可视化数据库管理器

为了便于开发数据库应用程序，在 VB 集成开发环境中，提供了专门的数据库应用程序开发平台，如图9.1 所示。该环境由可视化数据管理器（VisData）、数据库应用程序、数据控件和对象、数据库接口驱动程序等组成。

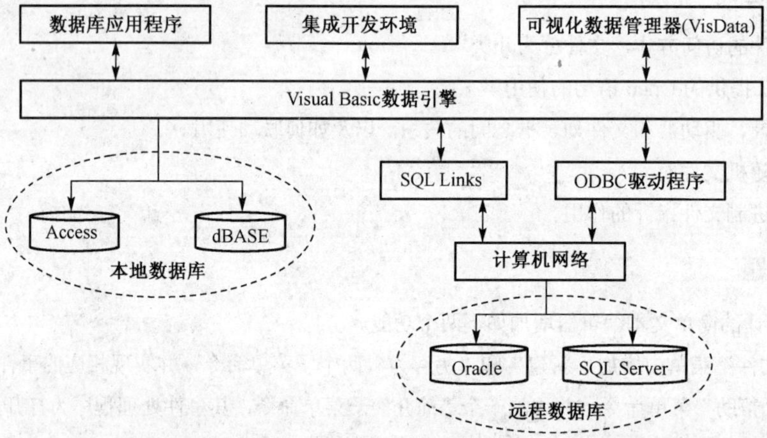

图 9.1　VB 数据库应用程序开发平台

9.1.1　VisData 窗口

在 VB 集成开发环境中可以通过“外接程序”菜单中的“可视化数据管理器”调出 VisData 数据库管理器窗口，如图 9.2 所示。可视化数据管理器是 VB 提供的一种极为方便的数据库设计工具，具有创建数据库、设计与编辑数据表等功能。

如图 9.3 所示是“文件”菜单的列表，它提供了建立和编辑数据库的命令。表 9.1 给出了文件菜单部分命令功能的解释。

图 9.2　VisData 数据库管理器窗口

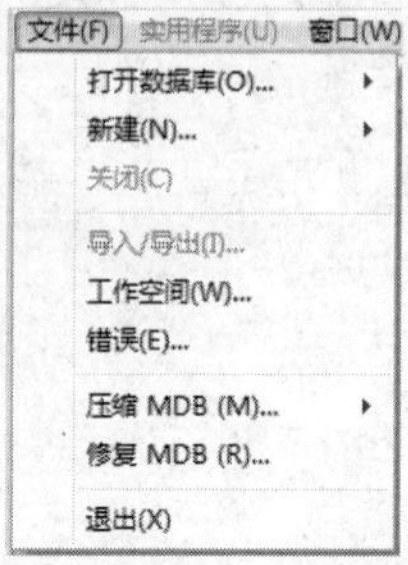

图 9.3　文件菜单

表 9.1　VisData 数据管理器的文件菜单的部分命令说明

文 件 菜 单	功 能 描 述
打开数据库	打开指定的数据库
新建	根据所选类型建立新数据库
导入/导出	从其他数据库导入数据表，或导出数据表及 SQL 查询结果
工作空间	显示注册对话框注册新工作空间，用新输入的用户名和密码从新的工作空间重新打开当前数据库
压缩 MDB	压缩指定的 Access 数据库，创建一个加密或解密文件
修复 MDB	修复指定的 Access 数据库

VisData 数据库管理器工具栏如图 9.4 所示，它提供了打开的记录集类型、设置显示记录集的控件和事务的处理命令。

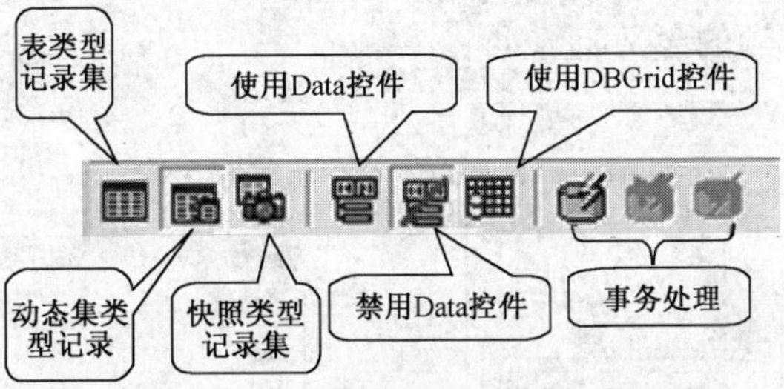

图 9.4　VisData 数据库管理器工具栏

9.1.2　创建数据库

打开 VisData 管理器界面，单击“文件”菜单的“新建”选项，可以看到 VB 提供的建立 Microsoft Access、Dbase、FoxPro 和 ODBC 等不同类型数据库的级联菜单，如图 9.5 所示。其中每一种类型还有不同的版本，如 Microsoft Access 数据库提供了 2.0 和 7.0 两个版本。

1. 建立 Microsoft Access 数据库

① 选择“Microsoft Access”菜单项，单击该菜单项下的“Version 7.0 MDB”菜单项，打开“选择要创建的 Microsoft Access 数据库”对话框。

② 在对话框中选择新建数据库保存的目录后，在“文件名”文本框中输入数据库的名称（例如，lxk1），类型名 mdb 由系统自动添加。单击“确定”按钮，系统会在指定的目录下创建以指定名称命名的 Microsoft Access 数据库，并弹出如图 9.6 所示的数据库窗口，窗口中包含数据库窗口和 SQL 语句窗口。数据库窗口用于显示数据库的结构，包括表名、列名、索引等，SQL 语句窗口用于输入 SQL 命令，可对数据库中的表进行查询操作等。

③ 选择文件菜单下的“关闭”命令，完成数据库的建立。

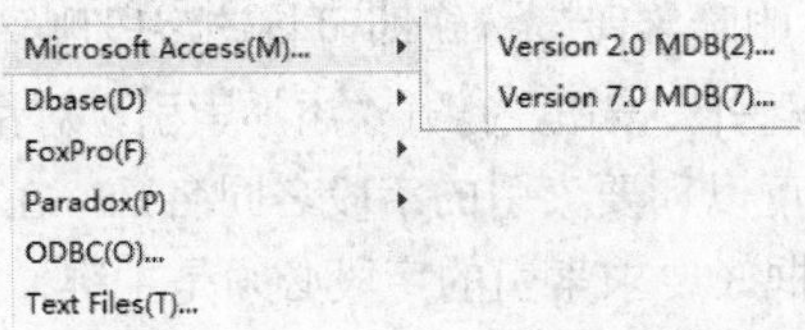

图 9.5　类型数据库选项级联菜单

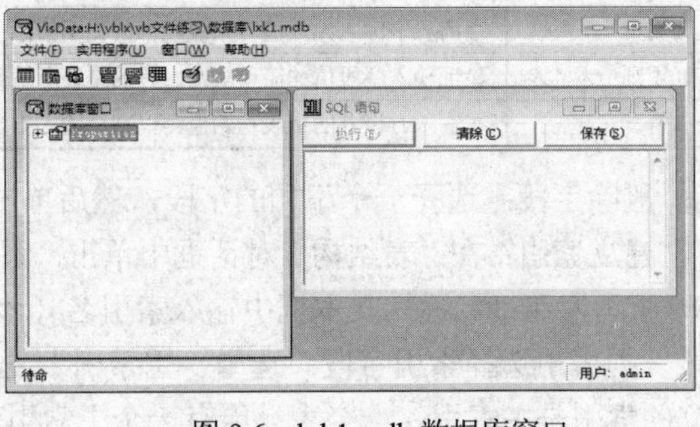

图 9.6　lxk1.mdb 数据库窗口

2．添加数据表

数据库是由多个表组成的，只有将所需的数据表建立起来，一个数据库才算建好了。新建的数据库是空的，里面只包含一个数据库 Properties（特征），数据库中的数据表要一张一张地添加到数据库中。在建立一个数据表之前，应先将表的结构设计好，主要包括表名、字段名、字段类型、字段宽度，以及主索引和普通索引等内容。

① 添加表：在数据库窗口中右击弹出快捷菜单，选择“新建表”命令，弹出“表结构”对话框，如图 9.7 所示，在对话框中建表。

② 添加字段：单击“添加字段”按钮，弹出“添加字段”对话框，如图9.8所示。在“添加字段”对话框中输入一个字段的相应信息后，单击“确定”按钮，该字段即被添好，可以继续添加表中的其他字段。所有字段添加完，单击“关闭”按钮，返回“表结构”对话框。表9.2列出了图 9.8 中各字段选项的含义。

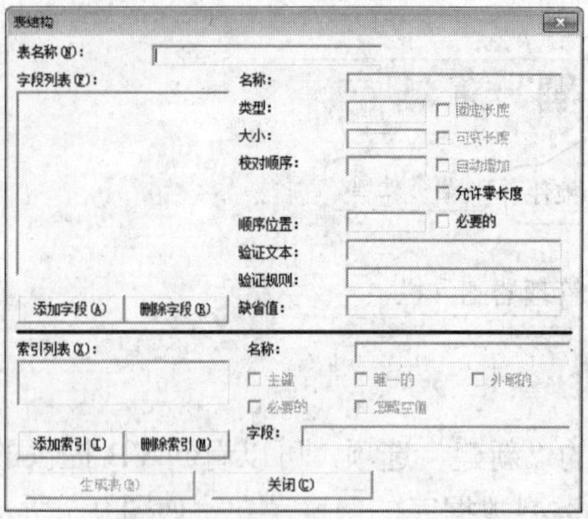

图 9.7 “表结构”对话框

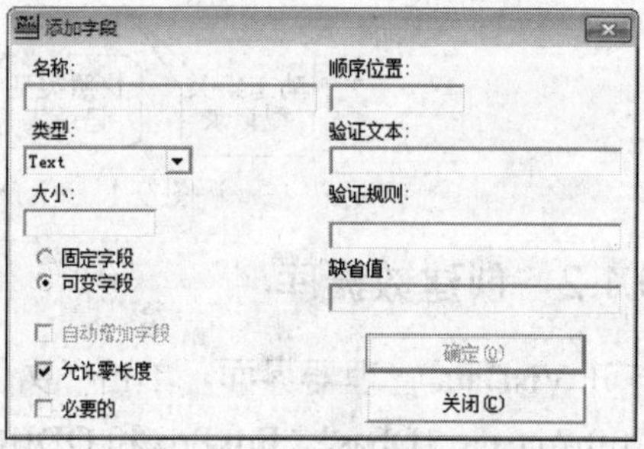

图 9.8 “添加字段”对话框

表 9.2 字段选项的含义

选 项 名	描 述
名称	每个字段的名字（对所用字符没有什么限制）
类型	指该字段的数据特征，包括：Boolean、Byte、Integer、Long、Currency、Single、Double、Date/Time、Text、Binary（二进制型，存放图片）、Memo（备注型，存放长文本）
大小	字段宽度，指该字段所能容纳数据的最大字节数
固定字段	字段宽度固定不变
可变字段	字段宽度可变
允许零长度	表示空字符串可作为有效的字段值
必要的	表示该字段值不可缺少
顺序位置	字段在表中的顺序位置
验证文本	当向表中输入无效值时系统显示的提示信息
验证规则	验证输入字段值的简单规则，目的是使所输数据符合设定的条件
缺省值	在输入时设置的字段初始值，以减少输入重复性数据时的工作量

③ 删除字段：选择一个添加的字段，然后单击“删除字段”按钮即可将该字段删除。

④ 建立索引：在“表结构”对话框中单击“添加索引”按钮，打开“添加索引”对话框，如图9.9所示，在“名称”文本框中输入索引名（该名可以和要索引的字段名同名），在“可用字段”列表中选择索引字段。选中“主索引”复选框（要求索引的字段必须是主键），表示建立的索引是主索引，一个表只能有一个主索引，不选中表示建立的是普通索引。

⑤ 完成字段和索引添加后，单击“生成表”按钮，一个数据表就添加完成。其他数据表可按同样的方法添加。

3. 添加数据表的记录

在建库窗口（见图 9.6）内的数据库窗口中右击要添加记录的数据表名，从快捷菜单中选择“打开”命令，弹出如图 9.10 所示的数据表记录编辑窗口。在该窗口中单击“添加”按钮，窗口变为添加记录窗口，如图 9.11 所示。输入完一条记录后单击“更新”按钮即可添加一条记录。重复此操作，直到所有记录添加完成。

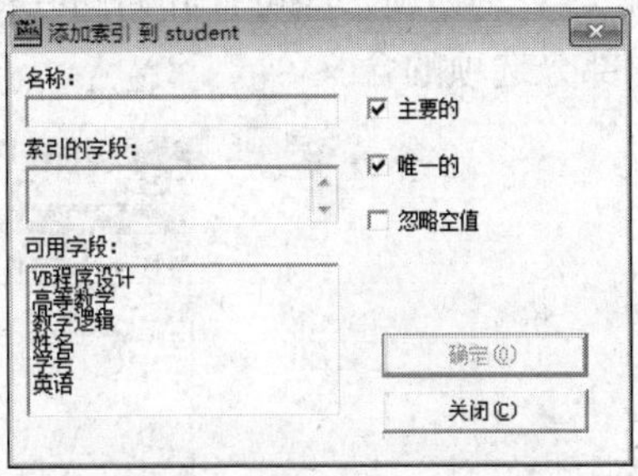

图 9.9 “添加索引”对话框

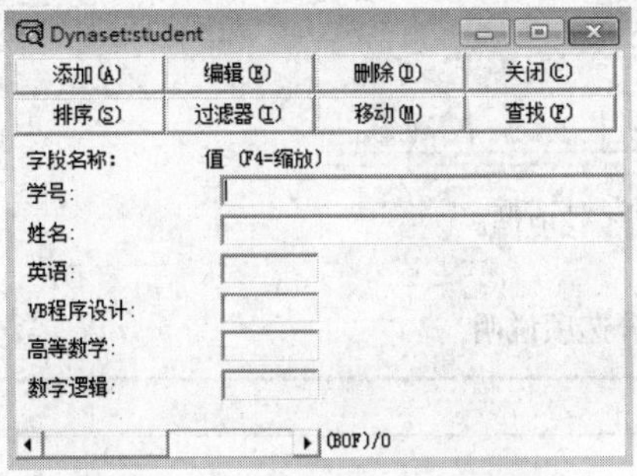

图 9.10　数据表记录编辑窗口

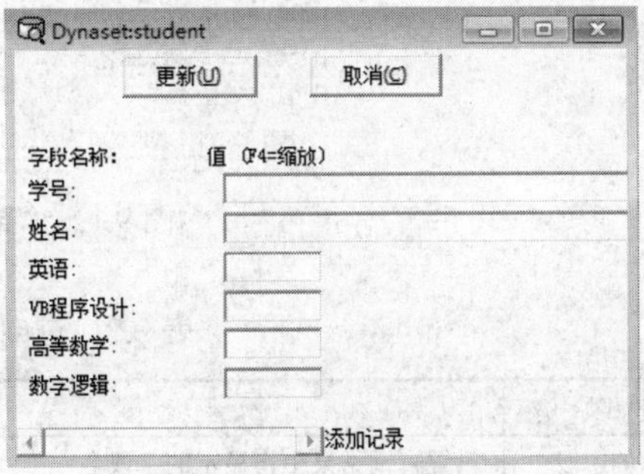

图 9.11　添加记录窗口

9.1.3　数据库编辑

1. 表结构修改

在数据库窗口（见图 9.6）中右键单击要修改的数据表，在弹出的快捷菜单中选择“设计”项，系统将打开“表结构”对话框（见图 9.7），在字段列表框中选择欲修改的字段，然后进行修改即可。

2. 索引维护

在数据库窗口（见图 9.6）中右键单击要修改的数据表，在弹出的快捷菜单中选择“设计”项，系统将打开“表结构”对话框（见图 9.7），在索引列表框中选择欲修改的索引，然后进行修改即可。

3. 维护记录

在数据库窗口（见图 9.6）中右键单击要修改的数据表，在弹出的快捷菜单中选择“打开”项，系统将打开数据表记录编辑窗口（见图 9.10），选择“添加”、“编辑”、“删除”等命令按钮，即可完成对记录的添加、修改、删除等操作。

9.1.4　建立查询

1. 查询生成器

查询生成器是 VB 6.0 的外接程序——可视化数据管理器的一个工具，利用这个工具，编程者即使在不太了解 SQL 语句的情况下，也能够构造出复杂的查询来，而且可以测试其正确性。

查询生成器打开的方法是：右键单击数据库窗口（见图 9.6），在弹出的快捷菜单中选择“新建查询”项，即可打开如图 9.12 所示的“查询生成器”对话框。表 9.3 列出了查询生成器中部分选项的含义。

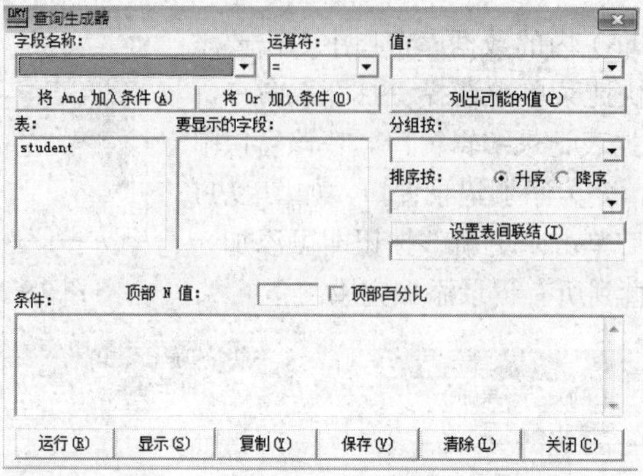

图 9.12 “查询生成器”对话框

表 9.3 查询生成器部分选项说明

选　项	描　　述
要显示的字段	设置查询结果中将显示的字段名
顶部 N 值	只显示查询结果中的前 N 条记录
顶部百分比	只显示查询结果中的百分之 N 条记录
运行	执行查询命令，并显示出查询结果
显示	用消息框显示 SQL 命令
复制	将 SQL 命令复制到 SQL 窗口
保存	将查询取个名并保存到数据库中
清除	清除条件列表框中的查询条件
分组按	将查询结果分组，一般每组只有一个记录
排序按	将查询结果按升序或降序顺序显示出来
设置表间联结	设置相关表之间的联结字段

2．查询的建立

建立查询就是在数据表中找到符合特定条件的记录并组成一张新表。

建立查询的方法是：打开“查询生成器”对话框，在对话框中设置查询条件即可。

完成查询建立后单击“运行”按钮可以看到查询结果；单击“保存”按钮，输入查询结果名，保存建立的查询，最后按“关闭”退出。

【例 9.1】 使用可视化数据库管理器建立一个名为“lxk1.mdb”的 Access 数据库，给数据库中添加一个 student 数据表，表的具体结构如表 9.4 所示，表的记录内容见第 8 章表 8.1。最后建立一个查询 4 门课的成绩都在 85 分以上的 seek1 查询。

具体步骤如下：

（1）创建 lxk1 数据库

① 启动“可视化数据管理器”，在窗口中选择“文件”菜单中的“新建”项。

② 在新建级联菜单中选择“Microsoft Access”菜单项下的“Version 7.0 MDB”项，打开“选择要创建的 Microsoft Access 数据库”对话框。

③ 在对话框中选择新建数据库保存的目录后，在“文件名”文本框中输入 lxk1，类型名 mdb 由系统自动添加，单击“确定”按钮后系统会在指定的目录下创建 lxk1.mdb 数据库，此时的 VisData 窗口如图 9.6 所示。

（2）添加 student 数据表

① 在图 9.6 所示的“数据库窗口”中右击，选快捷菜单中“新建表”项，弹出“表结构”对话框（见图 9.7）。

② 在“表名称”文本框中输入 student 表名。

③ 单击“添加字段”按钮，系统显示“添加字段”对话框（见图 9.8），在对话框中按表 9.4 中各字段情况设置各字段。最后单击“关闭”按钮，此时，“表结构”对象中显示该表所有字段的定义。

④ 单击“生成表”按钮完成 student 表的添加，返回 VisData 管理器窗口，如图 9.13 所示，可以看到 student 表已添加在 lxk1.mdb 数据库中。

表 9.4　student 数据表结构

字　段　名	数据类型	长　度（字节）
学号	Text	10
姓名	Text	10
英语	Integer	默认长度
VB 程序设计	Integer	默认长度
高等数学	Integer	默认长度
数字逻辑	Integer	默认长度

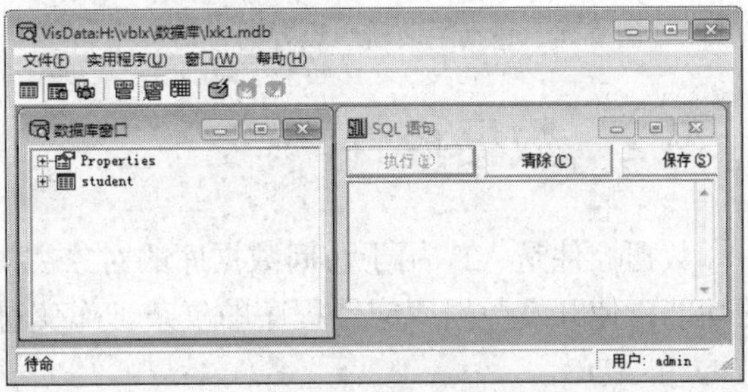

图 9.13　数据库窗口添加的 Student 表

（3）向 student 数据表中输入记录

① 在图 9.13 所示的“数据库窗口”中右键单击 student 表，从弹出菜单中选择“打开”项，弹出数据表记录编辑窗口（见图 9.10）。

在该窗口中单击“添加”按钮，窗口变为添加记录窗口（见图 9.11），在该窗口中按第 8 章表 8.1 所示的记录内容逐条输入（每完成一条记录输入，按“更新”按钮即可添加）。

② 添加完成后单击“关闭”按钮返回。

（4）建立查询

① 右键单击图 9.13 所示的“数据库窗口”，在弹出的快捷菜单中选择“新建查询”项，打开图 9.12 所示的“查询生成器”对话框。

② 在表列表框中选中 student 表，此时该表中的所有字段都显示在“要显示的字段”列表框中，选择其中的“学号”和“姓名”字段名，如图 9.14 所示。

③ 建立选择条件：“在字段名称”下拉列表框中选则“英语”字段，运算符下拉列表框中选择“>=”运算符，值下拉列表框中输入“85”，单击“将 And 加入条件”按钮。接着再对“VB 程序设计”、“高等数学”和“数字逻辑”三个字段做同样的设计。最后生成的查询语句见图 9.14 中“条件”框所示。

④ 单击“运行”按钮，系统询问“这是 SQL 传递查询吗？”，选择“否”按钮，系统使用刚刚设置查询语句检索数据，并显示在“SQL 语句”窗口中，如图 9.15 所示，浏览完数据后，单击“关闭”按钮关闭查询结果对话框。

⑤ 单击图 9.14 中的“复制”按钮把定义的查询语句传递到“SQL 语句”窗口。

⑥ 单击图 9.14 中的“保存”按钮，在弹出的对话框中输入 seek1 查询名称后，系统建立该查询，并将该查询作为一个数据库对象保存到数据库中。

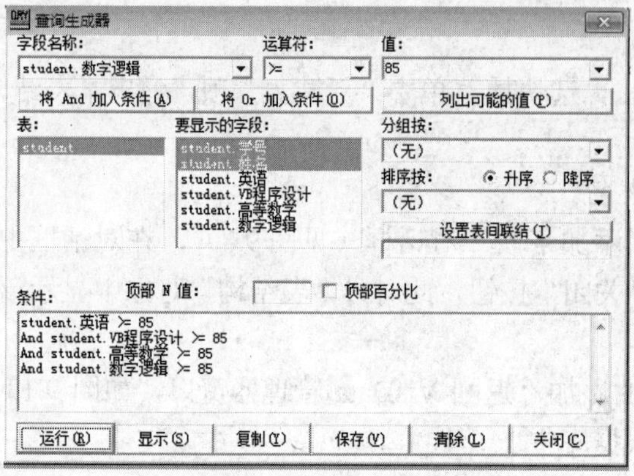

图 9.14 查询生成器中设置的查询条件

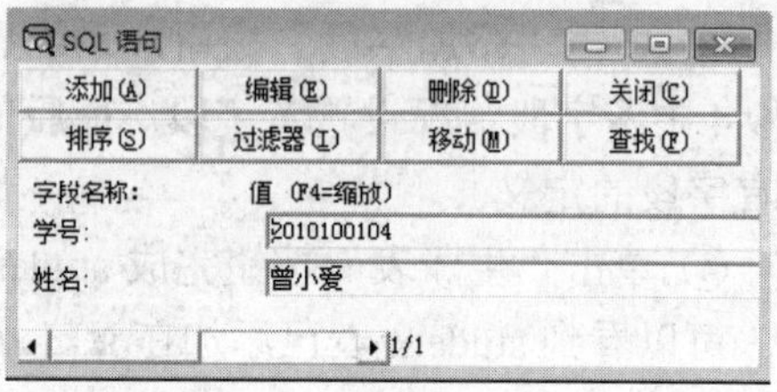

图 9.15 “SQL 语句”窗口

9.2 数据控件

数据控件是 VB 用于访问数据库的对象类，它提供不需编制程序就能够访问已有数据库的功能，使开发数据库应用程序的复杂工作变得简单。VB 的数据控件主要有三种：DAO、RDO 和 ADO。

DAO（Data Access Objects）：是 VB 最先采用的面向对象的数据库访问接口，VB 通过 DAO 对象来访问 Microsoft Jet 数据库引擎，从而实现对数据库的访问。

RDO（Remote Data Objects，远程数据对象）：是从 DAO 派生出来的，它依赖于 ODBC 驱动程序以及后端数据库引擎实现数据库的访问和操作，可实现远程数据访问。

ADO（ActiveX Data Object）：是独立于开发工具和开发语言的数据访问接口，它通过 OLE DB 所提供的高性能的数据访问方法，可方便快速地对各种数据源进行访问，其数据源包括：数据库、电子邮件、文件、文本、图形等。ADO 对数据库访问的模型如图 9.16 所示。

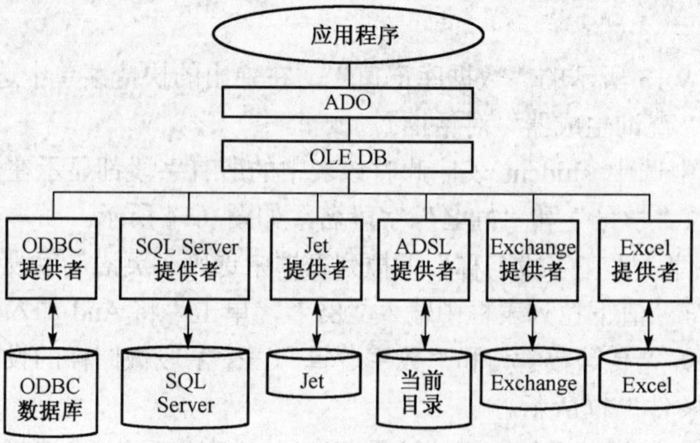

图 9.16 ADO 对数据库访问的模型

数据控件也同 VB 中的其他控件一样，要先在窗体中建立其对象，然后通过对其属性的设置来连接数据库及数据库中的数据。

9.2.1　Data 控件

Data 控件是 DAO 的数据控件，该控件通过 Jet 数据库引擎来访问 Access、FoxPro 等小型数据库，它是 VB 最早为用户提供的数据控件，通常用于单机版小型应用软件的开发和学习。

1．Data 控件的常用属性

（1）Connect

指定 Data 控件连接的数据库类型，默认值为 1，即 Access 的数据库文件。

（2）DataBaseName

指定连接数据库的路径和数据库名。

（3）RecordSource

指定具体可访问的数据。当正确连接数据库后，就应给 Data 控件确定访问数据库表或查询中的数据，这些数据构成记录集对象（Recordset 对象），可以是数据库中的单个表名、一个存储查询，也可以是 SQL 查询命令。

（4）RecordsetType

指定连接的记录集类型，包括表、动态集、快照。如果使用 Microsoft Access 数据库，最好选择表类型。

（5）Readonly

设置 Data 控件记录集的只读属性，当 Readonly 属性设置为 True 时，记录集的只读属性为真，不能对记录集进行写操作。

（6）Exclusive

设置被打开的数据库是否被独占，即已被打开的数据库是否允许被其他应用程序共享。若 Exclusive 属性设置为 True，表示该数据库被独占，此时其他应用程序将不能再打开和访问该数据库。

2．Data 控件的常用方法

（1）Refresh

用来重新建立或重新显示与数据控件相连接的数据库记录集。如果数据控件在设计状态没有对控件的有关属性全部赋值，或程序运行时 RecordSource 被重新设置后，必须用 Refresh 方法激活这些变化。

例如，在窗体的 Load 事件中，编程定义 Data1 控件所连接的数据库 lxk1.mdb 和 Student 数据表。窗体的 Load 事件源程序如下：

```
Private Sub Form_Load()
  Data1.DatabaseName = "E:\lxvb\lxk1.mdb"
  Data1.RecordSource = "Student"
  Data1.Refresh
End Sub
```

（2）UpdateControls

将数据从数据库中重新读到被 Data 数据控件绑定的控件内。

（3）UpdateRecord

强制数据控件将绑定控件内的数据写入数据库中。

（4）Close

关闭数据库或记录集（Recordset），将该对象设置为空。关闭 Recordset 对象的同时，将释放相关联的数据和可能已经通过该特定 Recordset 对象对数据进行的独立访问。

3．Data 控件的常用事件

（1）Reposition

将记录指针从一条记录移动到另一条记录时触发的事件。

（2）Validate

在一条不同的记录成为当前记录之前，或 Update 方法之前（用 UpdateRecord 方法保存数据时除外），或 Delete、Unload 及 Close 操作之前，会发生该事件。它检查被数据控件绑定的控件内的数据是否发生变化。

语法格式：

Private Sub Data 对象名_Validate(Action As Integer, Save As Integer)

End Sub

Validate 事件的 Action 参数如表 9.5 所示。

表 9.5　Action 参数的设置

Action 值	描　述	Action 值	描　述
0	取消对数据控件的操作	6	Update 操作
1	MoveFirst 方法	7	Delete 方法
2	MovePrevious 方法	8	Find 方法
3	MoveNext 方法	9	设置 Bookmark 属性
4	MoveLast 方法	10	Close 的方法
5	AddNew 方法	11	卸载窗体

4．数据绑定

Data 控件的主要作用是链接数据库、建立数据源及移动数据记录指针等，但是不能显示和编辑数据库中的数据。一些控件与 Data 控件进行数据绑定后可实现这一功能，这些控件被称为数据绑定控件。

所谓绑定，是指通过设置数据绑定控件对象的相应属性，使之与 Data 控件的实例对象联系起来，实现将数据库中相应记录的数据在数据绑定控件对象中显示，同时还可以对这些数据进行编辑。在数据绑定控件对象里改变的数据，当记录指针移动到其他记录时，这些改变会自动地写入数据库中。

绑定控件的属性主要有以下 3 个。

（1）DataSource

设置数据绑定控件的数据控件，使数据绑定控件通过一个有效的数据控件连接到一个数据库上。

（2）DataField

设置数据绑定控件中显示的数据字段，使数据库中的有效字段连接到数据绑定控件上。

（3）DataChanged

用来标志数据绑定控件中的值是否发生变化。如果发生变化，则为 True，否则为 False。

5．Data 控件的使用

Data 控件的建立和其他控件对象的建立一样，即从 VB 工具箱中单击 Data 控件，在窗体上画出一个该控件的实例对象，或双击工具箱中的 Data 控件，也会在窗体上自动产生一个 Data 控件的实例对象。

要使 Data 控件对象获取数据库中的数据，须设置它的 Connect、DatabaseName 和 RecordSource 三个属性。要显示所连接的数据库中的数据，就要建立数据绑定控件对象，然后设置数据绑定控件对象的 DataSourc 和 DataField 属性。

数据绑定控件、数据控件和数据库之间的关系如图 9.17 所示。

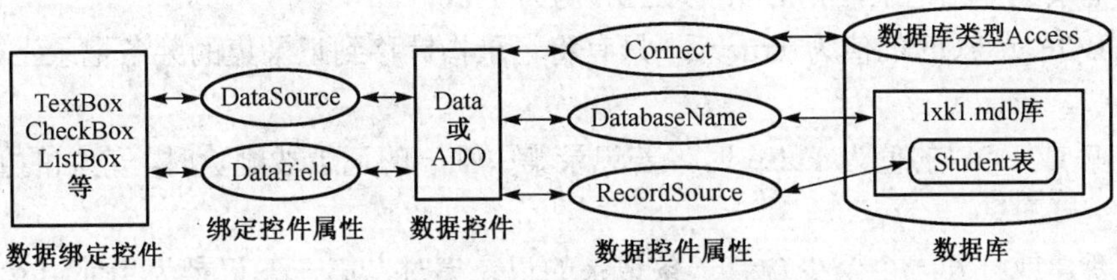

图 9.17　数据绑定控件、数据控件和数据库之间的关系

9.2.2　记录集对象

当用一个 Data 数据控件的对象与某个数据库连接起来后，由 RecordSource 属性确定的可访问数据构成的记录集（RecordSet）也是一个对象，即记录集对象。可以利用该对象的属性和方法实现对数据库的操作。

1．记录集类型

数据库中的表是不允许直接访问的，只能通过 RecordSet 对象对其进行浏览和操作。一个 RecordSet 对象表示一个或多个数据库表中数据的集合，或者运行一次查询所得的记录结果。记录集对象有 3 种类型，即表类型（DbOpenTable）、动态集类型（DbOpenDynaset）和快照类型（DbOpenSnapshot）。

表类型的记录集允许直接对数据库中的一个数据表进行增、删、改、查等操作。它比其他两类数据集类型速度快，但只能对应一个数据表。

动态集类型是一个记录的动态集合，可以从一个数据库表或包含一个或多个表中取出字段的查询结果。在动态集中添加、修改或删除记录，任何时候都可以反映到原数据库表中，动态集类型是 VB 的默认类型，它是灵活性最高、功能最强的类型，但速度没有表类型的快。

注意：动态集是一组动态“而又固定”的记录。创建动态集类型记录集之后，不会再将符合选择内容标准的新记录添加到记录集内，包括其他用户添加的记录。

快照类型是一个记录集合的静态副本，也由表或查询返回的结果组成，但它只能静态地显示数据，不能对数据进行修改。该类型适用于只查询的情况。

2．记录集的常用属性

（1）AbsolutePosition

用于在编程时返回记录集中当前记录的记录位置，如果是第一条记录，其值为 0。

（2）RecordCount

该属性是只读属性，用于统计记录集中的记录个数。为了保证其准确性，在使用该属性值之前，最好先将记录指针移到记录集中的最后一条记录上。

（3）BOF 和 EOF

BOF 属性用于在编程中测试记录集中的记录指针的移动是否超过首记录；EOF 属性用于在编程中测试记录集中的记录指针的移动是否超过尾记录；若超过，则 BOF 和 EOF 的属性值为 True，否则为 False。

注意：

① 若记录集中无记录，则 BOF 和 EOF 均为 True；

② 当 BOF 或 EOF 的值为 True 后，只有将记录指针移到记录集的某条记录上，其值才会变为 False；

③ BOF 或 EOF 的值为 False 时，若记录集中唯一的记录被删除时，它们的值仍保持为 False；

④ 当新建或打开一个至少含有一条记录的记录集时，第一条记录为当前记录，BOF 和 EOF 均为 False。

（4）Filte

用于对 Recordset 中的数据按指定条件进行筛选。

（5）Bookmark

用于设置或返回当前指针的标签，可以用于在程序中重定位记录集的指针，其值为字符串类型。

（6）NoMatch

在记录集中进行查找时，如果找到相匹配的记录，则为 Falue，找不到则为 True。

（7）RecordCount

对 Recordset 对象中的记录计数，为了准确起见，在计数前用 MoveLast 方法将记录指针移到最后一条记录上。注意，该属性为只读属性。

3．记录集的常用方法

（1）Addnew

在记录集中增加新记录。

注意：如果要将新增记录添加到数据控件所对应的数据表中，则还需要对新增记录中的字段赋值，并用 Update 方法更新。

（2）Update

将记录集中更改的记录保存到记录集对应的数据表中。

（3）Delete

用于删除记录集中的当前记录。记录被删除后，不做任何警告或提示，而且当前记录仍在显示，此时必须移动记录指针才能令被删除的记录消失。

（4）Move

用于移动记录集中的记录指针，其方法可分为下列 5 种：

① Move n　　将指针向前或向后移动 n 条记录；

② MoveFirst　　记录指针移到第一条记录；

③ MoveNext　　　　　记录指针移到下一条记录；

④ MovePrevious　　　记录指针移到上一条记录；

⑤ MoveLast　　　　　记录指针移到最后一条记录。

（5）Find

在指定的 Dynaset 或 Snapshop 类型的 Recordset 对象中查找与指定条件相符的一条记录，并使之成为当前记录，共有以下 4 种方法：

① FindFirst　从记录集的开始查找满足条件的第 1 条记录；

② FindLast　从记录集的尾部向前查找满足条件的第 1 条记录；

③ FindNext　从当前记录开始向后查找满足条件的下一条记录；

④ FindPrevious　从当前记录开始向前查找满足条件的上一条记录。

语法格式：

数据集合.Find 条件

例：Data1.Recordset.FindFirst "课程名='VB 程序设计' "

Find 方法支持通配符；默认情况下忽略大小写，可以添加说明改变默认设置：Option Compare Text（与大小写无关），Option Compare Binary（与大小写有关）。

如果找不到相匹配的记录，当前记录保持在查找的始发处；如果找到了相匹配的记录，则指针定位到该记录。

4．对数据库进行增加、删除、修改操作

对数据库中的数据进行增加、删除、修改等操作，可按表 9.6 所列方法进行。

表 9.6　增加、删除、修改记录操作方法

项　目	操 作 方 法	注 意 事 项
增加记录	① 调用 AddNew 方法：Data1.Recordset. AddNew ② 给各字段赋值：Recordset.Fields("字段名") = 值或在绑定控件中直接输入内容 ③ 调用 Update 方法，将缓冲区内的数据写入数据库：Data1.Recordset. Update ④ 调用 MoveLast 方法显示新记录：Data1.Recordset. MoveLast	如果缺少第③步而将指针移动到其他记录或关闭了记录，则所做的输入全部丢失；若没有第④步。虽然加入了新记录，但记录指针自动返回到添加新记录前的位置上，并不显示新记录
删除记录	① 定位被删除记录使之成为当前记录（用 Move 或 Find 方法） ② 调用 Delete 方法：Data1.Recordset. Delete ③ 调用 MoveNext 方法移动记录指针	使用 Delete 方法时，当前记录立即删除，但被数据库约束的绑定控件仍旧显示该记录的内容，故必须用第③步刷新绑定控件
修改记录	① 调用 Edit 方法：Data1.Recordset. Edit ② 给各字段赋值：在绑定控件中直接修改 ③ 调用 Update 方法，确定所做的修改：Data1.Recordset. Update	如果要放弃对数据的所有修改，可在第③步之前用 Refresh 方法，重读数据库，刷新记录

【例 9.2】　设计一个如图 9.18 所示的窗体，实现对在例 9.1 建立的 lxk1.mdb 数据库中 student 表的操作。其具体操作为：通过对图 9.18 中“增加”、“删除”、“修改”、“放弃”和“查找”5 个按钮编程，实现对 student 表的增加、删除、修改、查找功能。其中查询提供按学号查询。

① 建立窗体及窗体中的各控件对象，并完成相应属性值的设置。

其中：

◆ 窗体对象的 Caption 属性值设置为“Data 数据控件进行数据库操作练习”；

图 9.18　学生成绩编辑

◆ Data 数据控件实例对象的 Name 属性设置为 Data1，Connect 属性选择 Access，DatabaseName 属性选择在例 9.1 建立的 lxk1.mdb 数据库，RecordSource 属性选择在例 9.1 建立的 lxk1.mdb 数据库中的 student 数据表；

◆ 学号录入文本框的 Name 属性设置为 NoText，DataSource 属性选择 Data1，DataField 属性选择 student 表中的“学号”字段；

◆ 姓名录入文本框的 Name 属性设置为 NameText，DataSource 属性选择 Data1，DataField 属性选择 student 表中的“姓名”字段；

◆ 英语录入文本框的 Name 属性设置为 EnglishText，DataSource 属性选择 Data1，DataField 属性选择 student 表中的“英语”字段；

◆ VB 程序设计录入文本框的 Name 属性设置为 VBText，DataSource 属性选择 Data1，DataField 属性选择 student 表中的“VB 程序设计”字段；

◆ 高等数学录入文本框的 Name 属性设置为 MathText，DataSource 属性选择 Data1，DataField 属性选择 student 表中的“高等数学”字段；

◆ 数字逻辑录入文本框 Name 属性设置为 LogicText，DataSource 属性选择 Data1，DataField 属性选择 student 表中的“数字逻辑”字段；

◆ “增加”、“删除”、“修改”、“放弃”和“查找”5 个按钮的 Name 属性分别为 Add、Del、Modify、Quit 和 Find；

◆ “放弃”按钮的 Enabled 属性选择 False；

◆ 窗体中的各个控件对象的 Caption 值按图 9.18 显示的文字赋值即可。

② 给窗体添加如下事件处理代码：

```
Private Sub Form_Load()
  Data1.DatabaseName = "H:\vblx\数据库\lxk1.mdb"
  Data1.RecordSource = "Student"
  Data1.Refresh
End Sub
```

③ 给“增加”按钮添加如下事件处理代码：

```
Private Sub Add_Click()
  On Error Resume Next
  Del.Enabled = Not Del.Enabled
  Modify.Enabled = Not Modify.Enabled
  Quit.Enabled = Not Quit.Enabled
  Find.Enabled = Not Find.Enabled
  If Add.Caption = "增加" Then
     Add.Caption = "确认"
     Data1.Recordset.AddNew
     NoText.SetFocus
  Else
     Add.Caption = "增加"
     Data1.Recordset.Update
     Data1.Recordset.MoveLast
  End If
End Sub
```

当按钮提示为“增加”时调用 AddNew 方法，并将提示文字改为“确认”，同时使“删除”、“修改”和“查找”按钮不可用，而使“放弃”按钮可用。

新增记录后，需再次单击“确认”按钮调用 Update 方法确认添加的记录，再将提示文字改为“增加”，并使“删除”、“修改”和“查找”按钮可用，而使“放弃”按钮不可用。

On Error Resume Next 语句表示在程序运行时发生错误，忽略错误行，继续执行下一语句。

④ 给“删除”按钮添加如下事件处理代码：

```
Private Sub Del_Click()
    On Error Resume Next
    Data1.Recordset.Delete
    Data1.Recordset.MoveNext
    If Data1.Recordset.EOF Then
        Data1.Recordset.MoveLast
    End If
End Sub
```

⑤ 给“修改”按钮添加如下事件处理代码：

```
Private Sub Modify_Click()
   On Error Resume Next
   Add.Enabled = Not Add.Enabled
   Del.Enabled = Not Del.Enabled
   Quit.Enabled = Not Quit.Enabled
   Find.Enabled = Not Find.Enabled
   If Modify.Caption = "修改" Then
      Modify.Caption = "确认"
      Data1.Recordset.Edit
      NoText.SetFocus
   Else
      Modify.Caption = "修改"
      Data1.Recordset.Update
  End If
End Sub
```

注：根据按钮提示文字调用 Edit 方法进入编辑状态或调用 Update 方法将修改后的数据写入到数据库。

⑥ 使用 UpdateControls 方法放弃操作，给“放弃”按钮添加如下事件处理代码：

```
Private Sub Quit_Click()
On Error Resume Next
  Add.Caption = "增加"
  Modify.Caption = "修改"
  Add.Enabled = True
  Del.Enabled = True
  Modify.Enabled = True
  Quit.Enabled = False
  Find.Enabled = True
  Data1.UpdateControls
  Dala1.Recordset.MoveNext
End Sub
```

⑦ 给“查找”按钮添加如下事件处理代码：

```
Private Sub Find_Click()
  Dim mzy As String
  mzy = InputBox$("请输入学号", "查找窗")
  Data1.RecordSource = "Select * From student Where 学号 = '" & mzy & "'"
  Data1.Refresh
  If Data1.Recordset.EOF Then
    MsgBox "无此学号!", , "提示"
    Data1.RecordSource = "student"
    Data1.Refresh
  End If
End Sub
```

完成以上 7 步设计后，程序即可运行。

9.2.3 ADO 控件

ADO（ActiveX Data Object）是数据访问接口，它是微软处理数据库信息的最新技术，是一种 ActiveX 对象，采用了 OLE DB（动态链接与嵌入数据库）的数据访问模式，是数据访问对象（DAO）、远程数据对象（RDO）和开放数据库互连（ODBC）三种方式的扩展。

要使用 ADO 对象，必须先为当前工程引用 ADO 对象库，方法是选择“工程”菜单中的“引用”命令，在对话框中选中“Microsoft ActiveX Data Object 2.0 Library”。表 9.7 给出了 ADO 对象的描述。

表 9.7　ADO 对象

对 象 名	描　述
Connection	连接数据来源
Command	从数据源获取所需数据的命令信息
Recordset	所获取的一组记录组成的记录集
Error	在访问数据库时，由数据源所返回的错误信息
Parameter	与命令对象相关的参数
Field	包含了记录集中某个字段的信息

1．使用 ADO 数据控件

（1）添加 ADO 数据控件

从“工程”菜单中选择“部件”命令，在对话框中选中“Microsoft ADO Data Control 6.0（OLE DB）”，将其添加到工具箱，并在窗体上拖划出 ADO 数据控件实例对象。

（2）ADO 数据控件的基本属性

数据控件的基本属性如表 9.8 所示。

表 9.8　ADO 数据控件的基本属性

属 性 名	作　用
ConnectionString	用来与数据库建立连接，它包括 4 个参数： Provide——指定数据源的名称 FileName——指定数据源所对应的文件名 RemoteProvide——在远程数据服务器打开一个客户端时所用的数据源名称 RemoteServer——在远程数据服务器打开一个主机端时所用的数据源名称

续表

属 性 名	作 用
RecordSource	确定具体可访问的数据，可以是数据库中的单个表名、一个存储查询或一个 SQL 查询字符串
ConnectionTimeout	设置数据连接的超时时间，若在指定时间内连接不成功则显示超时信息
MaxRecords	确定从一个查询中最多能返回的记录数

（3）ADO 数据控件的属性设置

① 先在窗体上放置一个 ADO 数据控件对象。

② 在 ADO 属性窗口中单击 ConnectionString 属性右边的“…”按钮，弹出如图 9.19 所示的“属性页”对话框，从中选择连接数据源的方式。

◆ 使用连接字符串：单击“生成”按钮，通过选项设置系统自动产生连接字符串；

◆ 使用 Data Link 文件：通过一个连接文件来完成；

◆ 使用 ODBC 数据资源名称：在下拉列表中选择某个创建好的数据源名称作为数据来源对远程数据库进行控制。

③ 在 ADO 属性窗口中单击 RecordSource 属性右边的“…”按钮，在“命令类型”中列出了四种可供选择的类型，如表9.9所示，选择“2-adCmdTable”，在“表或存储过程名称”中选择所需要的表。

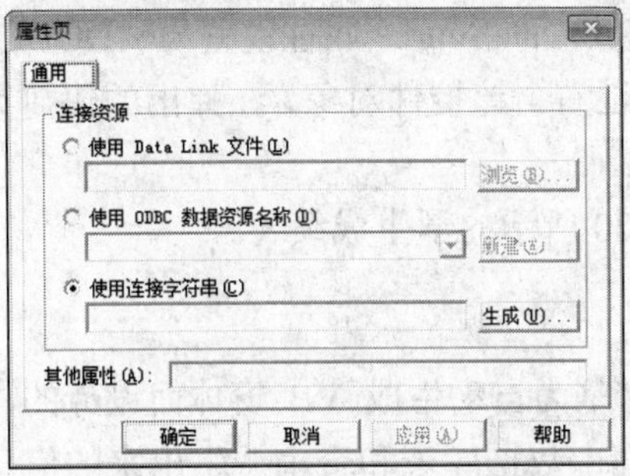

图 9.19 “属性页”对话框

表 9.9 RecordSource 属性的命令类型

类 型	说 明
1-adCmdText	文本类型命令
2-adCmdTable	表或视图类型命令
4-adCmdStore	存储类型命令
8-adCmdUnkown	类型命令未知

以上②、③可以合并成一步：在 ADO 控件上单击右键，从快捷菜单中选择 ADODC 属性，直接在“属性页”对话框中进行所有设置。

（4）ADO 数据控件的方法和事件

ADO 数据控件的方法和事件与 Data 数据控件完全相同，详见 9.2.1 节中对 Data 数据控件的描述。

（5）ADO 新增的数据绑定控件

ADO 新增的数据绑定控件需要添加后才能使用，方法是选择“工程”菜单下的“部件”命令，在对话框中选中表 9.10 给出的部件，然后单击“确定”按钮，即可将其添加到工具箱，表 9.10 给出了新增的数据绑定控件描述。

表 9.10 ADO 新增的数据绑定控件

控 件 名 称	部 件 名 称	常 用 属 性
DataGrid	Microsoft DataGrid Control 6.0（OLE DB）	DataSource
DataCombo	Microsoft DataList Control 6.0（OLE DB）	DataField、DataSource、ListField、RowSource、BoundColumn
DataList		
MSChart	Microsoft Chart Control 6.0（OLE DB）	DataSource

【例 9.3】设计一个窗体用 ADO 控件和 DataGrid 数据网格控件显示在例 9.1 建立的 student 表的内容，如图 9.20 所示。

① 将窗体对象的 Caption 属性值设置为“学生成绩表”。

② 在窗体上添加一个 ADO 数据控件对象。将其 Align 属性设置为“2-VbAlignBotton”，表示将控件放到窗体底部；选择 ConnectionString 属性右侧的“…”按钮或在 ADO 数据控件对象上右键单击，在弹出的快捷菜单中选择“ADODC 属性”，弹出“属性页”对话框，如图 9.19 所示。

③ 在“通用”选项卡的“连接资源”选项组中选择“使用连接字符串”，然后单击“生成”按钮，弹出“数据连接属性”对话框，在该对话框中选择“提供程序”选项卡，从中选择“Microsoft Jet 4.0 OLE DB Provider”，单击“下一步”按钮，弹出“数据连接属性”对话框的“连接”选项卡窗口，在窗口的“选择或输入数据库名称（D）”输入框中直接输入或选择要连接的 lxk1.mdb 数据库（该数据是在例 9.1 中建立的）。

④ 单击“测试连接”按钮，如果测试成功，单击“确定”按钮关闭窗口。

⑤ 选择 ADO 数据控件对象 RecordSource 属性右侧的“…”按钮，弹出属性页“记录源”对话框，在“命令类型”列表框中，选择“2-adCmdTable”。在“表或存储过程名称”下拉列表框中选择“student”表，然后单击“确定”按钮，关闭对话框。

⑥ 在窗体上添加一个 DataGrid 数据控件对象，将其 DataSource 属性设置为 ADODC1，即在步骤②中建立的 ADO 数据控件对象。之后可以通过右击该控件对象，在弹出的快捷菜单中选择相应命令，可完成对显示字段的筛选和编辑。

⑦ 通过上面的设置后，运行程序即可看到如图 9.20 所示的学生成绩表。

2. 使用数据窗体向导

数据窗体向导可以轻松创建一个数据操作界面，它是为自动生成 VB 窗体而设计的，所生成的窗体包含有各个被绑定的控件和过程，用于管理由数据库表和查询派生出来的信息。数据窗体向导既可用来创建单个查询窗体，用于管理来自单表或简单查询的数据，也可用来创建主控文件或细节型窗体以管理更复杂的一对多数据关系。

【例 9.4】 用数据窗体向导建立一个对例 9.1 中建立的 student 表内容进行添加、更新、删除、刷新等操作的程序，界面如图 9.21 所示。

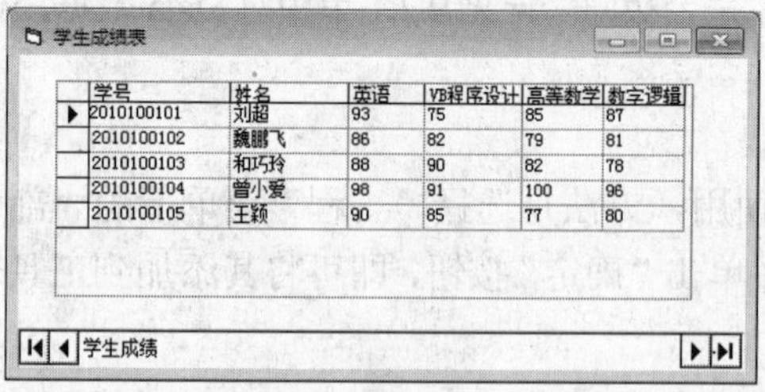

图 9.20 用 ADO 控件和 DataGrid 数据网格控件显示的学生表

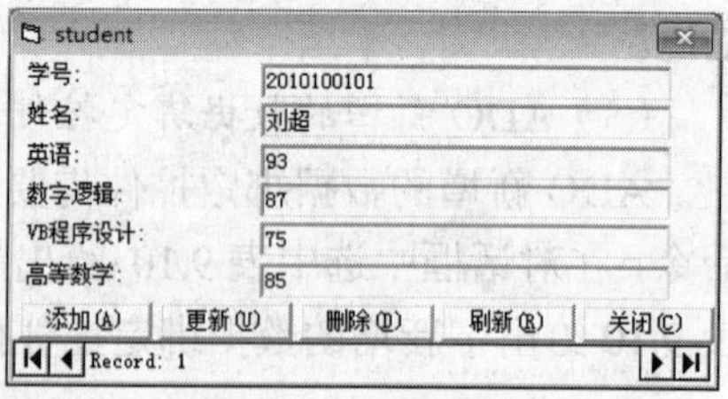

图 9.21 学生成绩表编辑

① 从“外接程序”菜单中选择“外接程序管理器”，在弹出的对话框中选中“VB6 数据窗体向导”，并选中窗口右下角“加载”并单击“确定”按钮。

② 从“外接程序”菜单中选择“数据窗体向导”按钮，进入“数据窗体向导—介绍”对话框，单击“下一步”按钮，出现“数据类型”对话框。

③ 选择数据库格式“Access”，单击“下一步”按钮，进入“数据库”对话框。在“数据库名称”输入框中直接输入带路径的数据库名或单击“浏览”选择要连接的数据库，单击“下一步”按钮，出现“Form”对话框。在“窗体名称为（W）”输入框中输入新建窗体名称 lxk1，然后从“窗体布局”列表框中提供的 5 种布局方式中选择合适的布局方式。用鼠标单击列表中任何一种方式，在窗体左上方的图片框会显示这种布局的效果，本例中选“单个记录”。最后在“绑定类型”单选组中选择一种绑定类型。

VB 提供了以下 3 种绑定类型：

◆ ADO 数据控件：使用 ADO 数据控件和数据绑定控件的技术；

◆ ADO 代码：不使用任何 ADO 数据控件、向导生成所有操作控件的代码；

◆ 类：创建一个提供数据访问功能的类模型。

本例选择第一项“ADO 数据控件”，单击“下一步”按钮，进入“记录源”对话框。

④ 在“记录源”下拉列表框中选择要显示的表“student”。然后从窗体上显示的字段中把需要的字段从“可用字段”列表框添加到“选定字段”列表框。在“列排序按（C）”列表框中选择“学号”，然后单击“下一步”按钮。

⑤ 在“控件选择”对话框中选择所需的功能按钮。单击“完成”按钮，生成一个窗体 student。

⑥ 将新建的 lxk1 窗体设置为启动项，然后运行该窗体，即出现对 student 数据表的操作界面，如图 9.21 所示。

9.3 数据库应用举例

（1）打开在例 9.1 中建立的“lxk1.mdb”数据库，按例 9.1 中添加表的方法给该库中添加一个 student_infomation 数据表，表的结构如表 9.11 所示，表的记录内容如表 9.12 所示。

表 9.11 student_infomation 数据表结构

字 段 名	数据类型	长 度
学号	Text	10
性别	Text	2
出生年月	Data/Time	8
专业	Text	40

表 9.12 student_infomation 数据表

学 号	性 别	出生年月	专 业
2010100101	男	1990/10/26	电气自动化
2010100102	男	1989/6/8	电气自动化
2010100103	女	1989/2/5	电气自动化
2010100104	女	1992/12/5	电气自动化
2010100105	女	1990/8/13	电气自动化

（2）建立一个查询 4 门课的成绩都在 85 分以上的“seek2”查询，查询显示字段为学号、姓名、性别、出生年月和专业。

① 按例 9.1 中的方法打开查询生成器，如图 9.14 所示。

② 在表列表框中选中 student 和 student_infomation 表，此时两张表中的所有字段都显示在“要显示的字段”列表框中，选择其中的学号、姓名、性别、出生年月和专业段名。

③ 建立选择条件：在字段名称下拉列表框中选则“英语”字段，运算符下拉列表框中选择“>=”运算符，值下拉列表框中输入“85”，单击“将 And 加入条件”按钮。接着再对“VB 程序设计”、“高等数学”和“数字逻辑”三个字段完成同样的设计。

④ 单击“设置表间联结”按钮，打开“联结表”对话框，在“选择表对列”表中选 student

和 student_infomation 表，然后将两个表的“学号”字段作为联结字段，单击“给查询添加联结（A）”完成表间联结，单击“关闭”按钮关闭“联结表”对话框。

⑤ 单击运行可看到如图 9.22 所示结果。

（3）用数据窗体向导建立一个能对 student_infomation 表内容进行操作的程序，界面如图 9.23 所示，具体建立方法见例 9.4。

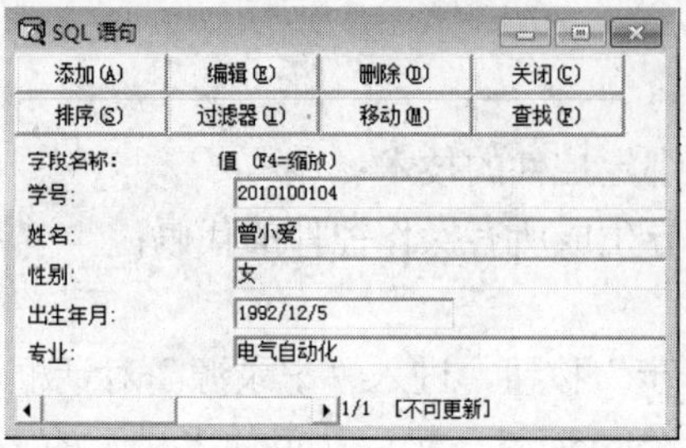

图 9.22　查询结果

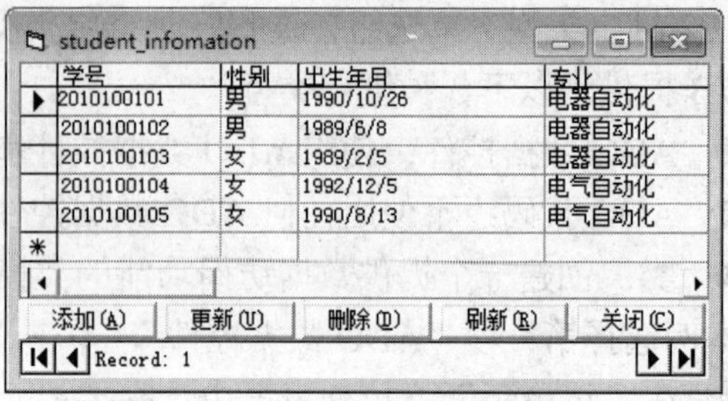

图 9.23　student_infomation 表编辑窗口

习　题　9

一、填空题

1．VB 集成开发环境由__________、__________、__________、__________等组成。

2．VB 提供了建立__________不同类型数据库的链接。

3．数据库是由__________组成的，只有将所需的__________建立起来，一个数据库才算建好了。

4．DAO 是 VB 最先采用的__________，VB 通过 DAO 对象来访问 Microsoft Jet 数据库引擎，从而实现对数据库的访问。

5．Data 控件通过__________数据库引擎来访问 Access、FoxPro 等小型数据库。

6．Data 控件的主要作用是链接数据库、建立__________等功能，但是不能__________数据库中的数据。

7．记录集对象的快照类型是一个记录集合的__________副本，也由表或查询返回的结果组成，但它只能静态地显示数据，不能对数据进行修改。

8．ADO 是数据访问接口，它是一种 ActiveX 对象，采用了__________的数据访问模式。

9．数据窗体向导提供了__________就可创建数据操作界面。

10．绑定是指通过设置数据绑定控件对象的相应属性，使之与 Data 控件的实例对象联系起来，实现将数据库中相应记录的数据在数据绑定控件对象中__________，同时还可以对这些数据进行__________。

二、选择题

1．表类型的记录集（　　）对数据库中的一个数据表进行增加、删除、修改、查找等操作。

A．禁止　　B．允许　　C．可间接　　D．设置

2．在数据绑定控件对象里改变的数据，当（　　）时，这些改变会自动地写入数据库中。

A．记录改变　　B．数据改变

C．记录指针移动到其他记录　　D．编辑其他数据绑定控件对象

3．VB 集成开发环境中，提供了（　　）专门的数据库应用程序开发环境。

A．数据库　　B．数据表　　C．记录　　D．数据集

4. Data 控件的（　　）属性指定连接的数据库类型。

A. Connect　　B. DataBaseName　　C. RecordSource　　D. RecordsetType

5. 记录集的（　　）属性是只读属性，用于统计记录集中的记录个数。

A. RecordCount　　B. AbsolutePosition　　C. Filter　　D. RecordCount

6.（　　）属性设置数据绑定控件中显示的数据字段，使数据库中的有效字段连接到数据绑定控件上。

A. Bookmark　　B. DataSource　　C. DataChanged　　D. DataField

7. 每一个数据表能有（　　）主索引。

A. 多个　　B. 1 个　　C. 2 个　　D. 4 个

8. 查询就是在（　　）中找到符合特定条件的记录并组成一张新表。

A. 数据表　　B. 数据　　C. 记录　　D. 数据报表

9. Data 控件的（　　）方法的作用是强制数据控件将绑定控件内的数据写入数据库中。

A. Refresh　　B. UpdateControls　　C. UpdateRecord　　D. Close

10. VB 6.0 中 ADO 新增了（　　）个数据绑定控件。

A. 1　　B. 2　　C. 4　　D. 6

三、简答题

1. 可视化数据管理器的主要功能是什么？
2. ADO 是什么？
3. 简述记录集对象的分类及不同特点。
4. 简述建立一个查询的步骤。
5. 简述数据绑定控件、数据控件和数据库之间的关系。

四、操作题

1. 使用可视化数据库管理器建立一个名为 stu.mdb 的 Access 数据库，它包括一个 student_xj（学生学籍）表和一个 student_cj（成绩）表，表的结构分别如表 9.13 和表 9.14 所示。请自己根据表结构编制一些记录并输入相应的表中。

表 9.13　student_xj 表结构

字　段　名	数据类型	长　度（字节）
学号	Text	10
姓名	Text	8
性别	Text	2
出生年月	Data/Time	8
家庭地址	Text	40

表 9.14　student_cj 表结构

字　段　名	数据类型	长　　度
学号	Text	10（字节）
数学	Integer	默认长度
英语	Integer	默认长度
化学	Integer	默认长度
物理	Integer	默认长度
生物	Integer	默认长度

2. 用查询生成器创建“性别=女”的全体女生成绩查询。

3. 创建一个窗体界面，利用 Data 数据控件和数据绑定控件分别实现对 student_xj 表和 student_cj 表的显示、增加和删除编辑。

4. 用数据窗体向导创建一个窗体界面，实现对 student_xj 表和 student_cj 表的显示、增加和删除操作。

5. 利用 ADO 控件和 DataGrig 数据网格控件实现 student_cj 表的显示。

第 10 章　工程化程序设计

计算机的应用离不开软件，要最大限度地发挥计算机的能力，必须设计出功能强大的计算机软件。计算机软件设计的核心就是程序设计，而程序设计思想是程序设计的灵魂。

10.1　程序设计概述

计算机程序设计是伴随着计算机应用和程序设计语言的发展而不断发展的，在程序设计中，程序员需要了解各种开发语言和开发平台的优缺点，并懂得如何根据问题的大小和难易程度选择最合适的开发工具。由于现在需要计算机解决的问题越来越复杂，导致应用程序规模越来越大，在多数情况下，使用单一开发语言和开发平台已经不能有效地解决问题，需要多种开发工具的协作。所以程序设计能力既体现在开发工具的选择上，又体现在任务规划及合理的编程步骤上。

10.1.1　程序设计中的基本概念

初期的计算机主要用于数值计算，数据量小、结构简单、形式统一，随着计算机技术的发展，计算机应用领域的扩大，越来越多的非数值数据需要处理，数据的概念也被大大推广，数字、字符、图像、声音都属于数据的范畴。与数值数据相比，非数值数据的结构比较复杂，其计算机表示也比较麻烦。只有对数据内部的结构关系及数据在计算机内如何存储和操作进行深入的研究，才能设计出高效可靠的程序，实现对数据的有效处理。

1．数学模型

数学模型将现实问题归结为相应的数学问题，并在此基础上利用数学的概念、方法和理论进行深入分析和研究，从定性或定量的角度来刻画实际问题，为解决现实问题提供精确、可靠的指导。

常见的数学模型可分为数值计算和非数值计算两大类。

（1）数值计算

数值计算问题数学抽象的结果是数学方程，这些数学方程可以用解析的方法求出精确解，或者用模拟的方法求出近似解。

（2）非数值计算

实际中，非数值计算问题很多，这类问题无法用数学方程来描述，所求的不是某个数值，而是某种检索的结果，某种排列的状态，某种转换后的形式，或者某种设计的表示等。这些问题的数学模型不是用数学方程，而是用一种数据结构来描述数据及数据之间的相互关系。

2．数据结构

数据是对客观事物的名称、数量、特征、性质的描述（即编码），是计算机所能处理的一切符号的总称。对计算机科学来讲，数据的含义很广泛，比如图形、图像和声音等都可以通过编码而归于数据的范畴。客观现实是有联系的，而由其抽象的数据元素之间也是有联系的，需要通过数据结构描述客观事物及其之间的联系。数据结构是带有结构特性的数据元素的集合，它研究的是数据的逻辑结构和数据的存储结构，以及它们之间的相互关系，并对这种结构定义相应的运算，设计出相应的算法。

3．算法

为了有效地进行程序设计，不仅要掌握一门程序设计语言，还应该学会针对各类问题拟定出有效的解题方法和步骤，即设计出对应的算法。

算法是指是为解决一个特定问题而采取的特定的有限的求解步骤。简单地说，算法就是对特定问题求解步骤的详细描述。从计算机应用的角度来说，算法是用于求解某个特定问题的一系列指令的集合。

（1）算法的特性

一个完整的计算机算法必须满足下述 5 个特性：

① 有穷性：一个算法应包含有限的操作步骤而不能是无限的。

② 确定性：算法中每一个步骤应当是确定的，而不能具有二义性。

③ 可行性：算法中每一个步骤应当能有效地执行，并得到确定的结果。

④ 输入性：有零个或多个输入。

⑤ 输出性：有一个或多个输出。

（2）算法设计的要求

在进行算法设计时，必须满足以下几点要求。

① 正确性。算法的正确性有四个层次，一般要求达到第三个层次。

第一层次：程序不含语法错误；第二层次：程序对于几组输入数据能够得出满足规格说明要求的结果；第三层次：程序对于精心选择的典型、苛刻而带有刁难性的几组输入数据能够得出满足规格说明要求的结果；第四层次：程序对于一切合法的输入数据都能产生满足规格说明要求的结果。

② 可读性。

③ 健壮性。

④ 效率与低存储量需求。效率指的是算法执行时间。对于解决同一问题的多个算法，执行时间短的算法效率高。存储量需求指算法执行过程中所需要的最大存储空间。

4．算法描述

算法的描述方法很多，常用的方法有以下四种。

（1）框图描述法

框图描述法在算法研究的早期非常流行。一个算法可以用流程图的方式来描述，输入输出、判断、处理分别用不同的框图表示，用箭头表示流程的流向。它的优点是直观、易懂，但用来描述比较复杂的算法就显得不够方便，也不够清晰简洁。目前，在设计一些不太复杂算法时仍然采用此种方法。

例如，韩信点兵问题。

韩信点兵问题简单的说就是求一个整数 N，其满足除 3 余 2，除 5 余 3，除 7 余 2。韩信点兵算法框图如图 10.1 所示。

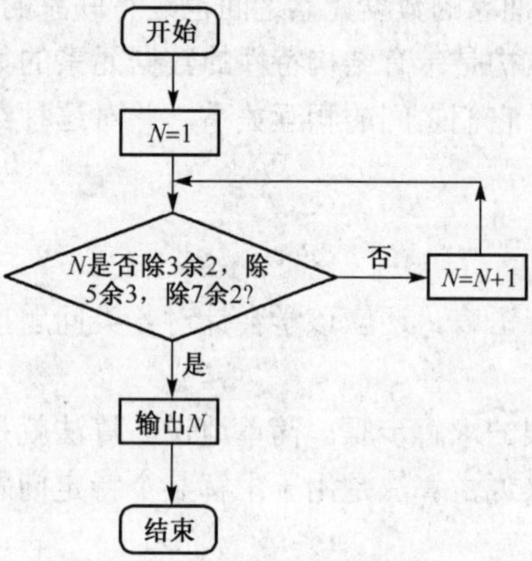

图 10.1　韩信点兵算法框图表示

（2）非形式描述法

用自然语言，同时还使用一些程序设计语言中的语句来描述算法，称为非形式描述法。这类描述方法自然、简洁，但对于复杂算法的描述缺乏严谨性和结构性。

例如，恺撒密码问题。

恺撒密码的原理是将“明文”中的每个字母用另外一个字母替换，这样就形成“密文”。已知恺撒密码的计算公式为 $F(a) = (a + k)$ Mod n，当 $k = 3, n = 26$ 时，如果将英文字母进行加密，其对应关系如下所示：

明文：A B C D E F … X Y Z

密文：D E F G H I … A B C

设计算法，用非形式描述法描述如下：

第 1 步：输入 26 个英文字母，它们分别对应 1～26 个数字。

第 2 步：令 $a = 1$，$k = 3$，$n = 26$。

第 3 步：使 a 的取值范围为 $1 \leqslant a \leqslant 26$，$F(a) = (a + k)$ mod n，转第 5 步。

第 4 步：把 $F(a)$转化成相应的字母，并输出字母。

第 5 步：$a = a + 1$，转第 3 步。

（3）类高级语言描述法

类高级语言描述法中常采用类 C 或 C++的所谓伪语言。这种算法不能直接在计算机上运行，但专业设计人员经常使用这类伪语言来描述算法。它的优点是：简洁、易懂、易修改，并且很容易转化为程序语言代码；缺点是：不是很直观。使用类高级语言描述算法没有严格的语法限制，书写格式也比较自由，只要把意思表达清楚就可以了，它更侧重于对算法本身的描述。在类高级语言描述中，表示关键词的语句一般用英文单词，其他语句可以用英文语句，也可以用汉语语句。

例如，判断闰年问题。

判断闰年的条件是：如果该年份能被 4 整除但不能被 100 整除，或者能被 400 整除，则该年为闰年。

算法描述如下：

```
输入年份到 y 中
IF y 能被 4 整除 THEN
    IF y 不能被 100 整除 THEN
        输出 “是闰年”
    ELSE
        IF y 能被 400 整除 THEN
            输出 “是闰年”
        ELSE
            输出 “不是闰年”
        END IF
    END IF
ELSE
    输出 “不是闰年”
END IF
```

（4）高级语言描述法

这是可以在计算机上运行并获得结果的算法描述，使给定问题能在有限的时间内被计算机执行，通常这种算法也称程序。

例如，数字的插入问题。已知某数组中有 9 个元素，且已经升序排列，现在从终端输入第 10 个数，要求将它插入数组中，并保持有序。这是一类简单的排序问题，已知序列有序，要使插入元素后仍保证其有序，就必须先找到正确的插入位置。可以从后向前依次比较，若表中数字大，则后移。直到找到合适的插入位置为止。

下面是对该问题求解算法的程序 C 语言描述：

```
#define N 10
main()
{
    int a[N]={1,5,7,11,15,19,23,28,31};
    int m,i=N-2;                          /*i 中存放最后一个元素的下标*/
    scanf("%d",&m);
    while(i>=0 && a[i]>m)                 /*求插入位置*/
     {
        a[i+1]=a[i];
        i--;
     }
a[i+1]=m;
for(i=0;i<N;i++) printf("%5d",a[i]);
}
```

10.1.2　程序设计的方法与风格

编写程序时要养成良好的程序设计习惯，程序不仅要能够在计算机上正确运行，还要便于阅读和理解，便于调试和维护。好的程序设计风格有助于提高程序的正确性、可读性、可维护性和可用性。

1．源程序文档化

源程序文档化注意以下两个要求：

① 标识符取名应该遵守命名规则、有意义；

② 程序应有注释。

注释是程序员与读者之间沟通的重要工具，它说明了程序的功能，为理解程序提供了明确指导。注释分序言性注释和功能性注释。序言性注释应置于每个模块的起始部分，功能性注释嵌入在源程序内部，说明程序段或语句的功能及数据的状态。

2．数据说明规范化

在编写程序时，需要注意数据说明的风格，以便使程序中的数据说明更易于理解和维护。一般有以下几点需要注意：

① 数据说明次序的规范化。为了便于程序的理解、阅读和维护，数据说明次序应该相对固定，可以使数据的属性容易查找，有利于测试、排错和维护；

② 变量说明顺序的有序化。当一个语句说明多个变量时，变量最好按照字母顺序排序；

③ 使用注解来说明复杂数据的结构。

3．语句构造简单化

语句构造的原则是：程序应该简单易懂，语句构造应该简单直接，不能为了追求效率而使代码复杂化。为了便于阅读和理解，不要一行书写多个语句；不同层次的语句应采用缩进形式，使程序的逻辑结构和功能特征更加清晰；要避免复杂的判定条件，避免多重的循环嵌套；在表达式中使用括号以提高运算次序的清晰度等。

4．输入和输出方便化

输入和输出信息是用户直接关心的，输入操作步骤和输入格式应尽量简单，尽可能方便用户的使用，因为系统能否被用户接受，往往取决于输入和输出的风格。

5．效率合理化

效率是指程序运行时对处理机和存储空间的使用情况，对效率的追求应遵守以下几点：

① 效率是一个性能要求，其目标在需求分析时给出；

② 追求效率应建立在不损害程序可读性、可靠性的基础上，要先使程序正确、清晰，再提高程序效率；

③ 提高程序效率的根本途径在于选择良好的设计方法、良好的数据结构算法，而不是在编程时对程序语句进行调整。

10.1.3　程序设计的基本步骤

对于复杂程度较高的问题，直接编写程序是不现实的。必须从问题描述入手，经过分析、设计、程序编写、调试和运行等一系列过程，最终得到解决问题的计算机应用程序，此过程称为程序设计过程。

程序设计过程是算法、数据结构和程序设计语言相统一的过程，这三方面又称为程序设计三要素。问题、问题的算法描述和问题的程序解决三者之间差距较大，如何从问题描述入手构造解决问题的算法、如何快速合理地设计出结构和风格良好的高效程序是程序设计方法所要解决的问题。对于复杂问题的解决，其程序设计步骤如下。

1．确定方案

程序将以数据处理的方式解决客观世界中的问题，因此在程序设计之初，首先应该将实际问题用数学语言描述出来，形成一个抽象的、具有一般性的数学问题，从而给出问题的抽象数学模型，然后制定解决该模型所代表数学问题的算法。

2．描述算法

具体的解决方案确定后，需要对所采用的算法进行描述，算法的初步描述可以采用自然语言，然后逐步将其转化为程序流程图或其他直观的方式。这些描述方式简单明确，能够比较明显地展示程序设计思想，是进行程序调试的重要基础。

3．编写程序

使用计算机系统提供的某种程序设计语言，根据上述算法描述，将已设计好的算法表达出来。将非形式化的算法转变为形式化的由程序设计语言表达的算法，这个过程称为程序编写。程序在编写过程中需要反复调试，这样才能得到可以运行且结果“正确”的程序。

4．测试程序

程序编写完成后，必须经过科学的、严格的测试，才能最大限度地保证程序的正确性。同时，通过测试可以对程序的性能进行评估，计算机解决问题的基本步骤如图 10.2 所示。

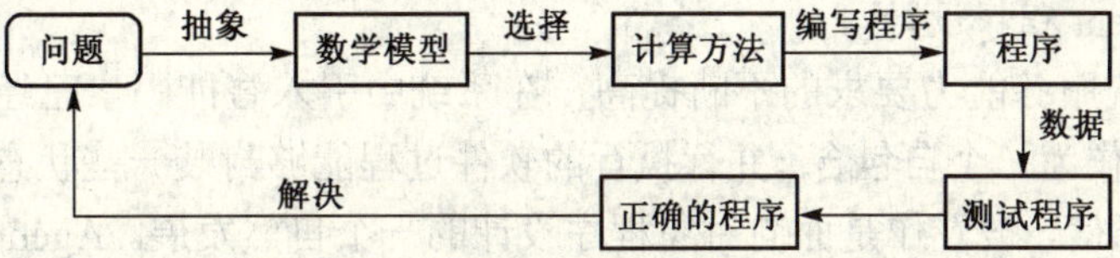

图 10.2　计算机解决问题的基本步骤

对于一个规模较小的问题，程序设计的核心是算法设计和数据结构设计，只要成功地构造出解决问题的高效算法和数据结构，完成剩下的任务就不存在太大困难。如果问题规模大、功能复杂，则需要将问题分解成功能相对单一的小模块，分别实现。这时，程序设计方法将起到重要作用。

10.1.4　程序设计方法的发展

程序设计方法是需要相应的理论、技术、方法和工具来支持，就其发展而言，主要经过了结构化程序设计阶段和面向对象的程序设计阶段，以及后面向对象方法阶段。

1．结构化程序设计

20 世纪 60 年代出现的软件危机使得一大批软件的开发相继失败，软件危机使人们开始认真思考如何才能设计出结构合理、质量上乘的程序，于是提出了结构化程序设计的方法。该方法的核心是自顶向下、逐步求精，在具体设计程序时，结构化程序设计的基本思想是围绕操作过程来考虑问题，设计时要考虑什么时候输入数据、什么时候处理数据、什么时候输出数据等操作过程。

2．面向对象的程序设计

到了 20 世纪 80 年代，出现了面向对象的程序设计方法，面向对象的基本思想与结构化设计思想完全不同，面向对象的程序设计思想认为：人们所处的世界是由一组彼此相关并且互通信息的实体组成的，可以把需要定义的数据及对数据的相关操作封装成对象，对象之间可以互相通信并产生消息，消息驱动其他对象的操作。在 20 世纪 80 年代，面向对象的程序设计方法逐步代替了传统的结构化程序设计方法，至今面向对象的程序设计方法仍广泛应用于各个领域。

3．后面向对象方法

虽然面向对象程序设计方法有诸多优点，但经过多年的实践摸索，人们发现面向对象方法有其不足。因此，在面向对象的基础上发展了许多新技术，借以弥补面向对象技术的缺陷，这些建立在面向对象的基础上、并对面向对象做出扩展的新技术被广泛应用的时期称为“后面向对象时代”。在后面向对象时代，有许多新的程序设计思想。

（1）面向方面程序设计

在面向方面程序设计（Aspect Oriented Programming，AOP）方法中，Aspect 是核心，所谓的 Aspect，就是 AOP 提供的一种程序设计单元，它可以将那些在传统程序设计方法学中，难以清晰地封装并模块化实现的设计决策封装实现为独立的模块，它超越了子程序和继承。

Aspect 的实现和传统开发方法中模块的实现不同，Aspect 之间是一种松耦合的关系，各 Aspect 的开发彼此独立。主代码的开发者甚至可能没有意识到 Aspect 的存在，只是在最后系统组装时才将各 Aspect 代码和主代码编排融合在一起。

（2）面向 Agent 程序设计

随着软件系统服务能力要求的不断提高，在系统中引入智能因素已经成为必然。在计算机科学中，Agent 作为一个自包含、并行执行的软件过程能够封装一些状态并通过传递消息与其他 Agent 进行通信，被看作是面向对象程序设计的一个自然发展。Agent 具有代理性、自制性、主动性、反应性、智能性等特性。

面向 Agent 的程序设计方法与面向对象程序设计方法的最基本区别在于 Agent 的社会性。基于 Agent 的系统是一个集灵活性、智能性、可扩展性、稳定性、组织性等诸多优点于一身的高级系统。

（3）面向构件程序设计

在面向构件程序设计中，构件就是一组业务功能的规格，面向构件针对的是业务规格，不需要源代码、可执行代码或中间层的编译代码，在这个层面上可以做到代码的集成、封装、多态，做到 AOP，这是面向构件的精髓。面向构件技术还包括了另一个重要思想，这就是程序在动态运行时构件的自动装载。

10.2 结构化程序设计

结构化程序设计被称为软件发展中的第三个里程碑，其影响比前两个里程碑（子程序、高级语言）更为深远。结构化程序设计是存储程序计算机问世以来，对计算机界影响最大的软件概念之一。

10.2.1 结构化程序设计的基本思想

荷兰学者 Dijkstra 提出了“结构化程序设计”的思想，它规定了一套方法，使程序具有合理的结构，以保证和验证程序的正确性。该方法规定程序设计者不能随心所欲地编写程序，而要按照一定的结构形式来设计和编写程序。其目的在于使程序具有良好的结构，使程序易于设计、易于理解，易于调试和修改，从而提高设计和维护程序的效率。

（1）三种基本控制结构

在结构化程序设计中，任何程序均可由三种基本结构构成，这三种基本结构分别是顺序结构、选择结构和循环结构，如图 10.3 所示。

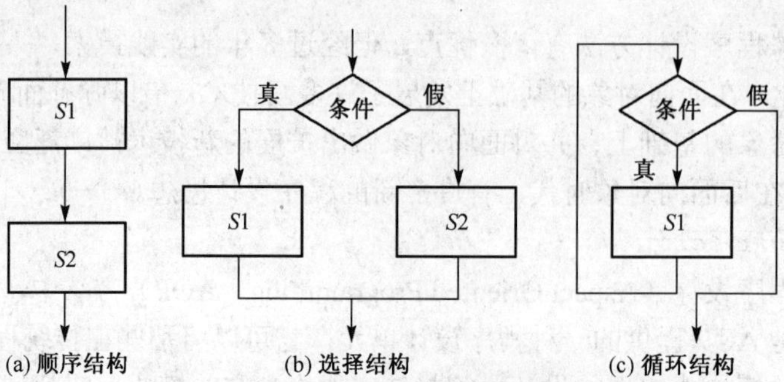

图 10.3　程序的三种基本结构

① 顺序结构。从前向后顺序执行 S1 语句和 S2 语句，只有当 S1 语句执行完后才执行 S2 语句。

② 选择结构。根据条件有选择地执行语句。当条件成立（为真）时执行 S1 语句，当条件不成立（为假）时执行 S2 语句。

③ 循环结构。有条件地反复执行 S1 语句（也称为循环体），直到条件不成立时终止循环，控制转移到循环体外的后继语句。

由这三种基本结构所构成的算法可以处理任何复杂的问题，结构化程序就是指由这三种基本结构所组成的程序。

（2）限制使用 GOTO 语句

从理论上讲，只用顺序结构、选择结构、循环结构这三种基本结构就能表达任何一个只有一个入口和一个出口的程序逻辑。为了实际使用方便，往往允许增加多分支结构、REPEAT 型循环等结构。但大量采用 GOTO 语句实现控制路径，会使程序路径变得复杂而且混乱，增加出错的机会，降低程序的可靠性，因此要控制 GOTO 语句的使用。

（3）逐步求精的设计方法

在一个程序模块内，先从该模块功能描述出发，逐层细化，直到最后分解、细化成语句为止。

（4）自顶向下的设计、编码和调试

在一个系统的设计与实现时，也采用逐步求精的方法进行设计、编码、测试。

10.2.2　结构化程序设计的优缺点

1．优点

遵循结构化程序设计的原则，按照结构化程序设计方法设计出的程序具有明显的优点：

① 程序易于阅读、理解和维护。程序员采用结构化编程方法，将一个复杂的程序分解成若干个子结构，便于控制、降低程序的复杂性，因此容易编写程序，同时便于验证程序。

② 提高了编程工作的效率，降低了软件开发成本。由于结构化编程方法能够把错误控制到最低限度，因此能够减少调试和查错的时间。

2．缺点

结构化程序设计方法是面向过程的。它把程序定义为“数据结构+算法”，程序中数据与处理这些数据的算法（过程）是分离的。这样，对不同的数据结构进行相同的处理或对相同的数据结构进行不同的处理，都要使用不同的模块，降低了程序的可维护性和可复用性。这种分离导致了数据可能被多个模块使用和修改，难以保证数据的安全性和一致性。因此，对于小型程序和中等复杂程度的程序来说，它是一种较为有效的方法，但对于复杂的、大规模的软件的开发来说，会出现可维护性和可复用性差的问题。

10.3　面向对象程序设计

在面向对象程序设计语言产生之后，面向对象程序设计逐步成为编码的主流，其中所蕴涵的面向对象的思想不断向开发过程的上游和下游发展，形成现在的面向对象分析、面向对象设计、面向对象测试，并逐步发展为面向对象软件开发方法。

10.3.1 面向对象程序设计思想

为了克服传统软件开发方法的缺陷，需要一种新的程序设计思想，面向对象程序设计思想便是在这种情况下产生的。第一个面向对象的程序设计语言是 20 世纪 60 年代开发的 Simula-67，它提供了比子程序更高一级的抽象和封装，引入了数据抽象和类的概念，它被认为是第一个面向对象的语言。

20 世纪 70 年代初，出现了 Smalltalk 语言，之后又开发出 Smalltalk-80，Smalltalk-80 被认为是最纯正的面向对象语言，它对后来出现的面向对象语言产生了深远的影响。1980 年出现了面向对象设计的概念，之后又出现了面向对象分析。1985 年，第一个商用面向对象数据库问世。

面向对象是一种新兴的程序设计方法，其基本思想是使用对象、类、继承、封装、消息等基本概念来进行程序设计。面向对象程序设计从现实世界中客观存在的事物（即对象）出发来构造软件系统，并在系统构造中尽可能运用人类的自然思维方式，强调直接以问题域（现实世界）中的事物为中心来思考问题、认识问题，并根据这些事物的本质特点，把它们抽象地表示为系统中的对象，作为系统的基本构成单位（而不是用一些与现实世界中的事物相关比较远，并且没有对应关系的其他概念来构造系统）。这可以使系统直接映射问题域，保持问题域中事物及其相互关系的本来面貌。

10.3.2 面向对象程序设计的优点

面向对象程序设计出现以前，结构化程序设计是程序设计的主流。在面向过程程序设计中，问题被看作一系列需要完成的任务，函数用于完成这些任务，解决问题的焦点集中于函数。在多函数程序中，许多重要的数据被放置在全局数据区，这样它们可以被所有的函数访问。这种结构很容易造成全局数据在无意中被其他函数改动，因而程序的正确性不易保证。

面向对象程序设计的出发点之一就是弥补面向过程程序设计的缺点。对象是程序的基本元素，它将数据和操作紧密地连接在一起，并保护数据不会被外界的函数意外地改变。除此之外，面向对象程序设计还具有其他优点：

① 数据抽象的概念可以在保持外部接口不变的情况下改变内部实现，从而减少甚至避免对外界的干扰；

② 通过继承大幅减少冗余的代码，并可以方便地扩展现有代码，提高编码效率，也减少了出错概率，降低软件维护的难度；

③ 结合面向对象分析、面向对象设计，允许将问题域中的对象直接映射到程序中，减少中间环节的转换过程；

④ 通过对象的辨别、划分，可以将软件系统分割为若干相对独立的部分，在一定程度上更便于控制软件的复杂度；

⑤ 以对象为中心的设计可以帮助开发人员从静态（属性）和动态（方法）两个方面把握问题，从而更好地实现系统；

⑥ 通过对象的聚合、联合，可以在保证封装与抽象的前提下，实现对象在内在结构及外在功能上的扩充，从而实现对象由低到高的升级。

10.4　工程化程序设计

软件工程的目标是提高软件的质量与生产率，最终实现软件的工业化生产。质量是软件需求方最关心的问题，生产率是软件供应方最关心的问题。质量与生产率之间有着内在的联系，高生产率必须以质量合格为前提。质量与生产率之间不存在根本的对立，好的软件工程方法可以同时提高质量与生产率。

10.4.1　软件工程的基本概念

软件工程是一门研究软件开发与维护的普遍原理和技术的工程学科。软件工程研究范围非常广泛，包括软件开发的技术方法、软件开发的工具、软件开发过程中的管理及软件的维护等方面。

1. 软件危机

软件在开发、生产、维护和使用方面与计算机硬件相比存在明显的差异。随着计算机技术的发展，计算机软件开发和维护过程中所遇到的一系列严重问题，导致了软件开发和维护日益复杂，这种现象称为软件危机。

（1）软件的特点及危机

软件在开发、生产、维护和使用方面与硬件相比存在明显的差异。软件具有很多特点，主要包括：

① 软件是一种逻辑实体；

② 软件的生产与硬件不同，它没有明显的制作过程；

③ 软件在运行、使用期间不存在磨损、老化问题；

④ 软件的开发、运行对计算机系统具有依赖性，受计算机系统的限制，这就产生了软件移植的问题；

⑤ 软件复杂性高，成本昂贵；

⑥ 软件开发涉及诸多社会因素。

软件危机主要有如下表现：

① 软件需求的增长得不到满足，用户对系统不满意的情况经常发生；

② 软件开发成本和进度无法控制，开发成本超出预算，开发周期大大超过规定日期的情况经常发生；

③ 软件质量难以保证；

④ 软件很难维护；

⑤ 软件成本不断提高；

⑥ 软件开发生产率的提高赶不上硬件的发展和应用需求的增长。

总之，综上所述因素，可以将软件危机归结为成本、质量、生产率等问题。

（2）产生软件危机的原因

产生软件危机的原因很多，主要原因包括以下几点：

① 管理和控制软件开发过程相当困难。软件是计算机中的逻辑部件，在代码上机试运行之前，软件开发的过程控制和软件开发的质量评价很难。

② 软件规模庞大，是多人合作的结果。要将每个人的工作合在一起构成一个高质量的软

件系统是一个极端复杂难问题。不仅涉及分析方法、设计方法、形式说明方法及版本控制等协调一致的技术问题，还要有严格的科学管理。

③ 软件维护通常意味着改正或修改原来的设计，由于在开发时期采用了不合适的方法和技术，带来软件维护的困难。

④ 对用户要求没有完整准确的认识就着手编写程序，是许多软件开发工程失败的主要原因之一。

2. 软件工程

1968 年北大西洋公约组织的计算机科学家在联邦德国召开国际会议，讨论软件危机问题，在这次会议上正式提出并使用了“软件工程”这个概念。软件工程是指导计算机软件开发和维护的工程学科，它通过采用工程的概念、原理、技术和方法来开发与维护软件，把经过时间检验而证明正确的管理技术和当前能够得到的最好的技术方法结合起来。

软件工程的核心思想是把软件看作一个工程产品来处理，把需求计划、可行性研究、工程审核、质量监督等工程化概念引入软件生产中。软件工程包括 3 个要素：方法、工具和过程，方法是完成软件工程项目的技术手段；工具支持软件的开发、管理，文档的生成；过程支持软件开发的各个环节的控制和管理。通过三要素来达到工程项目的三个基本目标：进度、经费和质量。

3. 软件生命周期

同任何其他事物一样，一个软件产品或软件系统也要经历孕育、产生、成长、成熟、衰亡等阶段，一般称为软件生存周期（软件生命周期）。可以把整个软件生存周期划分为若干阶段，使得每个阶段有明确的任务。通常，软件生存周期包括可行性分析、需求分析、系统设计（概要设计和详细设计）、编码、测试、维护等阶段，如图 10.4 所示。

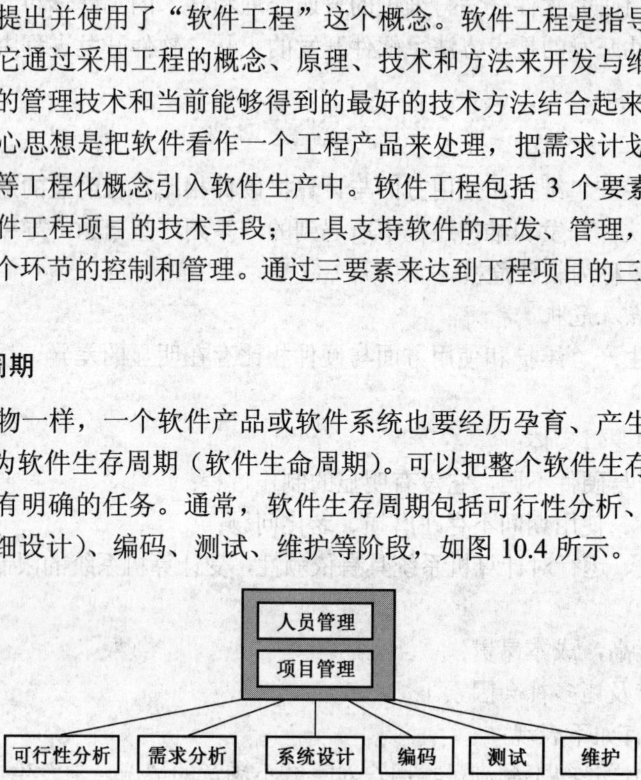

图 10.4 软件工程的主要环节

（1）可行性分析

确定软件系统开发目标和总的要求，给出功能、性能、可靠性及接口等方面的可能方案，制订完成开发任务的实施计划。

（2）需求分析

对用户提出的需求进行分析并给出详细定义。编写软件规格说明书及初步的用户手册，提交评审。

（3）系统设计

系统设计人员和程序设计人员在反复理解软件需求的基础上给出软件结构、模块划分、功能分配及处理流程。在系统比较复杂时，设计阶段可分成概要设计阶段（总体设计）和详细设计阶段，编写概要设计说明书、详细设计说明书和测试计划初稿，提交评审。

（4）软件实现

把软件设计转换为程序代码，即完成程序编码，编写用户手册、操作手册等面向用户的文档，编写单元测试计划。

（5）软件测试

在设计测试用例基础上，检验软件的各个组成部分，编写测试分析报告。

（6）运行和维护

交付软件，投入运行，并在运行中不断维护，根据新的需求进行必要的扩充和删改。

10.4.2　可行性分析

可行性分析决定“做还是不做”，是整个项目的第一步，其最根本的任务是对以后的行动方针提出建议。这一步涉及成本、人力资源、环境分析、预计回报等诸多因素。一般地，软件可行性分析主要考虑四个要素：经济、技术、社会环境和人。

经济可行性分析主要包括：成本分析和收益分析。成本一般包括开发成本、维护成本。收益包括短期收益和长远收益。技术可行性是指参与开发人员的技术水平与软、硬件资源能否满足开发要求。技术可行性分析可以简单地表述为：是否能做？能否做得好？是否做得快？社会环境的可行性至少包括两种因素：市场与政策，市场又分为未成熟的市场、成熟的市场和将要消亡的市场。软件开发过程是复杂的，需要各种人员的配合，最好是人尽其才。

经过可行性分析，如果问题没有可行的解，分析员应该建议停止开发，以避免时间、资源、人力和金钱的浪费。如果问题值得解，分析员应该推荐一个较好的解决方案，并且为工程制订一个初步的计划。

10.4.3　需求分析

需求分析处于软件开发过程的初期，它对于整个软件开发过程及软件产品质量至关重要。在该阶段，开发人员经过细致的调查分析，将用户非形式的需求陈述转化为完整的需求定义，再由需求定义转化到相应的形式功能规约（需求规格说明）。随着软件系统复杂性的提高及规模的扩大，需求分析在软件开发中的地位愈加突出，也愈加困难。

1．基本原则

在进行需求分析时应遵守以下原则：

① 必须能够表达和理解问题的数据域和功能域。数据域包括数据流、数据内容和数据结构，而功能域反映了数据域三方面的控制信息。

② 可以把一个复杂问题按功能进行分解并可逐层细化。

③ 建立符合要求的数据模型，建立模型可以帮助分析人员更好地理解软件系统的信息、功能、行为，这些模型也是软件设计的基础。

2．基本任务

需求分析阶段要完成以下几个主要任务。

（1）问题识别

在功能需求上明确所要开发的软件必须具备的功能；在性能需求上明确所要开发的软件的技术性能指标；在环境需求上明确所要开发软件运行时所需要的软、硬件的要求；在用户界面需求上明确人机交互方式、输入/输出数据格式。

（2）分析与综合，导出软件的逻辑模型

分析人员对获取的需求，进行一致性的分析检查，然后在分析、综合中逐步细化软件功能，划分成各个子功能，以图文结合的形式建立起新系统的逻辑模型。

（3）编写文档

编写“需求规格说明书”，把双方共同的理解与分析结果用规范的方式描述出来，作为今后各项工作的基础。编写初步用户使用手册，着重反映被开发软件的用户功能界面和用户使用的具体要求，用户手册能强制分析人员从用户的角度考虑软件。编写确认测试计划，作为今后确认和验收的依据。修改完善软件开发计划，在需求分析阶段对所要开发的系统有了更进一步的了解，更准确地估计开发成本、进度及资源要求，对原计划中不太合适的部分进行必要的修正。

需求分析在系统开发过程中的作用如图 10.5 所示。

可以看出，需求分析的核心就是借助当前系统的逻辑模型导出目标系统的逻辑模型，解决目标系统“做什么”的问题。在进行需求分析时，必须建立分析所需要的通信途径，以保证能顺利地对问题进行分析，人员之间的相互通信关系如图 10.6 所示。

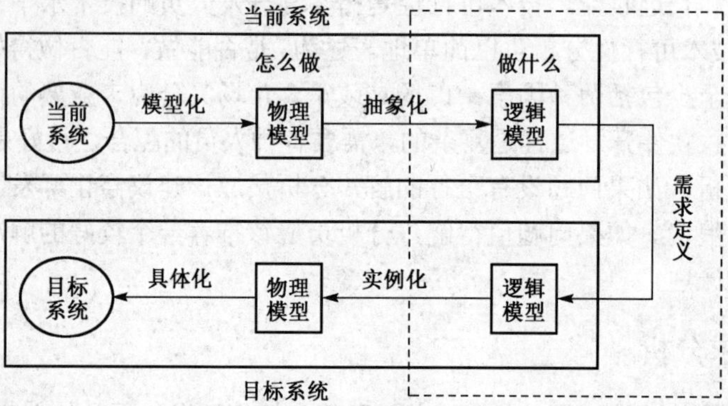

图 10.5　需求分析

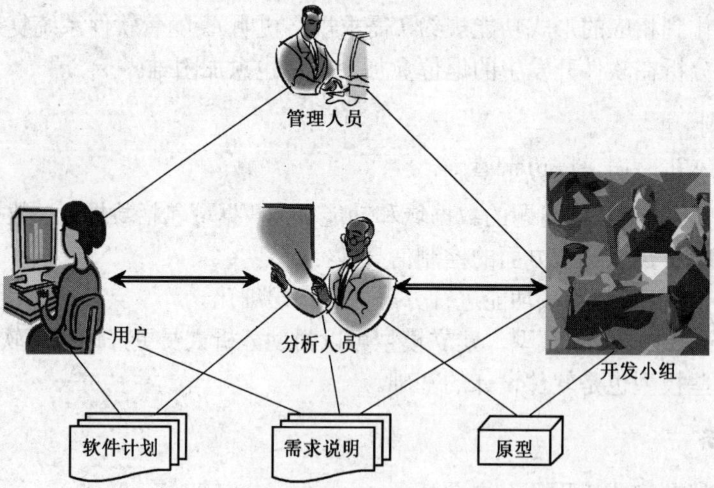

图 10.6　人员之间的信息沟通

3．基本方法

需求分析有多种方法，常见的有面向数据流的结构化分析（SA）方法和面向对象的分析（OOA）方法。下面以 SA 方法为例来说明需求分析。

具体来说，SA 就是用抽象模型的概念，按照软件内部数据传递、变换的关系，自顶向下逐层分解，直到找到满足功能要求的可实现的软件为止。

结构化分析方法使用的工具包括：数据流图、数据词典、判定表与判定树。

数据流图简称 DFD，是 SA 方法中用于表示系统逻辑模型的一种工具，它以图形的方式描绘数据在系统中的流动和处理过程，由于它只反映系统必须完成的逻辑功能，所以它是一种功能模型。数据字典（Data Dictionary，DD）用来定义数据流图中的各个元素的具体含义，它以一种准确的、无二义性的说明方式为系统的分析、设计及维护提供了有关元素的一致的定义和详细的描述。它和数据流图共同构成了系统的逻辑模型，是需求规格说明书的主要组成部分。在数据词典中，需要对数据流图中每一个被命名的图形元素加以定义，其内容有：名字，编号，描述，定义，其他等。判定树是用来表达加工逻辑的一种工具，它比判定表更直观。

图 10.7 表示了数据流图中的主要图形元素，图 10.8 为描述银行取款过程的数据流图。

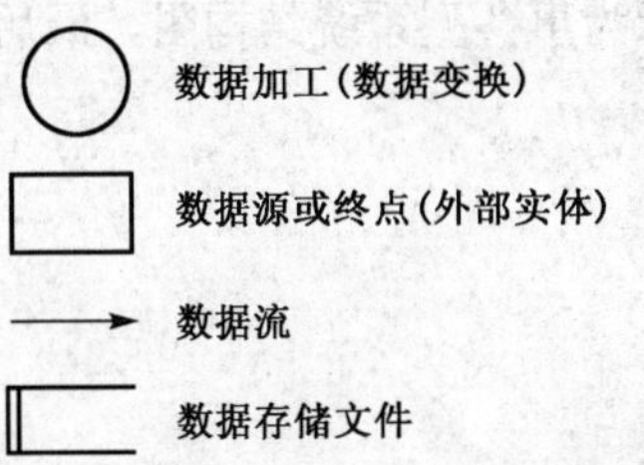

图 10.7 数据流图中的主要图形元素

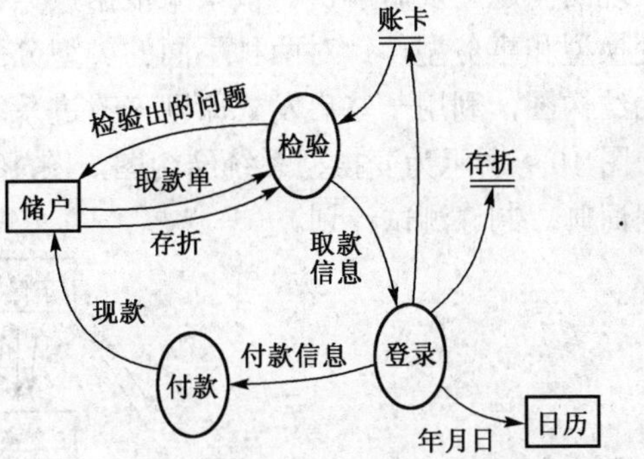

图 10.8 描述银行取款过程的数据流图

10.4.4 概要设计

在软件需求分析阶段，已经搞清楚了软件“做什么”的问题，并把这些需求通过规格说明书进行了详细描述，这也是目标系统的逻辑模型。系统分析员审查软件计划、软件需求分析提供的文档，提出候选的最佳推荐方案供专家审定，审定后进行概要设计。

进入概要设计阶段，要把软件的逻辑模型变换为物理模型，即着手实现软件的需求，并将设计的结果反映在“设计规格说明书”中，所以概要设计是一个把软件需求转换为软件表示的过程，这种表示只是描述了软件总的体系结构，所以概要设计也称为结构设计。

1. 基本任务

概要设计阶段有以下主要任务。

（1）设计软件系统结构

软件系统结构简称软件结构，软件结构的设计以模块为基础。在设计阶段，以需求分析的结果为依据，从实现的角度进一步进行模块划分。软件结构的设计是概要设计中关键的一步，直接影响详细设计与编码，而且软件结构的设计还决定了软件系统的质量及一些整体特性。

（2）数据结构及数据库设计

对于完成大型数据处理的软件系统，除控制结构的模块设计外，还要进行数据结构与数据库的设计。

（3）编写概要设计文档

设计的结果是以文档的形式表现的，文档主要有：概要设计说明书；数据库设计说明书（主要给出所使用的 DBMS 简介、数据库的概念模型、逻辑设计、结果）；用户手册（对需求分析阶段编写的用户手册进行补充）；修订测试计划（对测试策略、方法、步骤提出明确要求）等。

（4）评审

设计完成后，还需要经过评审来判断设计部分是否完整地实现了需求中规定的功能、性能等要求，以及设计方案的可行性，关键的处理及内外部接口定义的正确性、有效性，各部分之间的一致性等。

2．基本过程

概要设计的基本过程如下。

首先研究、分析和审查数据流图。然后从软件的需求规格说明中理清数据流加工的过程，对于发现的问题应及时解决。接下来根据数据流图决定问题的类型，数据处理问题可分为两种：变换型和事务型，针对两种不同的类型分别进行分析处理。然后由数据流图推导出系统的初始结构图，利用一些启发式原则来改进系统的初始结构图，直到得到符合要求的结构图为止。图 10.9 所示为变换型系统结构图，图 10.10 所示为事务型系统结构图。最后修改和补充数据词典，制订测试计划。

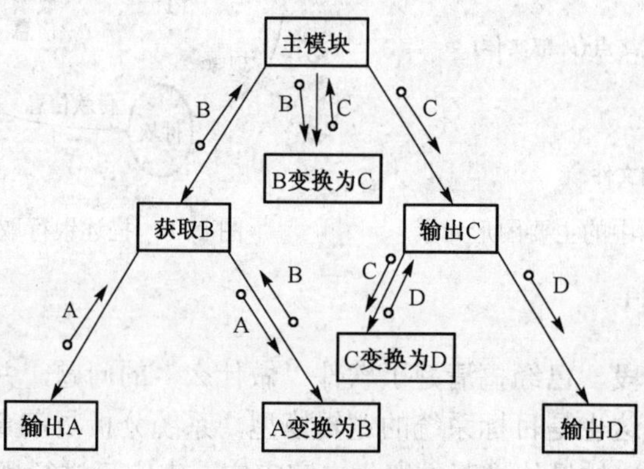

图 10.9　变换型系统结构图

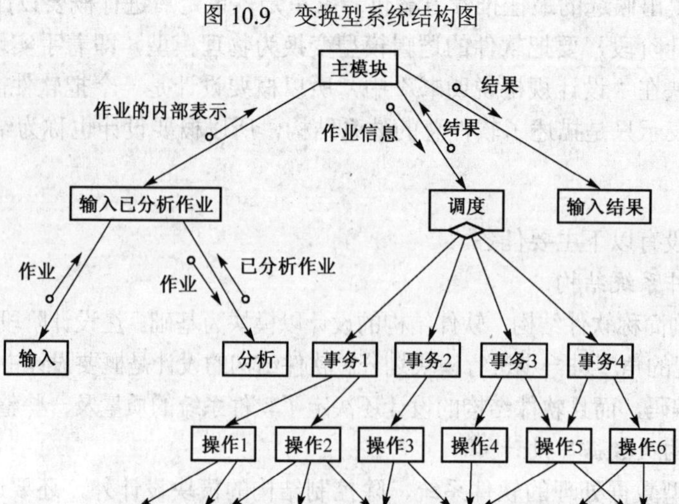

图 10.10　事务型系统结构图

10.4.5　详细设计

详细设计也叫过程设计，该阶段不进行程序编码，而是编码的先导，为后面的编码做准备。在这一阶段，主要设计模块的内部实现细节，对用到的算法进行精确的表达。

1．基本任务

详细设计主要包括以下 6 项主要任务。

（1）为每个模块进行详细的算法设计

用图形、表格、语言等工具将每个模块处理过程的详细算法描述出来。

（2）为模块内的数据结构进行设计

对需求分析、概要设计确定的概念性的数据类型进行确切的定义。

（3）对数据结构进行物理设计

确定数据库的物理结构，物理结构主要指数据库的存储记录格式、存储记录安排和存储方法，这些都依赖于具体使用的数据库系统。

（4）其他设计

根据软件系统的类型，还可能要进行以下设计：

① 代码设计。为了提高数据的输入、分类、存储、检索等操作的效率，节约内存空间，对数据库中的某些数据项的值要进行代码设计。

② 输入/输出格式设计。

③ 人机对话设计。对于一个实时系统，用户与计算机频繁对话，因此要进行对话方式、内容、格式的具体设计。

（5）编写详细设计说明书

详细设计说明书是详细设计阶段的主要文档，它详细描述了基本模块的实现过程。

（6）评审

处理过程的算法和数据库的物理结构都要进行评审。

2．详细设计举例

下面以“人事档案管理系统”中的“验证用户”模块为例来说明设计的过程。

（1）功能描述

“验证用户”模块用于对登录系统的用户进行身份验证，确定用户是否拥有使用系统的资格。验证用户身份的处理过程由图 10.11 所示的系统用户登录界面中的“确定”按钮触发。

（2）主要算法

①“确定”按钮触发的处理：验证用户的合法性。

处理流程如下：

取得用户输入的用户名和口令；

将用户输入的用户名和口令传输到数据库并与“账户表”进行一致性验证。

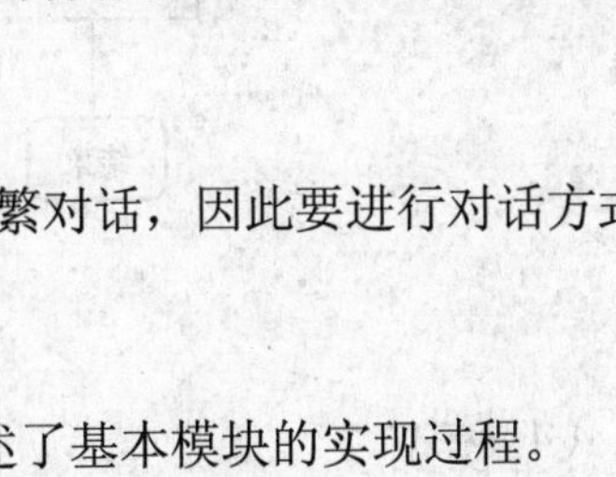

图 10.11　系统用户登录界面

```
if 用户名 and 口令正确
        以该用户身份进入系统总控制界面并获得相应的系统权限
else
       提示“用户名或口令错误”
```

```
    累计错误三次，系统自动关闭
End if
```

②“取消”按钮触发的处理：关闭用户登录窗口。

(3) 流程图

“验证用户”模块的用户登录流程图如图 10.12 所示。

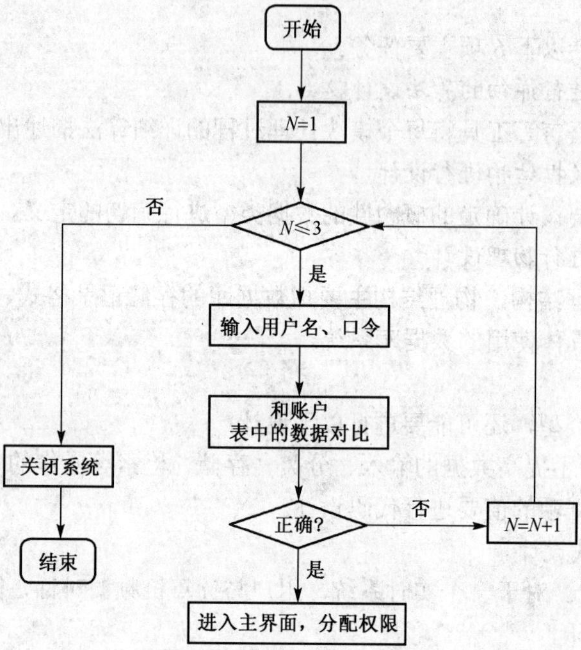

图 10.12　用户登录流程图

(4) 接口

接口模块是系统的启动模块，它需要用户交互输入用户 ID 和口令，本模块调用系统的主控制模块（主窗体模块）。

(5) 存储分配

存储分配模块由机器自行分配内存。

(6) 注释设计

在模块首部注释：用户验证程序。

(7) 限制条件

当用户第一次使用时，具有统一的用户 ID 和口令：administrator 和 123456。在三次验证错误后，系统自动关闭。

(8) 测试计划

① 初次安装系统后，测试初始用户 ID 和密码能否登录到系统；

② 正确登录后，对用户名和密码进行修改，测试修改后的用户名和密码能否登录到系统。

10.4.6 编码

编码阶段的主要任务是使用选定的程序设计语言，把模块的过程性描述转变为用该语言书写的源程序（源代码）。需要注意的是应根据项目的应用领域选择适当的编程语言和编程的软、硬件环境，同时应该使程序具有良好的程序设计风格。

1．选择程序设计语言

选择语言时不能只考虑理论上的标准，同时还要兼顾实用标准。

（1）理论标准

理论标准从以下两个方面考虑。

① 理想的模块化机制、易于阅读和使用的控制结构及数据结构。

② 完善、独立的编译机制：完善的编译系统可尽可能多地发现程序中的错误，便于程序的调试，同时能提高软件的可靠性，并可使生成的目标代码紧凑、高效。

（2）实用标准

实用标准从以下六个方面考虑。

① 用户的要求

由于用户是软件的使用者，因此软件开发者应充分考虑用户对开发工具的要求。特别是当用户要负责软件的维护工作时，用户会要求采用他们熟悉的语言进行编程。

② 工程的规模

语言系统的选择与工程的规模有直接关系。例如，FoxPro 与 Oracal 及 Sybase 都是数据库处理系统，但 FoxPro 适用于解决小型数据库问题，而 Oracal 和 Sybase 则适用于解决大型数据库问题。

③ 软件的运行环境

软件提交给用户后，将在用户的机器上运行，在选择语言时应充分考虑到用户运行软件的环境对语言的约束。此外，目标系统的运行环境可以提供的编译程序往往也限制了可以选用的语言范围。

④ 可以得到的软件开发工具

受开发经费的制约，开发人员往往无法任意选择、购买合适的正版开发系统软件。若能选用具有支持该语言程序开发的软件工具的程序设计语言，则将有利于目标系统的实现和验证。

⑤ 软件开发人员的知识

软件开发人员采用自己熟悉的语言进行开发，可以充分运用积累的经验使开发的目标程序具有更高的质量和运行效率，并可以大大缩短编码的时间。

⑥ 软件的可移植性要求

要使开发出的软件能适应不同的软、硬件环境，应选择具有较好通用性的、标准化程度高的语言。

2．编写程序

选择好程序设计语言后，就可以开始着手程序的编写。采用软件工程思想进行软件开发时，编写程序是相对简单的工作，其主要工作是将详细设计阶段所设计的算法用选定的语言实现。

10.4.7　软件测试

程序编写完成后需要进行软件测试，软件测试的目的是尽可能发现并改正被测试软件中的错误，提高软件的可靠性。软件测试是保证软件质量的关键步骤，是对软件规格说明、设计和编码的最后复审，其工作量约占总工作量 40%以上。

测试阶段的基本任务是：根据软件开发各阶段的文档资料和程序的内部结构，精心设计一组“高效”的测试用例，利用这些测试用例找出软件中潜在的错误和缺陷，并验证其是否达到需求分析说明书中规定的功能、性能要求，软件测试的基本流程如图 10.13 所示。

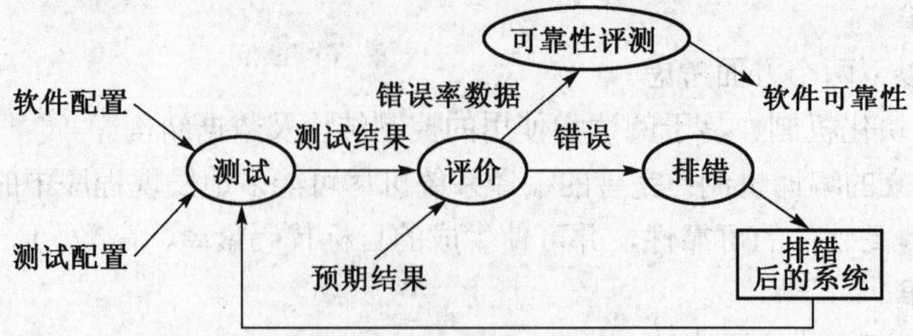

图 10.13　软件测试的基本流程

1. 测试的目的

软件测试的主要目的包括：

① 发现错误；

② 验证软件是否满足用户需求；

③ 一个好的测试用例能够发现至今尚未发现的错误。

2. 测试的原则

为了保证良好的测试效果，在软件测试中，应遵循以下原则。

① 测试用例应由输入数据和预期的输出数据两部分组成，不仅要选用合理的输入数据，还要选择不合理的输入数据，并长期保留测试用例；

② 除了检查程序是否做了它该做的事，还应该检查程序是否做了它不该做的事；

③ 制订严格的测试计划，排除随意性；

④ 注意“错误类聚”现象，对发现错误较多的程序段，应进行更深入的测试；

⑤ 程序员应避免测试自己的程序，由其他人或机构来测试会更客观、更有效。

3. 测试的层次

一般来说，测试主要分为两个层次：第一个层次是开发过程中的软件测试；第二个层次是第三方测试，测试与软件开发各阶段的关系如图 10.14 所示。

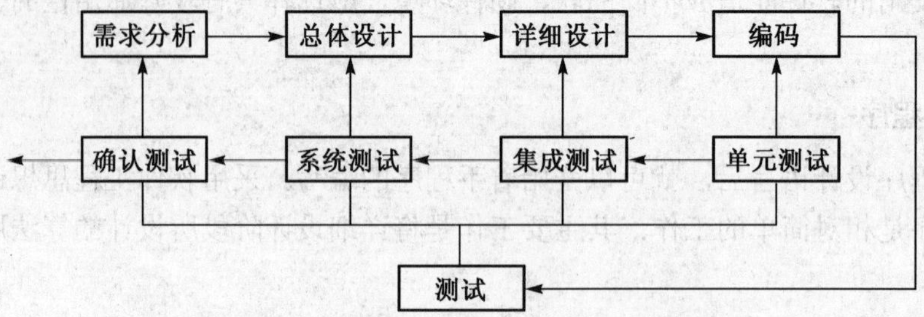

图 10.14　测试与软件开发各阶段的关系

(1) 开发过程中的软件测试

开发过程中的软件测试是软件开发方进行的测试，包括单元测试、集成测试、系统测试三个主要环节，其目的在于发现软件的缺陷并及时修改。

① 单元测试

单元测试主要用于检测编码过程中可能存在的各种错误，例如，用户输入验证过程中的边界值错误等。

② 集成测试

集成测试主要针对详细设计中可能存在的问题，尤其是检查各单元与其他程序之间接口上可能存在的错误。

③ 系统测试

系统测试主要针对概要设计，检查系统作为一个整体是否有效地运行，例如，在产品设置中是否达到了预期的高性能。系统测试是保证软件质量的最后阶段。

（2）第三方测试

经集成测试和系统测试后，已经按照设计要求把所有模块组装成一个完整的软件系统，接口错误也已经基本排除，接着就要进行第三方测试。第三方测试有别于开发人员或用户进行的测试，其目的是保证测试的客观性，主要包括确认测试和验收测试。

① 确认测试

确认测试又称有效性测试，是第三方测试机构根据软件开发商提供的用户手册，对软件进行的质量保证测试。确认测试的任务是验证软件的功能和性能及其他特性是否与用户的要求一致、是否符合国家相关标准法规、系统运行是否安全可靠等。

② 验收测试

验收测试是软件开发结束后，用户对软件产品投入实际应用以前进行的最后一次质量检验活动。它不只是检验软件某个方面的质量，而是要进行全面的质量检验，并且要决定软件是否合格，因此验收测试是一项严格的测试活动，需要根据事先制订的计划，进行软件配置评审、功能测试、性能测试等多方面检测。

4．测试的方法

从测试是否针对系统的内部结构和具体算法的角度来看，测试可分为黑盒测试和白盒测试。

（1）黑盒测试

黑盒测试也称功能测试或数据驱动测试，它是在已知产品应具有功能的基础上，通过测试来检测每个功能是否都能正常使用。在测试时，把程序看作一个不能打开的黑盒子，在完全不考虑程序内部结构和内部特性的情况下，测试者在程序接口处进行测试，它只检查程序功能是否符合需求规格说明书的规定，程序是否能接收输入数据而产生正确的输出信息，并保持外部信息（如数据库或文件）的完整性。

黑盒测试是穷举输入测试，不仅要测试所有合法的输入，还要对不合法的可能输入进行测试。测试方法主要有等价类划分、边值分析、因果图、错误推测等，其主要用于软件确认测试。

（2）白盒测试

白盒测试也称结构测试或逻辑驱动测试，是指知道产品内部工作过程。白盒测试需要通过测试来检测产品内部动作是否能按照规格说明书的规定正常进行，按照程序内部的结构测试程序，检验程序中的每条通路是否都能按预定要求正确工作。白盒测试是穷举路径测试。在使用这一方案时，测试者必须检查程序的内部结构，从检查程序的逻辑着手，得出测试数据。

白盒测试的主要方法有逻辑驱动、基路测试等，主要用于软件验证。

10.4.8 软件维护

1. 基本概念

软件维护是在软件交付使用后，为了改正错误或满足用户新需求而修改软件的过程。要求进行维护的原因多种多样，归结起来有三种：

① 改正在特定使用条件下暴露出来的一些潜在程序错误或设计缺陷；

② 因在软件使用过程中数据环境发生变化（例如，一个事务处理代码发生改变）或处理环境发生变化（例如，安装了新的硬件或操作系统），需要修改软件以适应这种变化；

③ 用户和数据处理人员在使用时常提出增加新的功能及改善总体性能的要求，为满足这些要求，就需要修改软件，以把这些要求纳入到软件中。

对应于这三类问题需要进行三种维护：纠错性维护、适应性维护和完善性维护。

（1）纠错性维护

软件交付使用后，由于前期的测试不可能发现软件系统中所有潜在的错误，必然会有一部分隐藏的错误被带到运行阶段来。这些隐藏下来的错误在某些特定的使用环境下就会暴露出来。为了识别和纠正软件错误、改正软件性能上的缺陷、应当进行的诊断和改正错误的过程，就叫做纠错性维护。

（2）适应性维护

随着计算机技术的飞速发展，外部环境（新的硬、软件配置）或数据环境（数据库、数据格式、数据输入/输出方式、数据存储介质）可能发生变化，操作系统和编译系统也不断升级，为了使软件能适应新的环境而引起的程序修改和扩充活动称为适应性维护。

（3）完善性维护

在软件的使用过程中，用户往往会对软件提出新的功能与性能要求。为了满足这些要求，需要修改或再开发软件，以扩充软件功能、增强软件性能、提高软件的可维护性，这种情况下进行的维护活动叫做完善性维护。

实践经验表明，在这三类维护活动中，各类维护活动所占比例的大致情况为：纠错性维护占 20%，完善性维护占 50%，适应性维护占 25%，其他维护活动占 5%。如图 10.15 和图 10.16 所示。

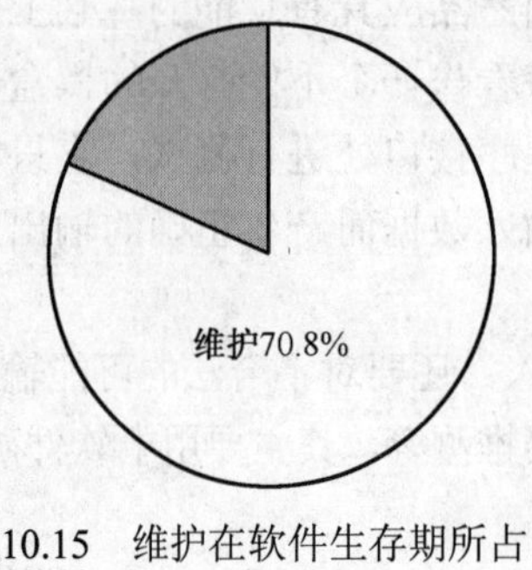

图 10.15 维护在软件生存期所占比例

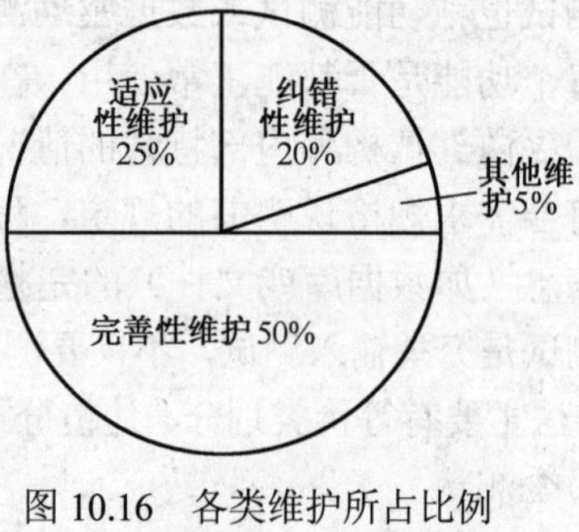

图 10.16 各类维护所占比例

根据这些统计可以看出，软件维护不仅限于改错，大部分维护工作是围绕软件完善性维护展开的。

2. 应注意的问题

从原则上讲，软件开发工作应严格按照软件工程的要求，遵循特定的软件标准或规范进行，实际上，往往由于种种原因并不能真正做到。此外，许多维护要求并不是因为程序出错而提出的，而是为适应环境变化或需求变化而提出的。

所以，在软件开发时就要考虑维护问题，主要包括以下几方面：

① 在需求分析阶段：明确维护范围及责任，审查系统要求；研究运行/维护的支持；明确性能要求及变更；明确扩充或收缩；检验关键资源的可扩充性。

② 在设计阶段：考虑系统的扩展、压缩、变更及设计通用性等。

③ 在编程阶段：查找源程序错误、度量源程序可理解性等。

④ 在测试阶段：维护人员参与集成测试、统计分析错误等。

在解决了问题之后，还有一项重要的工作就是编写软件维护文档。软件维护文档包括：软件问题报告、软件变动记录、软件维护记录。这样，当软件需要修改时，便可以很快找到问题的原因，避免了从繁多的代码中去寻找错误。

习　题　10

一、填空题

1．__________将现实问题归结为相应的数学问题，从定性或定量的角度来刻画实际问题。

2．__________是带有结构特性的数据元素的集合，它研究的是数据的逻辑结构和数据的存储结构及它们之间的相互关系。

3．__________是指是为解决一个特定问题而采取的特定的有限的求解步骤。

4．算法的描述方法很多，根据描述算法语言的不同，可将算法分为以下常用的四种：__________、__________、__________、__________。

5．好的__________有助于提高程序的正确性、可读性、可维护性和可用性。

6．在结构化分析中，__________用于详细地定义数据流图中的成分。

7．开发软件所需高成本和产品的低质量之间有着尖锐的矛盾，这种现象称为__________。

8．一般来说，在管理软件中，软件生存周期各个阶段的工作量以__________阶段所占的比例最大。

9．模块内部的算法设计在结构化方法的__________阶段进行。

10．__________测试解决的主要问题是模块间接口和连接的测试。

11．软件维护活动包括以下几类：纠错性维护、__________和完善性维护。

二、选择题

1．下列叙述中，正确的是（　　）。

A．软件就是程序清单　　B．软件就是存放在计算机中的文件

C．软件应包括程序清单及运行结果　　D．软件包括程序和文档

2．开发软件需高成本和产品的低质量之间有着尖锐的矛盾，这种现象称作（　　）。

A．软件投机　　B．软件危机　　C．软件工程　　D．软件产生

3．划分软件生存周期阶段时所应遵循的基本原则是（　　）。

A．各阶段的任务尽可能相关性　　B．各阶段的任务尽可能相对独立

C．各阶段的任务在时间上连续　　D．各阶段的任务在时间上相对独立

4．软件生存周期中，开发期间包括（　　）阶段。

A．软件计划、结构设计、测试和运行维护　B．需求分析、概要设计、详细设计和编码

C．结构设计、编码、测试和运行维护　　D．需求分析、结构设计、详细设计、编码和测试

5．一般来说，在管理软件中，软件生存周期各个阶段的工作量以（　　）所占的比例最大。

A．需求分析与设计阶段　　B．编码实现阶段

C．测试阶段　　D．维护阶段

6．结构化设计是一种应用最广泛的系统设计方法，是以（　　）为基础，自顶向下，求精和模块化的过程。

A．数据流　　B．数据流图　　C．数据库　　D．数据结构

7．使用结构化分析方法时，采用的基本手段是（　　）。

A．分解和抽象　　B．分解和综合　　C．归纳与推导　　D．试探与回溯

8．需求分析是由分析员了解用户的要求，认真细致地调研、分析，最终应建立目标系统的逻辑模型并写出（　　）。

A．模块说明书　　B．软件规格说明书　　C．项目开发计划　　D．合同文档

9．概要设计的结果是提供一份（　　）。

A．模块说明书　　B．框图　　C．程序　　D．数据结构

10．模块结构图是在软件工程的（　　）阶段采用的描述工具。

A．需求分析　　B．概要设计　　C．详细设计　　D．编码（实现）

11．软件的（　　）设计又称为总体设计，其主要任务是建立软件系统的总体结构。

A．概要　　B．抽象　　C．逻辑　　D．规划

12．模块内部的算法设计在结构化方法的（　　）阶段进行。

A．系统分析　　B．概要设计　　C．详细设计　　D．编码（实现）

13．在软件测试中，确认（验收）测试主要用于发现（　　）阶段的错误。

A．软件计划　　B．需求分析　　C．软件设计　　D．编码

14．为了提高测试的效率，应该（　　）。

A．随机地选取测试数据　　B．取一切可能的输入数据作为测试数据库

C．在完成编码后制订软件的测试计划　　D．选择发现错误可能性大的数据作为测试数据

15．软件生存周期中，运行期的主要任务是（　　）。

A．软件开发　　B．软件维护　　C．版本更换　　D．功能扩充

16．软件的可维护性是指（　　）。

A．软件的可理解程度，程序修改的难易程度　　B．软件文档修改的难易程度

C．程序修改的难易程度　　D．使用维护工具进行维护的难易程度

17．如果按用户要求增加新功能或修改已有的功能而进行的维护工作，称为（　　）。

A．完善性维护　　B．适应性维护　　C．预防性维护　　D．改正性维护

18．下列四个软件可靠性定义中正确的是（　　）。

A．软件可靠性是指软件在给定的时间隔内，按用户工求成功运行的概率

B．软件可靠性是指软件在给定的时间间隔内，按设计要求成功运行的概率

C．软件可靠性是指软件在正式投入运行内，按规定说明书的规定成功运行的概率

D．软件可靠性是指软件在给定时间间隔内，按规格说明书的规定成功运行的概率

三、简答题

1．什么是软件？软件具有哪些基本特点？

2．结构化程序设计的基本特点是什么？

3．什么是面向对象程序设计？

4．面向对象方法具有哪些优点？

5．什么是软件危机？

6．什么是软件工程？它包括哪些内容？

7．软件生存周期包含哪些内容？

8．软件开发与编写程序有什么不同？

9．软件开发时，为什么要进行可行性分析？应该从哪些方面分析目标系统的可行性？

10．需求分析阶段常用的描述工具有哪些？

11．白盒测试和黑盒测试各有什么特点？

12．软件为什么需要维护？

参 考 文 献

[1] 刘炳文，谭浩强. VB 程序设计教程（第三版）. 北京：清华大学出版社，2006.

[2] 李立宗. VB 程序设计教程. 天津：南开大学出版社，2009.

[3] 沈建蓉，单贵. 大学 VB 程序设计实践教程. 上海：复旦大学出版社，2006.

[4] 谭浩强. Visual Basic 程序设计. 北京：清华大学出版社，2000.

[5] 王汉新. Visual Basic 程序设计. 北京：科学出版社，2002.

[6] 罗建军. 计算机程序设计基础. 北京：清华大学出版社，2009.

[7] 刘白林. 程序设计基础. 北京：清华大学出版社，2010.

[8] 教育部高等学校计算机基础课程教学指导委员会. 高等学校计算机基础教学发展战略研究报告暨计算机基础课程教学基本要求. 北京：高等教育出版社，2009.